思维导图与学习

SIWEI DAOTU YU XUEXI

——学习科学与技术新探

XUEXI KEXUE YU JISHU XINTAN

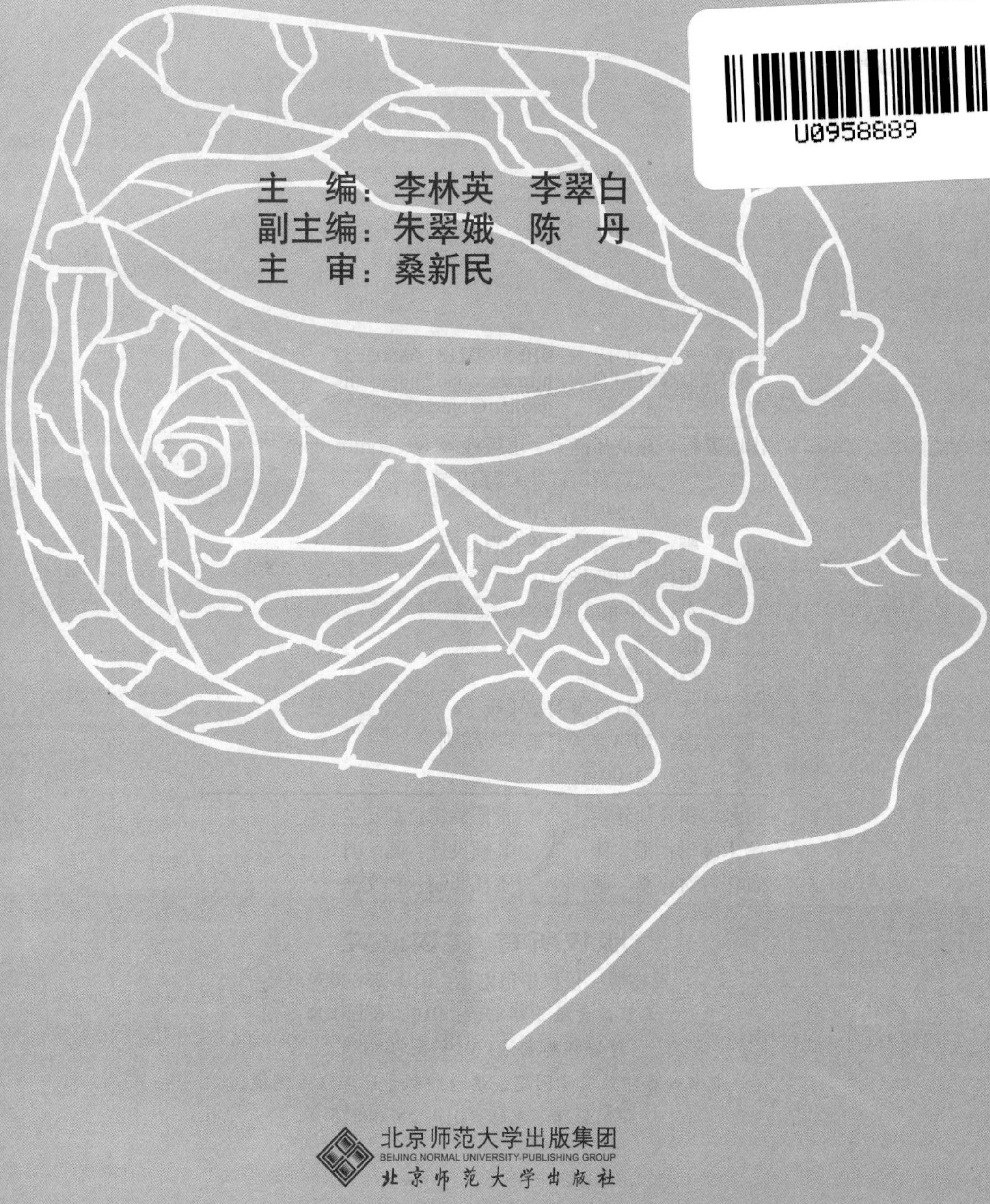

主　编：李林英　李翠白
副主编：朱翠娥　陈　丹
主　审：桑新民

北京师范大学出版集团
BEIJING NORMAL UNIVERSITY PUBLISHING GROUP
北京师范大学出版社

图书在版编目(CIP)数据

思维导图与学习：学习科学与技术新探／李林英，李翠白主编.—北京：北京师范大学出版社，2011.9（2014.4重印）
ISBN 978-7-303-12827-3

Ⅰ.①思… Ⅱ.①李…②李… Ⅲ.①思维方法 Ⅳ.①B804

中国版本图书馆CIP数据核字（2011）第121260号

营销中心电话 010-58802181 58805532
北师大出版社高等教育分社网 http://gaojiao.bnup.com
电子信箱 gaojiao@bnupg.com

出版发行：北京师范大学出版社 www.bnup.com
北京新街口外大街19号
邮政编码：100875
印 刷：北京京师印务有限公司
经 销：全国新华书店
开 本：184 mm × 260 mm
印 张：13
字 数：283千字
版 次：2011年9月第1版
印 次：2014年4月第3次印刷
定 价：25.00元

策划编辑：胡廷兰 责任编辑：胡廷兰
美术编辑：毛 佳 装帧设计：陈 丹
责任校对：李 菡 责任印制：孙文凯

本书为教育部人文社会科学研究青年项目“全球远程协作学习视角的数字化校本课程开发与实施”课题(项目编号：10YJC880063)的研究成果

编　委　会

内容简介

思维导图是托尼·巴赞(也译东尼·博赞)先生于20世纪70年代发明的，目前在全世界非常受欢迎。国内高校在“学习论”相关课程中引入思维导图的研究性学习，至今已经历了十年的探索。思维导图的发明、“学习论”相关课程的教学创新，使学习者在经历学习变革中、在扁平世界中获得了新的挑战和机遇。思维导图与大学学习文化的创新，在高校师生中产生了越来越广泛、深入的影响。

本书以思维导图为主线，将思维导图与学习科学的新的学习理念巧妙结合，向学习者提供全新的思维方法，是学习科学与技术的新探，可大大节省学习者研究学习方法的时间。全书分为两大篇。第一篇为“基础篇”，共四章，分别介绍了思维导图与大学学习、五项学习技术、多元智能、思维导图与开发个人潜能。第二篇为“创新篇”，共两章，分别介绍了大学生运用思维导图进行创新学习和高校运用思维导图进行创新教学的最新成果，以及研究性学习、思维导图在不同学科中的运用，供不同专业的学生、教师参考。

本书中约100幅各具特色的原创思维导图，是精选的在“学习论”相关课程校际交流中的优秀作品，内容丰富、新颖、实用，这些思维导图作品也可以作为学习评价的素材。将新的学习观念和思维导图的方法与各种专业课程的学习结合正是本书作者期望的。

《思维导图与学习》博客(网址：http://hi.baidu.com/xxlandswdt)提供了本书作者与读者交流的网络平台，上面还有丰富的师生共建的学习思维导图的可视化的学习资源，供学习者学习参考。

本书可作为高等院校“学习论”“思维导图”等公选课程的教材，也可作为“教育技术”专业学生的辅助用书和培训教材。本书既适合在校大学生，也适合成人教育、职业技术教育使用，同时对思维导图的爱好者而言，本书也具有重要的参考价值。

代序：学习在你身上真的发生了吗*

桑新民

元旦钟声响过，我们进入到2008年。

8年前，我曾为一个教育杂志写过卷首语，文章的开头，我写过这样一段文字：

学生的天职是学习，从小学生到大学生，每天最主要的精力都花在学习上，然而，有相当多的学生不知道如何学习，学习效率很低，有些学生甚至产生了厌学情绪！

教师虽有各自不同的专业，但各专业教师共同的使命应该都是教会学生如何学习，然而大多数教师却把所有精力都花在研究和传授专业知识上，从来不教学生如何学习，甚至不知道应该在研究学习上下工夫，以至连自己都不知道如何高效地学习！

学习是教学的基础、教育的基础，如何提高个体与社会的学习能力，显然应该成为教育学理论研究的最重大课题，然而在现行教育学的教科书中，不仅没有专门的章节研究和讨论学习问题，甚至连学习的概念和定义都找不到！

上述3个问题应该引起教育实践和理论工作者的深思，从中不难看出现行教育种种弊端的根源，也许还能找到走出现行教育种种误区的希望之路。

8年过去了。环顾世界教育的发展，学习方式的变革风起云涌，指导这场变革的学习科学与学习技术已经从教育理论研究的边缘地带，走向热点与中心地带，其探索的主旨，是要在两种学习文化的冲突中创造新的学习文化。

“学习在你身上真的发生了吗?”这是近年来世界各国学习科学前沿的研究者向教师、学生和每一位学习者提出的问题。

此问题似乎有些蹊跷甚至怪异：学生每天不都在学习吗?

其实，究竟什么才算真正的学习？如何将学生引入有意义的学习之健康轨道？这不仅是学习科学的前沿探究，而且是学习文化创新的重大难题。

各派学者对此问题的答案不尽相同。综合各种高见，并结合我个人的体验，有几点是必须强调的：

知识不同于信息，无法传递，也不可能依靠教师从外部输入。真正意义上的学习必须以个人的兴趣和意愿为前提，必须以问题来引导，必须有内在动机和自我驱动力，必须有对话和交流，必须充分利用教育技术创设高效的学习环境与学习资源，并取得真正的学习成效和美好的情感体验。

如果不具备以上条件，尽管你在不停地看书、背书、应付考试，但实际上学习在你身上并没有真正发生！却耗费了你大量精力和宝贵的青春年华，更为可怕的是，它使你养成了许多不良的学习习惯，获得了消极、有害的学习体验。如果你不能尽快与这些不良的，甚至是可怕的学习习惯和心态告别，其后果会怎样？

---

* 原文发表于《软件导刊》2008年第2期。

此问题不仅尖锐、深刻，而且振聋发聩！希望它能伴随着新年的钟声，将那些还在枯燥、低效的教学生涯和学习生活中昏睡的师生震醒！

在理论与实践的结合中深入探究学习科学与技术，绝不是一件容易的事，因为这不仅是多学科交叉的前沿探索，而且面临当代信息技术的挑战，尤其要冲破现行教育观念、体制和学生多年来形成的学习习惯等重重障碍，还有教师评价与考核、晋升政策、体制的束缚，其中的艰难和酸甜苦辣，没有真正置身其中，恐怕是难以理解和体会的。

在艰难的学习文化创新探索中，我们深切地感受到，在以教师讲授为主的课堂中，学生是不可能真正成为学习主体、主人的。只有将学生从被动接受知识的课堂教学中解放出来，运用日新月异的信息技术在自主学习与协作学习的新型课堂中迎接各种学习挑战，充分施展每个人的创造性才华，学生的学习主体地位才有可能确立；也只有当他们真正理解了学习之不可替代性，真正懂得了应该也必须对自己的学习活动和学习结果承担全部责任时，他们才会努力去提高自己的学习效率与学习能力，只有进入到这样的学习境界，学生才真正成为自己学习的主人！

从事这样一种极富挑战性的教育创新实践，就如同置身于教育思想之江河的源头，每时每刻都会激发我们对学习、对教学、对教育乃至对生活、对人生的灵感与创造。当然，要想获得更多的收获与提高，就必须紧密联系实践中的各种挑战与困惑，去读书，去深入钻研理论，在反思中提高自己的学养。2008 年，我国将首次举办奥运会。在激烈竞争的世界舞台上，不仅有体育竞赛，而且有学习竞赛。进入 21 世纪以来，一场探索新型学习文化的“奥运会”之帷幕已经拉开。我国的教育工作者应该勇夺“金牌”，因为这不仅是个人的荣誉，而且决定着个体和民族的未来。

前　言

启动大脑，灵活的思维方式一直吸引着我，因为有了好的主意可以顺利办事，轻松完成一件本来看似困难的事。在承担国家级教学名师桑新民教授主持的全国八所院校“学习科学与技术”课程(以下简称“学习论”)教改试验的教学工作过程中，我体验了终身学习的理念，我的教学观、思维方法、教学方式、备课方式都变了，我感到生命充满了活力。校际之间的教师团队给了我很好的经验，这门课使我接触到了先进的思维方法——托尼·巴赞先生20世纪70年代发明的思维导图，它以巨大的吸引力带我进入了这一启动神奇大脑的领域：用思维导图做教案、做读书笔记，用思维导图解决日常遇到的问题……我发现它确实能使思路清楚，能提高效率。我的学生举办了思维导图作品展，自2004年以来已举办了四届，南京大学学习论博士研究生导学团队组织了多次校际学生思维导图大赛，其中产生了不少优秀思维导图作品。“学习科学与技术”强调对学生学习能力的培养，学习者必须具备的五大学习能力，须通过修炼五项学习技术而获得。运用思维导图的方式学习理解五项学习技术并解决大学生学习与生活中的实际问题是一种获得学习能力的捷径。

当你画思维导图时，围绕一个主题产生联想，是思想风暴的过程。是否能产生创造性的思维，关键在于提炼的过程中有没有使思想流动起来，有没有捕捉新的想法，并将其延伸。没有深层思想上的升华和提炼，是无法产生创造性的思维的。创造性的思维是在思考的过程中，通过一系列思维导图创作而产生的，而不是画一张图就能产生的。

我研究了几百幅学生的思维导图作品，发现用思维导图的方式理解学习科学中的先进理念，更容易被学生接受，尤其是学生运用思维导图创造了大学生城市生存挑战的实践，学生暑期“西部之旅”更给了我巨大的惊喜，我认识到这种思维方法是提高大学生学习效率的有效途径。正如皮亚杰所说：“理解的过程就是创造的过程。”“西部之旅”的同学创作思维导图验证五项学习技术，表现了巨大的思想能量，他们在创作的过程中得到了思想的提高，学会了珍惜大学的每一天，懂得了人生的价值。

本书是主编李翠白教授主持的教育部人文社会科学研究青年项目“全球远程协作学习视角的数字化校本课程开发与实施”课题(项目编号：10YJC880063)的研究成果。本书作者组织的教师团队参加了桑新民教授主持的教育部“十五”国家重点课题“信息时代的学习理论与实践”，并负责其子课题“基于网络学习的课程与教学模式实验研究”的研究项目，承担并完成了中国教育技术协会“十一五”规划国家课题“信息技术环境下多元学与教方式有效融入日常教学”的子课题“思维导图与大学生创新能力的培养”的研究项目。学生思维导图作品的比赛活动的开展，推动了一批课程的课堂教学改革，作为本课题成员的教师在二十多门课程中已经进行了不同形式的日常课堂改革，学生创作的思维导图作品，丰富多彩，体现了学生创新能力的提高。

在多年的教学实践中，在培养学生获得五大学习能力的同时，我自己也得到了充电，体验了五大学习能力的魅力。学生的转变、进步使我看到了学习科学和新思维方法的魅力。我自己的变化、我的兴趣、我的学习方法、我的活力与内驱力的形成验证了桑新民教授的关于学习动力的论述。在参与国家“十五”“十一五”课题中，我的教师团队对“学习论”教改课程的支持给了我力量。校际交流、外校师生的来校访谈、相互听课，青年教师的出色表现让我感动！我开始整理手上大量的教学资源，希望和年轻的朋友分享。我和李翠白教授是在2005年南京的一次会议上认识的，2006年暑假我们开始了校际远程网络协作备课，她的朝气、博学、热情，以及谦虚、积极的心态给我留下了深刻的印象，我们从此成为教学与学习的合作伙伴，成为好朋友，也成为此书的合作者。许多年轻教师的朝气和热情给我很大的感染，感谢他们和我的愉快合作。感谢李丹青教授的热情支持！感谢贾义敏、张银、钟辉新、秦丽娟、伍莉娜、黄辉、朱蕙、袁承武、钱艳华、白明、林子慧、刁叔钧、黄险峰、谢子常、梁艳敏、赵顺喜等老师为本书提供的教学资源！感谢各专业老师在指导学生在本专业课程中运用思维导图解决问题所付出的辛勤劳动。感谢杨慧敏老师、刘涛同学为“学习论”课程制作四届学生思维导图展的视频文件所付出的努力！非常感谢南京大学、华南师范大学“学习论”导学团队的博士、硕士研究生们，尤其是潘静、徐美仙、杨金勇、李淑霞、秦丽娟、孟红娟等同学，他们的出色导学积累了丰富的学习资源提供给本书采用。特别感谢我的学生——“西部之旅”团队的何伟东、李观正、叶谨宁等同学对本书思维导图的美化编辑和撰写学习体会(发布在“思维导图与学习”博客中)。在我发出联合出书邀请后很快有20多所高校的老师回应、表示支持，更给了我不尽的动力。

2005年五邑大学“学习论”课程教改成功、举办首届学生思维导图作品展时，桑新民教授为我校题词：“帮助学生插上信息技术与学习科学两个翅膀，让他们在大学广阔的天空自由地飞翔。”他谈道，这门课如同给学生插上了两个翅膀，是使学生应对时代挑战的很重要的基础，有了这两个翅膀，学生就可以在大学广阔的天空自由地飞翔。华南师范大学徐福荫教授的题词是：“应用教育技术培养创新能力。”培养学生的创新思想，使学生能自由地快乐地学习，这是多么神圣而光荣的使命！当时桑老师还给我留言：“李林英老师：您好！尽管遇到了许多难以想象的困难，但我坚信，您一定能够克服困难，创造新的辉煌！请保重身体！谢谢！”

我心中一直被桑老师的这句话激励着，希望年轻的朋友在延续传播新的学习观念和新的思维方法时，在教学和学习上创造新的辉煌！

感谢桑新民教授的指导和做本书的主审！感谢与我合作写书的老师！感谢全国“学习论”教改试验课程校际交流师生团队的支持！感谢中国教育技术协会国家“十一五”课题“信息技术环境下多元学与教方式有效融入日常教学”总课题负责人李龙教授和刘雍潜副秘书长的关心和指导！感谢“思维导图与大学生创新能力的培养”课题组的所有成员对本书的支持！感谢为本书提供资源的所有师生！

感谢所有支持、关心本书出版的老师、同学和朋友们！感谢北京师范大学出版社编辑的支持！很想出一本大家都好用的书，让我们一起努力吧！

像任何探索之作一样，本书肯定会有种种不尽如人意之处，恳请广大师生与读者提出宝贵意见，以便我们在今后的工作中予以改进和完善。同时，欢迎广大师生朋友与我们联系，相互交流学习心得，共同探讨思维导图的学习方法(作者联系方式，E-mail：xxjxgg@163.com)。

李林英

2011年4月

目 录

第一篇 基础篇

第1章 思维导图与大学学习 …… (3)
1.1 基本运用 …… (4)
1.1.1 思维导图的发明 …… (4)
1.1.2 思维导图的应用 …… (4)
1.1.3 思维导图的学习 …… (9)
1.2 记忆学习与思维导图 …… (16)
1.2.1 大脑 …… (16)
1.2.2 大脑与记忆 …… (18)
1.3 创新学习与思维导图 …… (21)
1.3.1 想象力 …… (21)
1.3.2 创作思维导图与创造性思维技巧 …… (23)
1.4 思维导图与课程实践实例 …… (28)
1.4.1 "导学"创作思维导图实践指南 …… (28)
1.4.2 "学习论"课程实践指南 …… (30)
1.4.3 "思维导图与学习"课程进程 …… (31)
1.4.4 课程评价方式的改革 …… (32)
1.5 思维导图与校际协作学习 …… (32)
1.5.1 思维导图校际协作评论的教学目标 …… (33)
1.5.2 校际网络支持环境的设计 …… (33)
1.5.3 思维导图校际协作评论的教学过程 …… (34)
1.5.4 校际远程协作的评价设计 …… (35)
1.5.5 校际思维导图互评的教学要求简图 …… (35)
1.6 软件操作实验:初识思维导图 …… (37)
1.6.1 检索网络上的各种"思维导图"免费学习资源 …… (37)
1.6.2 使用 MindManager 软件绘制思维导图简介 …… (37)
【本章小结】 …… (42)
【思考与练习】 …… (42)
第2章 五项学习技术 …… (43)
2.1 学习的新观念 …… (44)
2.2 五项学习技术 …… (48)
2.2.1 目标导向技术 …… (49)
2.2.2 自主学习技术 …… (51)

2.2.3 团队学习技术 …… (54)
2.2.4 动力激发技术 …… (60)
2.2.5 反馈调节技术 …… (62)
2.2.6 系统思考 …… (66)
【本章小结】 …… (70)
【思考与练习】 …… (71)
第3章 多元智能 …… (72)
3.1 概述:多元智能理论之父——霍华德·加德纳 …… (73)
3.2 语言智能 …… (73)
3.3 逻辑/数理智能 …… (76)
3.4 视觉/空间智能 …… (78)
3.5 身体/动觉智能 …… (80)
3.6 音乐智能 …… (81)
3.7 人际交往智能 …… (82)
3.8 自我意识智能 …… (85)
3.9 自然观察智能 …… (87)
【本章小结】 …… (89)
【思考与练习】 …… (89)
第4章 思维导图与开发个人潜能 …… (90)
4.1 思维导图的学习功效 …… (91)
4.2 思维导图与个人潜能开发 …… (91)
4.2.1 运用思维导图寻找个性化学习方法 …… (91)
4.2.2 运用思维导图解决学习问题 …… (95)
4.3 如何开发个人潜能 …… (102)
【本章小结】 …… (104)
【思考与练习】 …… (105)

第二篇 创新篇

第5章 思维导图与大学生创新学习 …… (109)
5.1 大学学习和生活规划 …… (110)
5.1.1 在大学规划中运用思维导图 …… (110)
5.1.2 在考研学习中运用思维导图 …… (113)
5.1.3 用思维导图加强时间管理 …… (117)
5.2 个人多元智能 …… (120)
5.2.1 用思维导图反思学习方法 …… (120)
5.2.2 用思维导图提高人际沟通能力 …… (121)
5.2.3 用思维导图辅助演讲 …… (122)
5.3 在课程学习中运用思维导图 …… (125)

5.3.1　运用思维导图做读书笔记 ……………………………… (125)
5.3.2　在复习计划中运用思维导图 ……………………………… (128)
5.3.3　运用思维导图做读书计划 ……………………………… (130)
5.4　在创业计划中运用思维导图 ……………………………… (132)
5.5　思维导图与大学生的成长 ……………………………… (132)
【本章小结】 ……………………………… (148)
【思考与练习】 ……………………………… (148)
第6章　思维导图与大学教学创新 ……………………………… (149)
6.1　思维导图与研究性学习 ……………………………… (150)
6.2　思维导图与学习科学 ……………………………… (156)
6.3　思维导图与电子商务应用 ……………………………… (157)
6.4　思维导图与工业设计 ……………………………… (157)
6.5　思维导图与电视修理 ……………………………… (157)
6.6　思维导图与职业规划 ……………………………… (161)
6.7　思维导图与如何成为教师 ……………………………… (161)
6.8　思维导图与教师怎样提高教学质量 ……………………………… (161)
6.9　思维导图与创意设计课程 ……………………………… (164)
6.10　思维导图与英语学习 ……………………………… (166)
6.11　思维导图与信息技术 ……………………………… (172)
6.12　思维导图与信息检索与利用 ……………………………… (173)
6.13　思维导图与“物理”的学习 ……………………………… (178)
6.14　思维导图与“化学”的学习 ……………………………… (179)
6.15　思维导图与“中国工艺美术史”的学习 ……………………………… (180)
6.16　思维导图与“学习心理学”的学习 ……………………………… (181)
6.17　思维导图与“数字电路技术基础”的学习 ……………………………… (181)
6.18　思维导图与“数据结构”的学习 ……………………………… (186)
6.19　思维导图与“人物三维动画”的学习 ……………………………… (187)
6.20　思维导图与“图形设计”的学习 ……………………………… (189)
【本章小结】 ……………………………… (190)
【思考与练习】 ……………………………… (191)

附录　学生学习“思维导图与学习”相关课程的体会 ……………………………… (192)
“学习论”课程的心得体会 ……………………………… (192)
新的尝试,新的开始:“团队学习新方法——思维导图与学习”课程心得 ……… (193)

第一篇

基础篇

Part 1 Foundations

第 1 章　思维导图与大学学习

思维导图是你自己放射性思维的外部镜子，它使你能够进入这个广大无边的思维发电站。

——托尼·巴赞

有梦就去追，思维导图助我成长。

——五邑大学“西部之旅”团队

1.1　基本运用

1.1.1　思维导图的发明

孔子曰："学而不思则罔，思而不学则殆。"是说只学习不思考则迷惘，想得多而不学习也一样失败。爱学习的人爱思考，怎样思考？怎样开发大脑已成为全世界共同关注的重大课题。

托尼·巴赞先生于20世纪70年代发明了表达放射性思维的工具——思维导图(mindmap)。托尼·巴赞先生在大学二年级那年想去图书馆找一本谈人的大脑和如何使用大脑的书，可是到处找也没找到，他发现了这一尚处空白的领域后，便开始了研究，读了很多的书，20世纪70年代他发明了思维导图，成为世界大脑专家。他根据人喜爱图的天性，认为图像是大脑思维的语言，人对图像的加工记忆能力是文字的1 000倍，应采用图示的方法记录人的思维过程，按大脑的规律进行思考，发挥联想，运用颜色、空间、整体思维，充分发挥大脑的潜能，从而挖掘人的记忆、创造性、机体、语言、精神、社交等各方面的潜能。

为什么要学习思维导图？因为这种思维方法可以使复杂问题简单化，正所谓"一图胜千言"，其以图示的方式展示人大脑中思考的问题，正符合人脑神经网络的放射结构。托尼·巴赞先生在他所著的《思维导图》一书中说："思维导图是你自己放射性思维的外部镜子，它使你能够进入这个广大无边的思维发电站。"思维导图将帮助人们释放出令人难以置信的潜在的想象力和联想能力。"放射性思维"是制作思维导图的核心思想，思维导图模拟了人类大脑的结构，当用图示的方法表达出来后，又提供了促进联想的功能，使形象思维与抽象思维有机地结合起来，促使你去更深入地思考，制作思维导图的过程也就成为培养创新思维的过程。因为是用大脑自己的语言思考问题，会获得超常的记忆和创造力。学习思维导图是对右脑的训练，左、右脑结合使用，会使学习者变得更聪明。由此，托尼·巴赞将思维导图的特点总结为：第一，以大脑神经元分布形式绘制的图形；第二，用大脑喜欢的方式思考；第三，强调左右脑的协调；第四，用立体的方式思考；第五，具有强烈的个人色彩。

目前，思维导图已成功地运用在许多大的跨国公司首脑的决策上。美国波音公司在设计波音747飞机的时候就使用了思维导图。据说，使用普通的方法，设计波音747这样一个大型的项目要花费6年的时间。但是，通过使用思维导图，他们的工程师只使用了6个月的时间就完成了波音747的设计！节省了1 000万美元。英国管理学作家Dr Tony Turrill说："思维导图可以让复杂的问题变得非常简单，简单到可以在一张纸上画出来，让您一下看到问题的全部。它的另一个巨大优势是随着问题的发展，您可以不费吹灰之力地在原有的基础上对问题加以延伸。"

1.1.2　思维导图的应用

思维导图创立到现在已经有30多年了。全球有2.5亿人在应用，而且这一数字还在不断增加。在全球500强企业如IBM、波音、微软、强生、汇丰银行、甲骨文等企业，思维导图已被广泛应用，思维导图也已成为欧美高级商务人士的必备工具。很多人都知道思维导图可以开发大脑潜能，提高理解力，激发创造力。

近年来，思维导图在大学生的日常学习与生活中的应用日益广泛、深入，它不仅成为大学生思想交流的有力工具，还被运用于大学生的课程学习、职业规划、创业实践等各方面。

案例一　思维导图与思想交流

思维导图是以一个主题为中心进行发散联想的图示，表现的是一个思维的框架。图1.1“我第一次见大海”是一幅以看见大海的感觉为中心主题的思维导图，有七个分支，每个分支放一个关键词，再发散，表达了见大海的感受，每个分支都用很简洁的语言来表达。

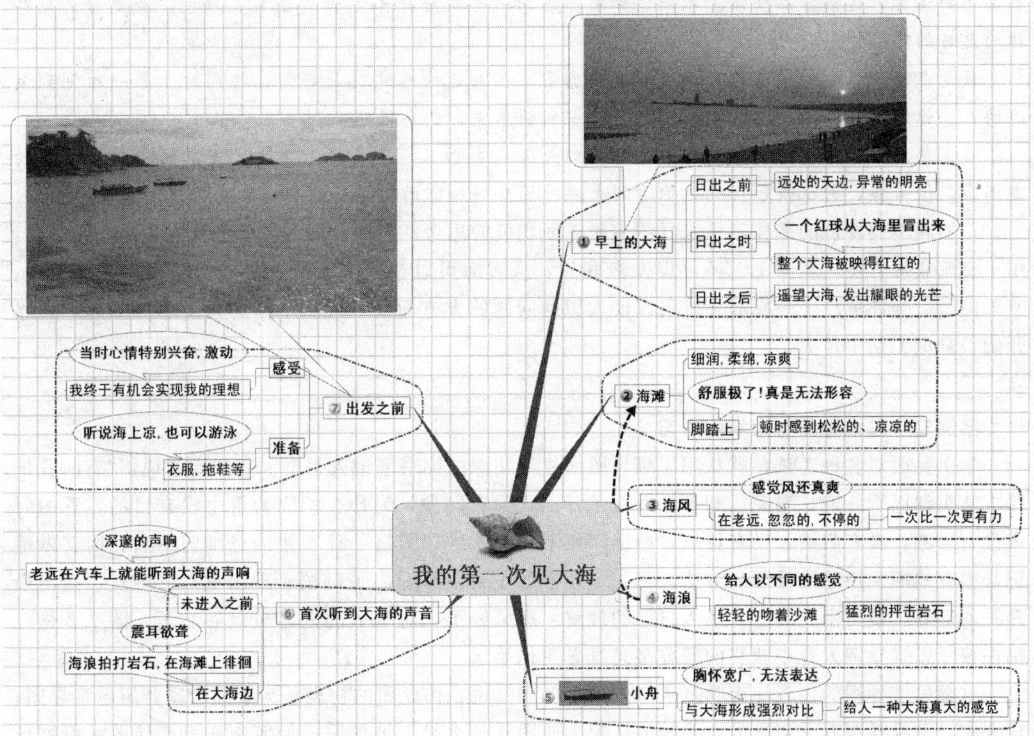

图1.1　我第一次见大海(作者：劳素丽)

这幅思维导图的作者五邑大学的劳素丽同学说：我曾经梦想着有一天能够去大海，去倾听大海的声音，去领略大海的风光，去沐浴海滩上的阳光。今天我终于实现了，内心非常激动，无法用言语来表达，不过这是一次难忘的旅行，直到今天我还是控制不住自己的心情，于是画了这幅《我第一次见大海》思维导图作为纪念，希望能与大家一起分享。

在南京大学“学习论”课程远程校际交流的网络论坛上，海南师范大学的一些同学看见这幅《我第一次见大海》的思维导图很有同感，在论坛上发表了许多评论：

呵呵，我在海南读书，见大海的次数很多，不知道你们那边的大海和我们这边的有什么区别，的确第一次看大海会有很多感受，自己却难以用语言表达出来，如果有机会去你们那边看看大海也不错。

这个思维导图做得不错嘛，记叙了自己第一次见大海的感受。不过，如果你能在表现形式上多花点工夫，那你的导图会更漂亮……

呵呵，大海确实比较吸引人，这也是很多人来海南读大学的原因之一。你的感受和我第一次看大海的感受差不多，容易引起共鸣。你的这幅作品很清晰，一目了然。若能很好地利用图片来表达自己的想法和观点，效果会更好。加油，下次作出更好的。

我是内地人，来海南读书后才第一次看到大海，跟你的导图所说的好相似哦！看得出那是你的真情实感，做导图不仅要有技巧，有时还需要有发自内心的情感，投入了感情的、亲身经历的导图才是最棒的！

呵呵，能把自己的亲身经历写成思维导图是个不错的创新，我们这里也有大海，希望我们可以有共同的语言，这幅作品整体上不错，如果多运用一些技巧比如字体、图片、颜色，会更好！期待你的更好的作品！

我是在海边长大的，呵呵，对大海太熟悉了。在海边的感觉就是好啊，特别对于第一次见到大海的人。你的思维导图简洁明了，给人耳目一新的感觉，色彩很明亮。

我家虽然很靠近大海，但是我第一次见到大海是在初三，我是晚上去的，当时的感觉就跟你的差不多，很兴奋，也很快乐！你把你看到大海时的那份细腻的心情写得好感人！很不错！

正如同学们评价的那样，思维导图主张正面积极的思考。它用简洁的图示方式表达内心的情感，用于交流非常方便。从图 1.1 还可以发散联想，从大海可以想到海阔天空、气势磅礴、一望无边、蓝天白云、胸怀宽广……发散思维可以使人想到问题的方方面面，且从不同的角度思考问题，思路开阔，避免了钻牛角尖。

案例二　思维导图与大学生学习

学生要面对各种考试，就从用思维导图做复习功课的读书笔记入手吧。有的同学说，“有时我把课本从头到尾看一遍，看完后却不知道看了什么，没有印象，为什么?”因为看书没有目的，看的时候没有思考，没有归纳，没有重点，所以印象不深。思维导图是一种不错的思维归纳法，用其做笔记是很有效的。用思维导图的方法，将一个章节的主要内容理出关键词，理出重点、难点，找出最熟悉的部分、最陌生的部分，加入自己的理解，图画好了，对章节的内容也就熟悉了。图 1.2 是一幅在校际思维导图大赛中获奖的研究型思维导图作品。

这幅思维导图的作者海南师范大学的覃学健同学说：作此图的初衷是为了向大家介绍思维导图，让大家对思维导图有个清晰的、系统的认识。此图从什么是思维导图、如何制作思维导图、思维导图的作用等几个方面对思维导图进行了诠释，其中还对思维导图与概念图、图忆的思维导图的区别进行了解释，让大家对思维导图有一个更全面、更进一步的理解。假设有一位学习者初次学习思维导图，那么利用此图他将能够认识与理解思维导图，并能简单地应用思维导图。学习此图可以让一个学习者从完全不懂思维导图到步入思维导图的天堂。

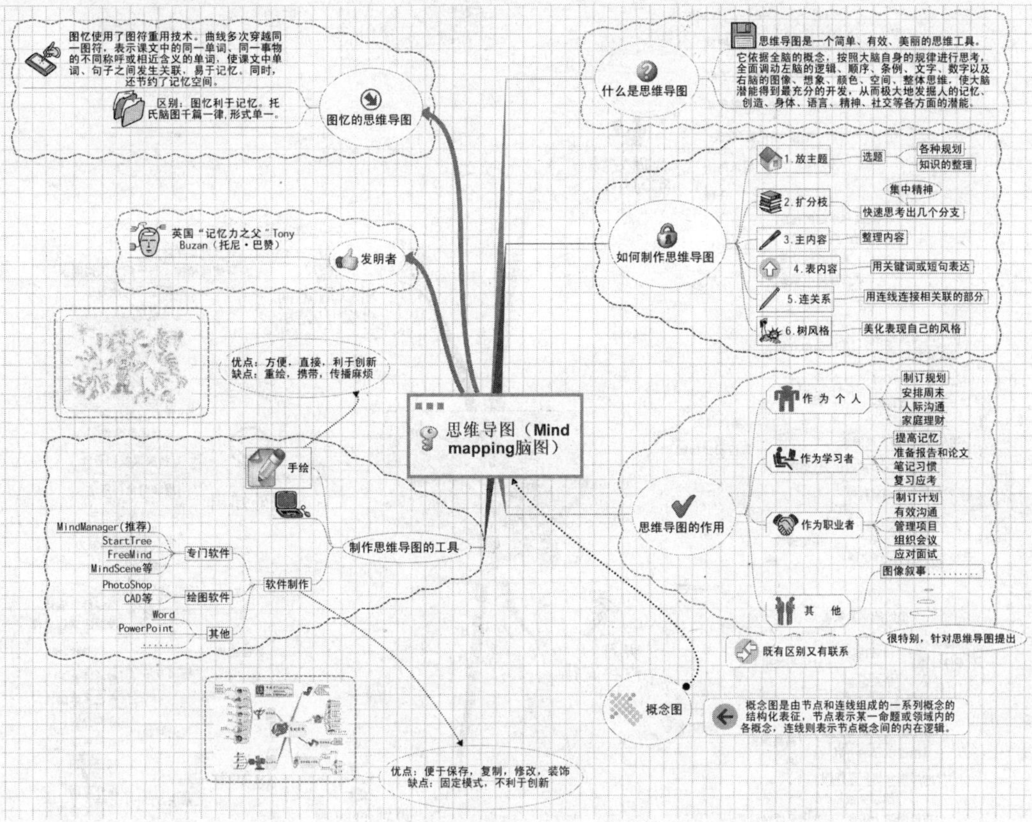

图 1.2　学习思维导图(作者：覃学健)

案例三　思维导图与大学生实践学习

金工实习是工科学生必经的社会实践学习，如何用思维导图做好规划，对实习的效果有重要的指导意义。如果没有计划，时间匆匆而过，那只是走了过场。五邑大学的杜永创同学根据金工实习的心得制作了思维导图(图 1.3)。

这幅思维导图的作者杜永创同学说：接触“学习论”已经有两个月了，这门课带给我新的思考方式，让我受益匪浅。以上是我用思维导图画出的两个星期金工实习的生活工作安排，内容虽然简单，但我希望展示给大家一种优秀的思维方式、一种适合我们解决问题的方法！

在南京大学的天空教室网络远程评价平台上，有人这样评价《金工实习心得》：“此思维导图很有启发性，见解很到位。这也为我们以后的实习提了个醒。有很多值得学习的地方。”“这幅作品给人的第一感觉就是醒目，布局也很美观，仔细看会发现内容也很充实，你一定是个很阳光、很善于总结的同学，加油哦!”

指导老师点评：杜永创同学的《金工实习心得》思维导图在南京大学天空教室网络远程评价中受到好评，为南京大学举办的“2006 年度校际协作思维导图大赛”获奖作品。

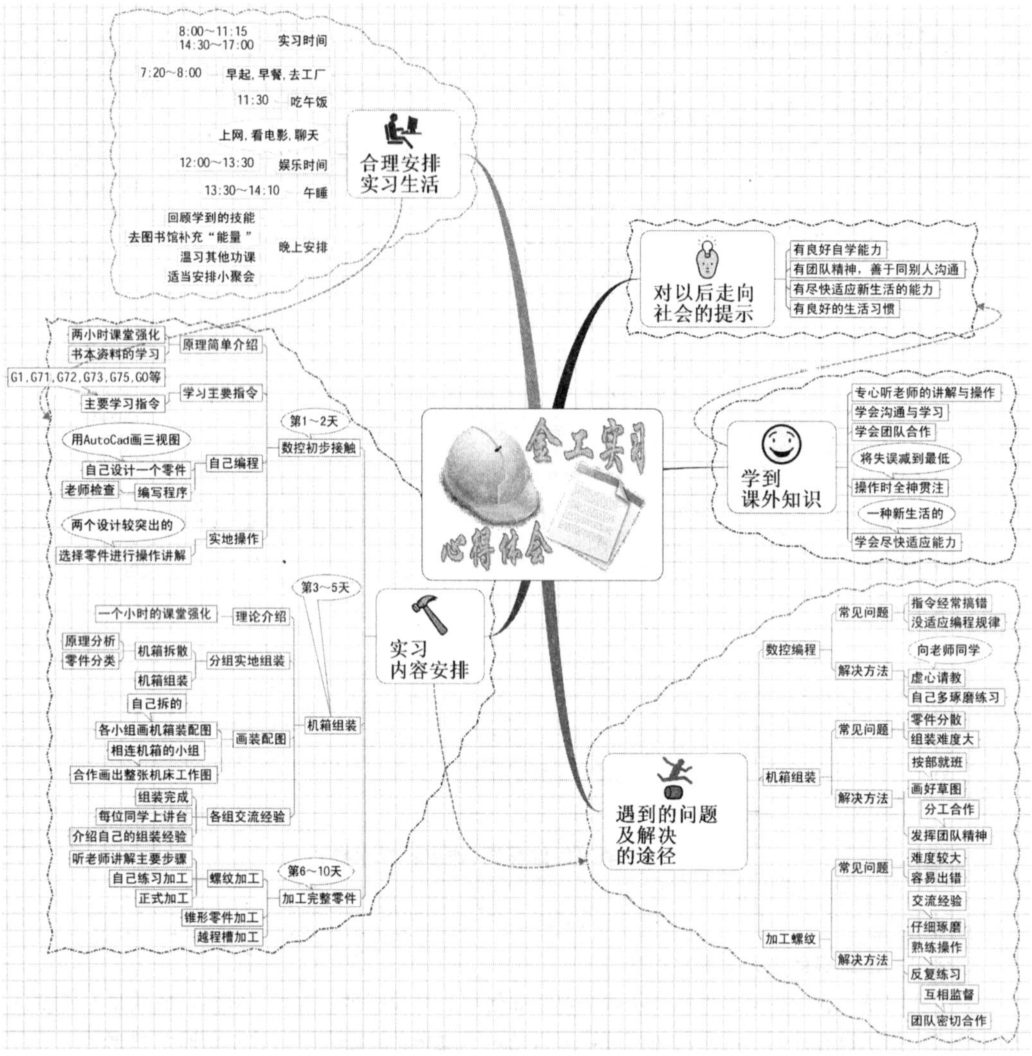

图 1.3　金工实习心得(作者：杜永创)

运用思维导图可以很方便地做工作策划、决策分析、会议记录等，这样不但条理清晰，而且可以激发组织者的创造性思维，促使他进行周密的思考，激发创造力。从美学的角度上看，一张清晰的思维导图应用于工作中不但会引起大家的观赏兴趣，也会激发组织者的工作热情。对于教师来说，学会运用思维导图进行教学，将掌握一种有效提高教学效率的重要方法。

案例四　思维导图与教学策划

图 1.4 所示的《思维导图教学策划》是一幅在备课过程中创作的思维导图教学作品。在备课初期，作者看了许多思维导图的参考资料，再加上思维导图校际协作活动的组织，教学内容与思路很是繁杂。后来用思维导图整理教学思路，先是把“成功个案、思维导图应用、思维导图原理、如何作思维导图、校际协作平台”的分支整理出来。在作图过程中，发现原来繁杂的思路逐渐清晰，各分支的次序可以按照逻辑与教学演示的需要随意调整，不仅已知的可通过图形有序地表达出来，而且之前没想清楚的新分支“学习困惑、失败个案、参考资源”也陆续涌现出来。在使用这幅作品进行教学后，发现需要学生课后注意的关键点还没有强调出来，于是加入推荐书籍的封面图片、值得注意的“学习方法”等标签，从而增强了整幅作品的图形联想性。总的来说，创作这幅作品经历了从课前准备到课后反馈的阶段，是一个不断学习提高的过程。

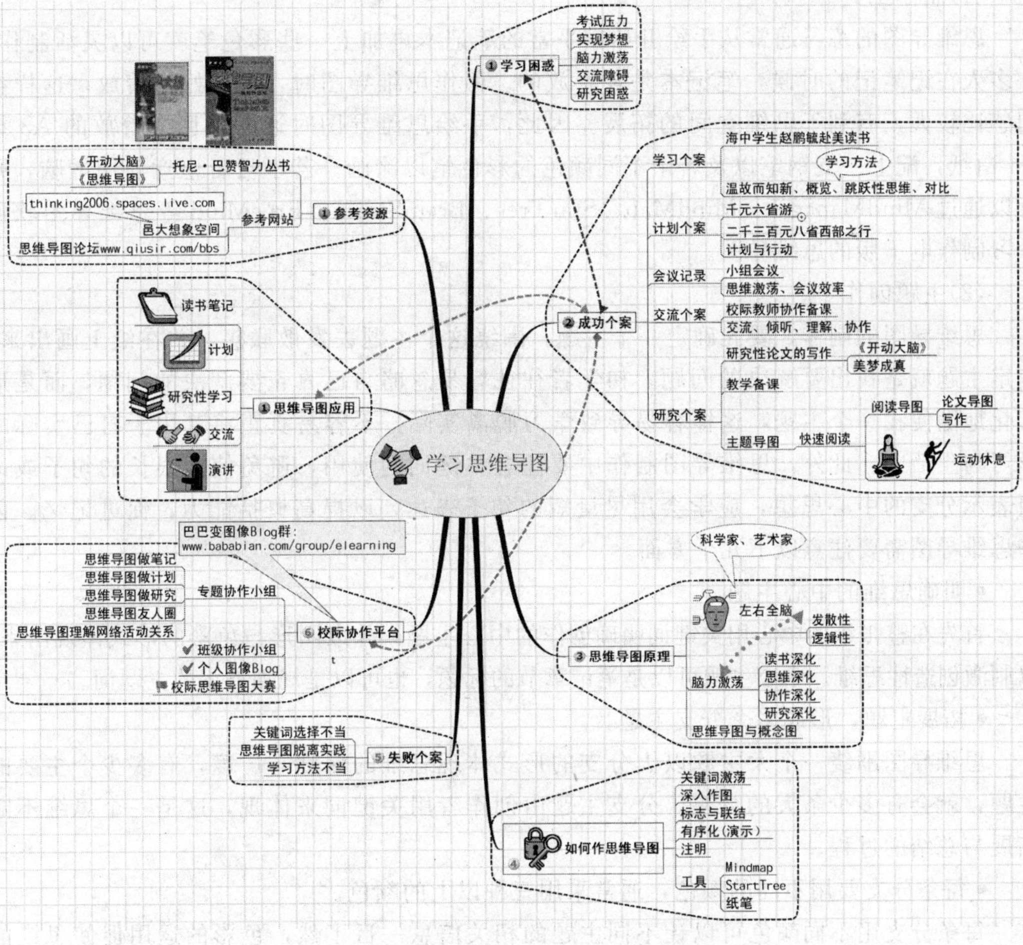

图 1.4　思维导图教学策划(教学版)(作者：李翠白)

1.1.3　思维导图的学习

有一定学习基础和生活经验的人都可以学习运用思维导图，学习者一旦掌握了这种方法，就可以在短时间内迅速提高思维能力和思维水平，挖掘出自己的思维潜力。因此，学习思维导图既要掌握基本的创作技能，也要学会思维导图的灵活运用。本节介绍思维导图的基本技能及其灵活运用技巧。

1. 思维导图的基本技能

绘制思维导图的过程可以简单描述为：在一张纸上把所有的信息组织在一个树状的结构图上，将每一分支都写上不同概念的关键词或短句，把每一概念分类有层次地分布在图上，而这幅图充满色彩、图像。这种类似于大脑自身开展工作的思维方式，能够同时刺激左脑和右脑，让人在思考、记忆、分析时充分发掘潜能，激发灵感与想象。对于初学者，掌握如下规则将有利于形成良好的使用习惯。

(1)制作工具

思维导图的练习通常从手绘开始，平常的笔记本再加上一些彩色笔就可以灵活制作。许多人在记笔记的时候，笔记本是竖着放的。但作思维导图时，纸最好横着放，这样空间感比较大，有利于思维空间的拓展。因此，手绘思维导图时通常采用横着放的 A3 或 A4 白纸，配上一支钢笔以及若干不同颜色的彩色笔以涂画。若学习者愿意使用电脑，则可以通过 MindManager、MindMap、StarTree、BrainStorm、FreeMind 等思维导图软件学习制作电子版的思维导图。

(2)主题创作

思维导图的制作，要先确定一个主题，围绕这个主题去发散联想，并在纸上画出来。确定主题就是找出要解决的问题。初学者往往容易忽略自己真正要解决的问题，而是形式化地随便找一个主题，这样容易导致学习脱离实际，不容易真正将其用于自己实际的学习与生活中。此外，思维导图制作中要注意关键词的使用，避免使用很长的句子或词组表示分支的中心思想，应学会用尽量短的句子表达，以提高概括能力，促进记忆。创作思维导图需要注意以下几个方面。

• 明确思维的中心主题。

首先在整张纸的中心用关键词明确创作的中心主题，并以图形与色彩的形式体现出来，以刺激创造性思维。中心主题可以是笔记章节的标题，也可以是规划方案的主题词。

• 拓展主题，形成多个分支主题。

思维导图围绕一个大主题以大分支的形式体现思维的深度与广度，有多少个主要的主题，就会有多少条大的分支，分支主题由创作者用关键词来体现，这是一个思维不断拓展与总结的过程。

• 每条分支要用不同的颜色，通常采用三种以上的颜色。

每条分支用不同颜色可以让不同主题的相关信息一目了然，色彩的运用促使思维的过程富有创意性，并强化记忆。

• 善用数字、标记、连线调整布局。

作思维导图时，它的分支是可以灵活摆放的，因此善于运用数字、标记、连线不仅能够理清思路，还可以调整布局。此外，还要考虑合理地利用空间，例如，创作者应考虑哪条分支的内容会多一些，哪条分支的内容会少一些，把较多内容的分支与内容较少的分支安排在纸的同一侧，从而更合理地安排分支的布局。

• 大脑尽可能地保持“自由”。

思维导图的图式笔记方法，目的是通过线条、关键词、色彩等拓展思维。在绘制思维导图时应当尽可能地保持思维与想象的“自由性”，这样就可以围绕思维中心产生越来越多的有用思维，达到激发创新性思维的目的。

图 1.5 和图 1.6 是两份本书作者阅读《思维导图》一书的读书笔记，其内容分别说明了思维导图学习的指导原则(图 1.5)和对制作思维导图的建议(图 1.6)。

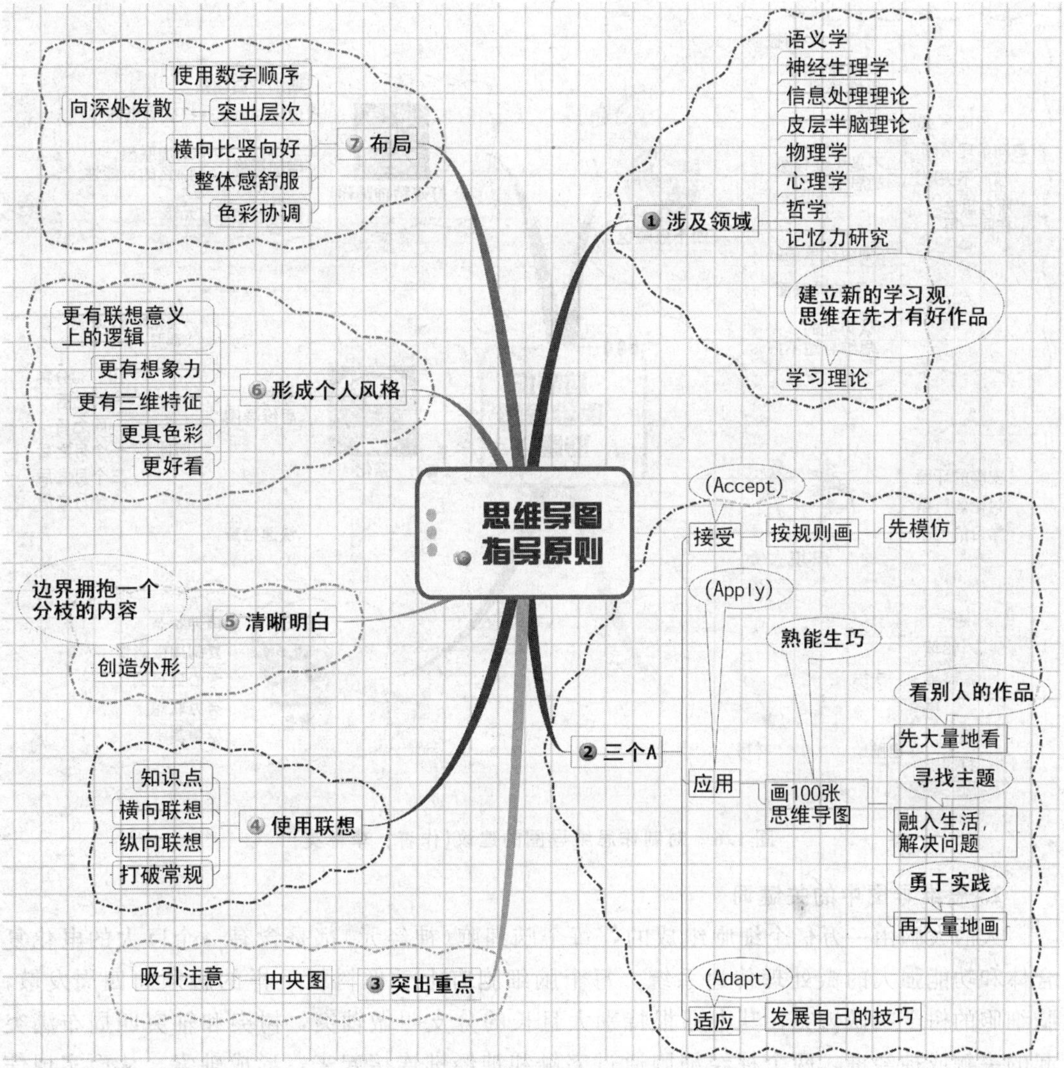

图 1.5　思维导图学习的指导原则(作者：李林英)

制作思维导图是为了解决问题，所以首先需要将问题作为主题中心，快速从主题中心画出几条空的线条，以促使大脑快速发散思考。制作思维导图时需要静下心来，给大脑一个合理的时间片段，使其集中精神思考，想得周全做事效率才会高。对初步画出的思维导图需要经常复习、思考、添加、修改，以加深对重复性记忆的印象，这样不仅可以提高记忆力，而且可以引发联想，有时还会有意外的收获。使用思维导图一定要保持积极的心态，制作思维导图不要流于形式，要经过大脑的深层次思考，这样才能使自己思路清晰。思维导图的分支应尽量使用关键词或短句，因为其经过了思考提炼，更容易记忆。当个人在思考一个问题时或多人讨论、集体画一张思维导图时，热烈的讨论、积极的思考，可能导致初始画出来的图比较凌乱。这没有关系，先尽可能地发散思维，然后再整理，一旦想清楚了比什么都重要。思维导图提供了一个思考的平台，养成制作思维导图的习惯会帮助你养成良好的思考习惯。

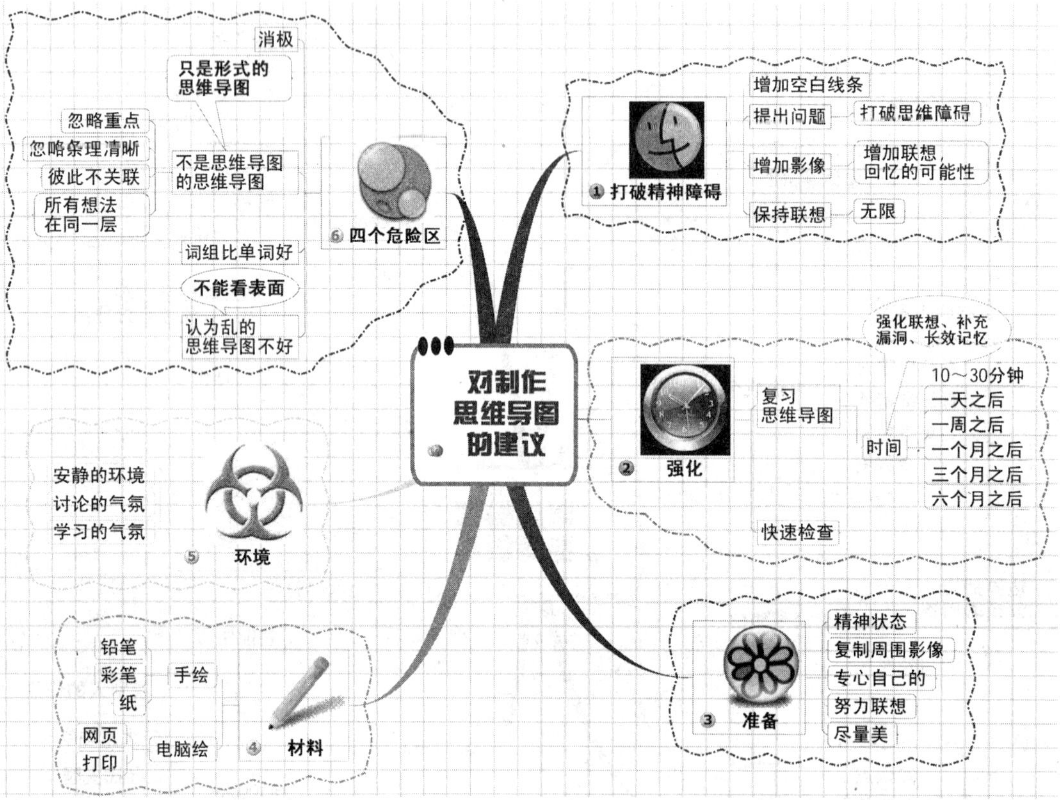

图 1.6　对制作思维导图的建议(作者：李林英)

2. 思维导图中的关键词

人的大脑由一万亿个细胞组成的，每个脑细胞(神经元)都是含有一个巨大的电化复合体和功能强大的微处理传递系统。每个脑细胞有上千像树根一样的触须向四周发散，脑细胞的树干叫做树突，其中那根特别大且长的分支叫做轴突，树突和轴突四周布满突起的突触或神经键。两个神经细胞通过突触和神经键连接起来，形成轴索，从而实现信息的传递(图 1.7)。

(a) 脑神经细胞　　(b) 脑神经细胞连接

图 1.7　神经细胞及其信息传递方式

神经元是神经网络的基本构成要素，而关键词则是思维导图的基本构成要素。思维导图主张用图形或关键词来表示每一节点，很多人对使用关键词这一点很不理解。其实关键词类似于神经网络中的神经元，每一个单独的关键词都可能引发成千上万的联想，就像神经元有很多触角一样，它也是自由的。关键词具焕发性，含义广，不易带出特定对象，但能激发想象，易引出相同的联想，意义明确，可迫使大脑沿着明确的方向合理地联想，可以与其他的关键词自由组合，这有利于新创意的产生。长句容易扼杀这种“火花”效应，因为它们已经成为一种固定的组合。思维导图与人体的神经网络相比，具有“形似”和“神似”(图 1.8)。从形状上来说，思维导图都是由一个关键点开始，向其周围发散出很多分支，然后到达下一个关键点，再由下一个关键点开始，继续向下发散出去。思维导图如果不用关键词，而是写满了短语或句子，那它就如同手指没有关节，与僵硬的木棍没有两样!

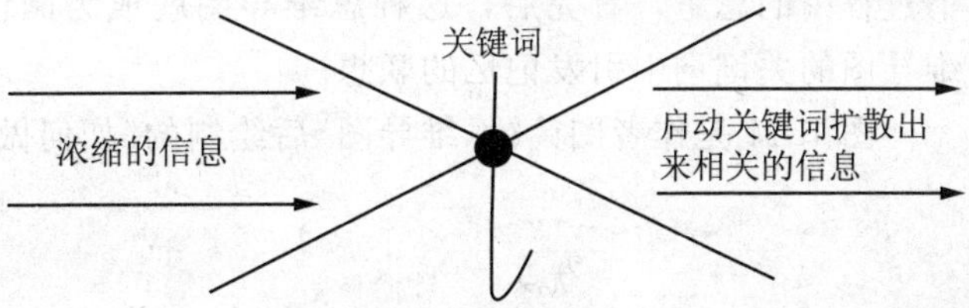
关键词
浓缩的信息
启动关键词扩散出来相关的信息

图 1.8　关键词

思维导图提供了发散思维的平台，创作思维导图是为了快速思考，关键词是帮助找到记忆挂钩的关键，一个思维导图通常由两个要素构成的：一个是概念；一个是概念之间的关系。一个思维导图从一个中心词或者称中心意念开始，由这个中心词，思维可以发散到5～10 个其他的关键词。在思维导图中，要学会使用关键词，在思维导图分支中应尽量使用关键词，不要将大段文字书写在分支上。初学者在学习思维导图制作中常会遇到关键词的使用问题，常常凭习惯把想到的长句放入分支中，而忽略了将长句分解为关键词，如图 1.9 所示。

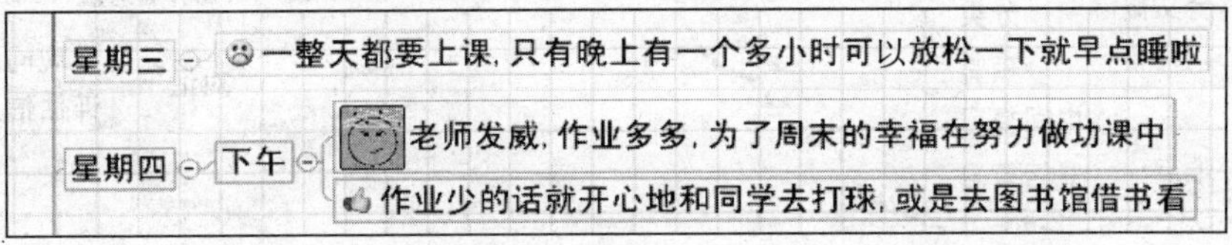
星期三
一整天都要上课, 只有晚上有一个多小时可以放松一下就早点睡啦
星期四
下午
老师发威, 作业多多, 为了周末的幸福在努力做功课中
作业少的话就开心地和同学去打球, 或是去图书馆借书看

图 1.9　关键词——分支中的长句

图 1.9 虽然在总体结构上列出了两个分支的内容，但在语言上不够精练，可改为如图 1.10的形式。

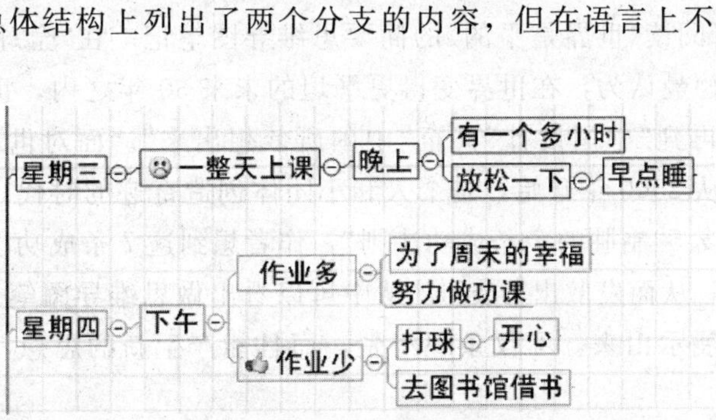
星期三
一整天上课
晚上
有一个多小时
放松一下
早点睡
星期四
下午
作业多
为了周末的幸福
努力做功课
作业少
打球
开心
去图书馆借书

图 1.10　关键词——分支中的长句分解

在思维导图软件中，将长句分解为短语、短句等关键词，容易记忆。只要同学们勤加练习，就会熟练起来。在节点处，如果关键词较多，可以在关键词间断处敲空格键，这样可以将较多的关键词排成两行或多行。

3. 如何运用思维导图做读书笔记

用思维导图做笔记是高效学习的一种好方法，看书的过程中，边看边做，可促进看书过程中的思考，看完后，这种思维导图就成为阅读后的记忆，复习起来，很容易从思维导图的关键词中引发记忆的联想。

图 1.11 是作者阅读《思维导图》后绘制的《如何做思维导图笔记》。

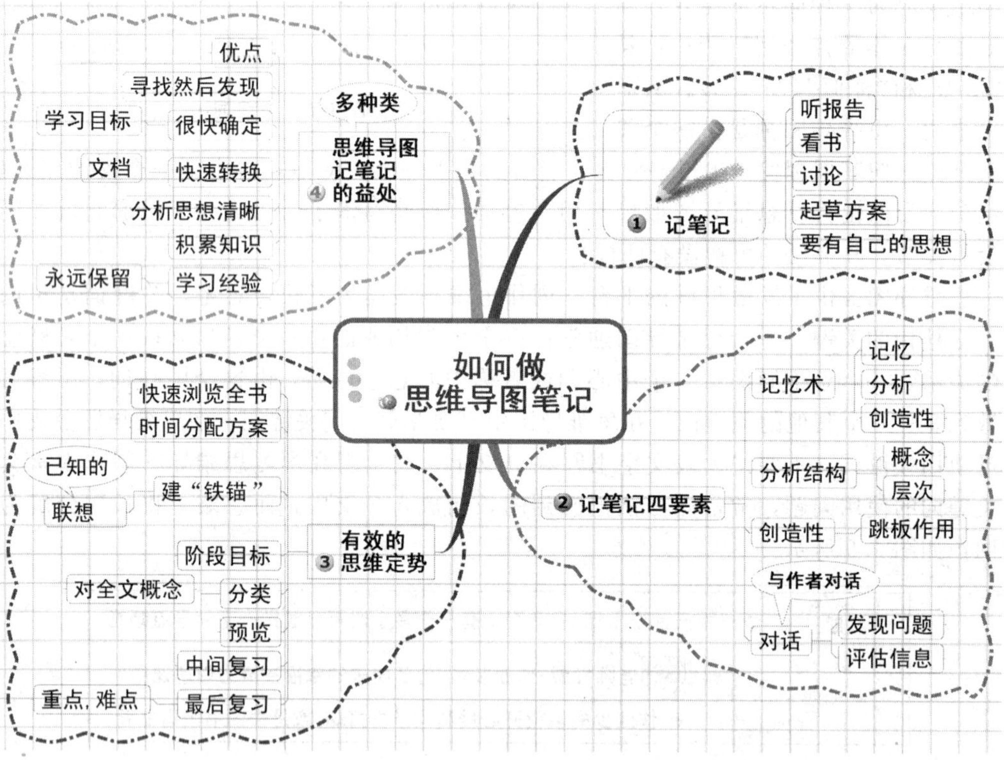

图 1.11　如何做思维导图笔记(作者：李林英)

图 1.12 是作者阅读《世界是平的》的简要思维导图笔记。在“全球化 3.0”中，个人成为主角，作者弗里德曼认为，在世界变得更平坦的未来 30 年之内，世界将从“卖给中国”变成“中国制造”，再到“中国设计”甚至“中国所梦想出来”。面对世界形势的急剧变化，教育该如何应对？从 2000 年开始，是个人和小团体创造奇迹的时代，学习者面临机遇和挑战，其中面对分支 5“制胜的 7 条成功法则”，作者想到这 7 条成功法则对学习者的学习变革有怎样的启示，从而发散出分支 6，从中可以看出做思维导图笔记的好处，一本 495 页的厚书由一张图展示出来，不仅条理清楚，而且能产生新的思想，有利于培养创造性的思维。

许多初学者刚开始运用思维导图做读书笔记时，只是简单地将书的目录画成图，作出的思维导图内容空洞，没有新意，无法切实促进对学习内容的记忆与理解。运用思维导图做笔记，应注意以下几点。

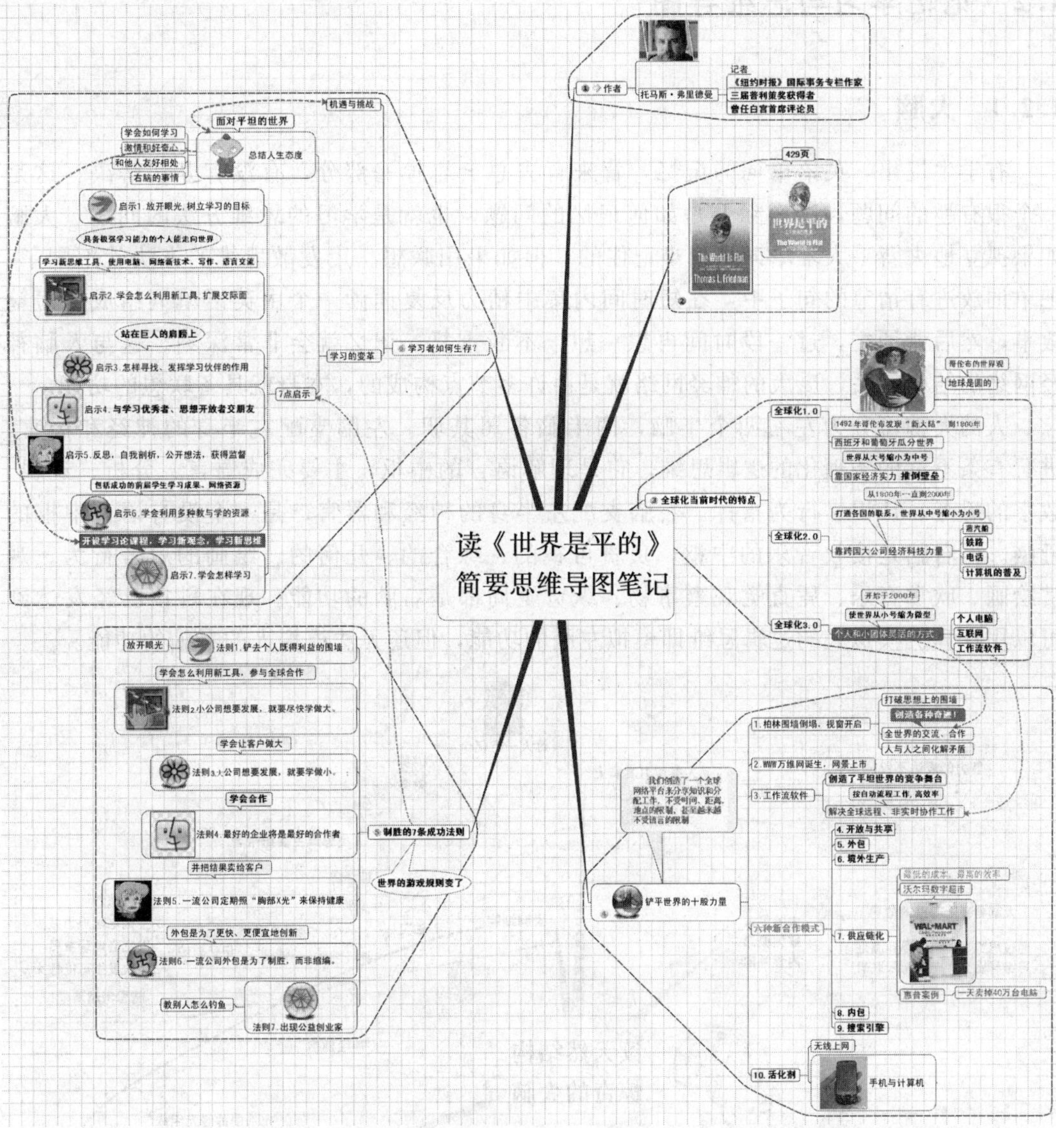

图 1.12　读《世界是平的》简要思维导图笔记（作者：李林英）

- 切忌只摘抄大标题。
- 要提炼自己对文章的理解作为图的一部分。
- 内容不要局限于课本，要用一定的外延拓展内容提升图的价值。
- 适当运用图片，注意背景设计和结构，让整幅图新颖、美观。
- 尽可能带着阅读时思考的问题与灵感去创作思维导图，让思维通过图式笔记的创作而活跃起来。
- 思维导图的创作应分层次、分主题，一个内容可以用一幅图表示，也可以用多幅图表示。

1.2 记忆学习与思维导图

1.2.1 大脑

有学生提出，英语单词的记忆，背来背去总会忘掉一部分，有没有办法解决？这是一个很有趣的问题，这实际上是如何记忆的问题，也就是学习的思维方法的问题。大脑如果孤立地去背一大堆单词是很难记住的，但如果用联想、用发散思维的方法就不同了。把单词放进有情节的句子中，在短时间内集中精力反复诵读一个由英语单词组成的短篇故事，然后背诵之，过一段时间再想一想，不断重复，记忆就会非常深刻。这与人脑神经网络的结构有关，庞大的神经网络就是由许多节点构成的，本身就具备联想的功能。

人的大脑可分为左右两个半脑，两半脑各司其职。左脑支配右半身的神经和器官，进行有条不紊的条理化的逻辑思维，它是理解语言的中枢，主要完成语言、分析、逻辑、数字的思考、认识、行为指挥。右脑支配左半身的神经和器官，是一个没有语言中枢的哑脑。但右脑是接收音乐的中枢，负责可视的、综合的、几何的、绘画的思考行为。观赏绘画、欣赏音乐、凭直觉观察事物、纵览全局都是右脑的功能。现在科技已经发达到可以用计算机模拟人的逻辑思维即模拟左脑的功能，但还无法模拟人的右脑的功能。

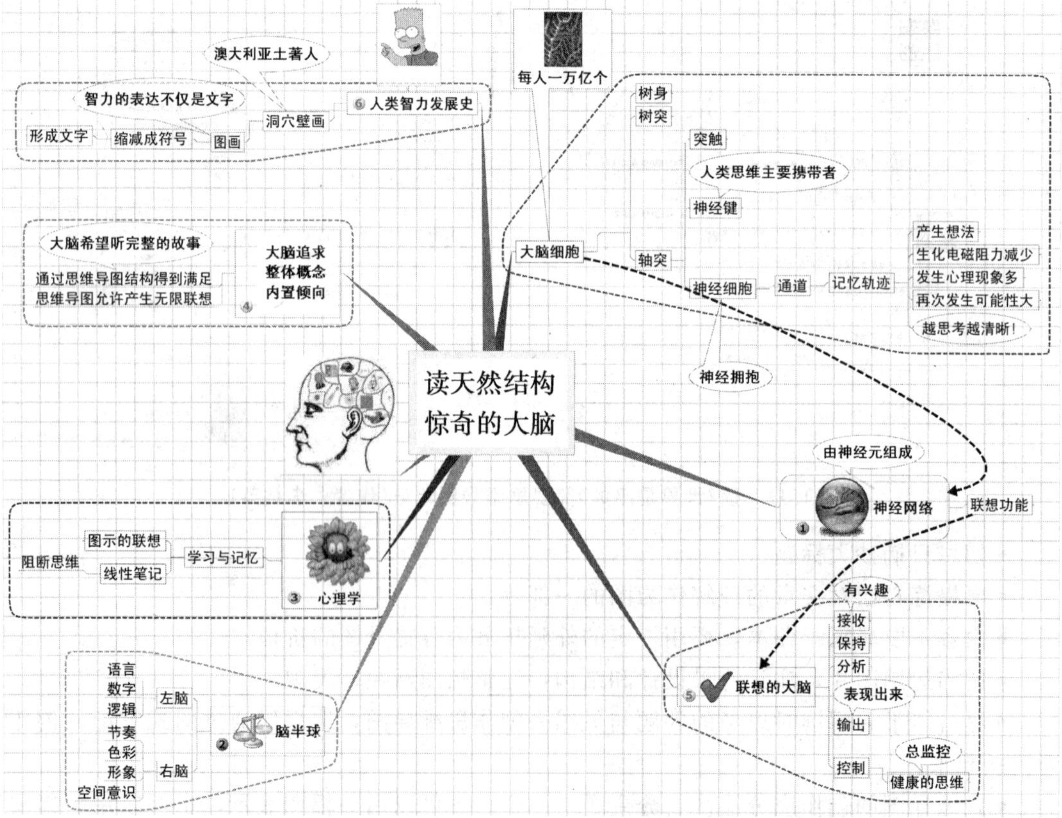

图 1.13 天然结构——令人惊奇的大脑(作者：李林英)

人类的大脑非常神奇，它有无边的潜力和广大的容量。大脑细胞拥抱大脑细胞，组成具有无限联想的神经网络——思维的发电站。大脑的开发已成为全世界关注的热门课题。了解大脑的功能、对右脑进行训练，可以丰富人的想象力，使大脑更聪明。

有关大脑的研讨——组织科学方法的研讨课题之一

（五邑大学　何小冰）

人的大脑是世界上最精密、最灵敏、最复杂的器官。它主要由左脑和右脑两个部分组成。左、右脑的形状对称相同，但功能却不大一样。一般人对脑的运用不到 5%，因此人脑蕴藏着无数待开发的资源。

被称为天才的爱因斯坦曾说：我思考问题时不是用语言进行思考，而是用活动的跳跃的形象进行思考，当这种思考完成之后，我要花很大力气把它们转化成语言。这句话生动地描绘出新思想诞生过程中左、右脑是如何协同工作的。

多数人都习惯只使用某一侧的大脑进行思考活动，即两侧大脑处于不均等的开发状态中。我们常说“求同存异”，左脑的功能在于寻求共同点，右脑则在于发现不同处。

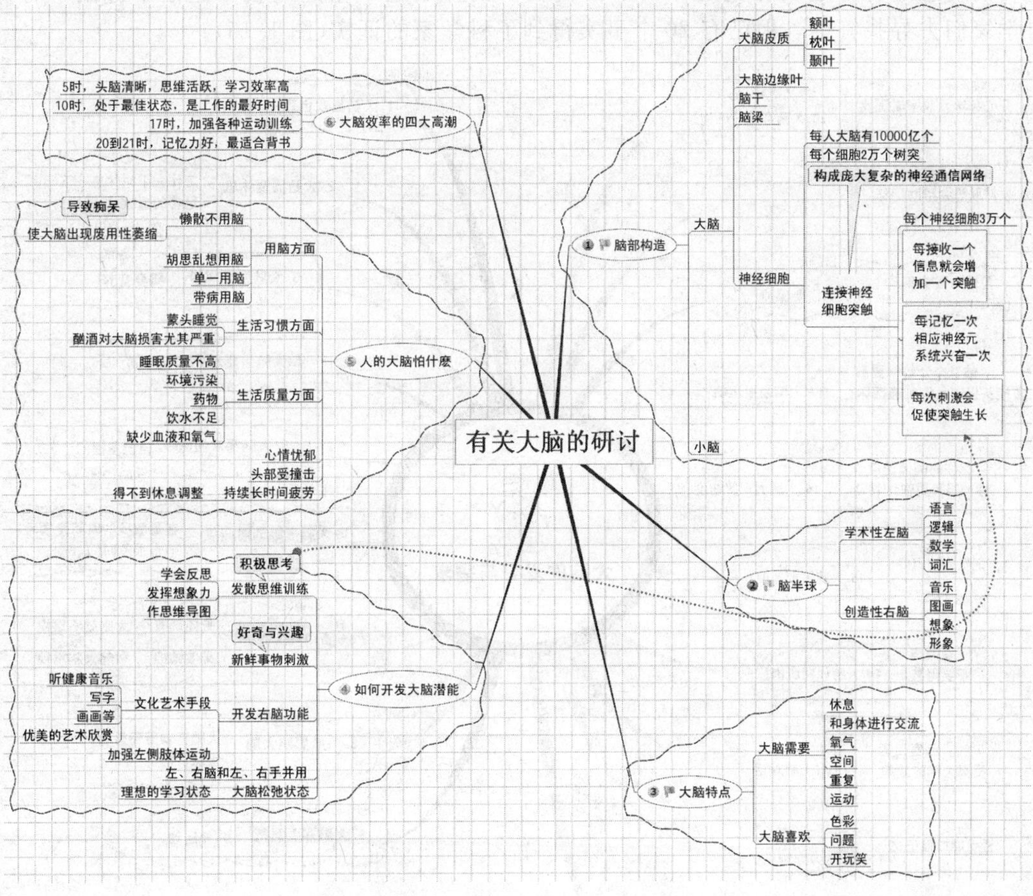

图 1.14　有关大脑的研讨（作者：何小冰）

如何才能开发大脑的潜能呢？下列方法可供参考：学习外语，接受新事物是训练大脑的有效途径；下围棋有益于大脑的开发；乱写乱涂，不时使用左手也能促进大脑的潜能的开发。

研究大脑的课题题目是我自己选取的，通过对大脑的研讨，我加深了对人的大脑功能、构造等的了解，同时也知道了如何开发大脑潜能，我相信这对我以后的发展具有非常大的指导作用。虽然搜集资料、整理成文、绘制成图等花费了我大量的时间和心血，但看到整个作品出来之时，心里确实很激动，觉得非常值得。

老师点评：有关大脑研究的思维导图很有意义，每个人都有很大的智能潜能需要开发，智能潜能通过合适的训练是可以提高的，重视大脑的训练、每天给大脑半小时空白的时间片段、积极地思考会使你更加聪明。人类的大脑是由神经元组成的神经网络，神经元的网络联结是人类具备联想功能的生理基础。思维导图的核心是发散思维，符合人类大脑联想的这一特点，所以进行发散思维的训练有助于提高人的大脑的联想功能。

1.2.2 大脑与记忆

人类大脑的记忆是一个过程，当你记忆的时候，实际上就是你把保存在大脑中零零碎碎的信息进行重建。究竟是什么东西引发大脑开始这个重建过程？这是个谜团，有待科学家们去寻找答案，但已有20个事实得到了科学家的证实(图1.15)。

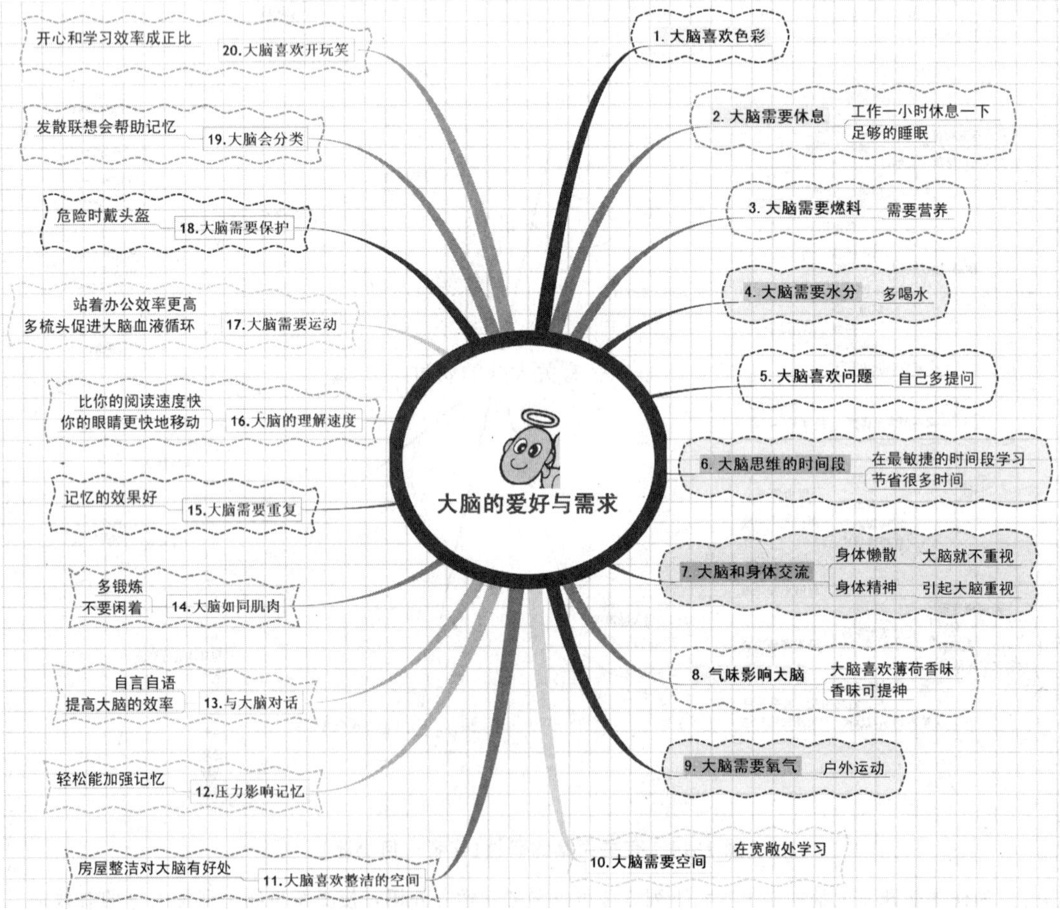

大脑的爱好与需求
1. 大脑喜欢色彩
2. 大脑需要休息
工作一小时休息一下
足够的睡眠
3. 大脑需要燃料
需要营养
4. 大脑需要水分
多喝水
5. 大脑喜欢问题
自己多提问
6. 大脑思维的时间段
在最敏捷的时间段学习
节省很多时间
7. 大脑和身体交流
身体懒散
大脑就不重视
身体精神
引起大脑重视
8. 气味影响大脑
大脑喜欢薄荷香味
香味可提神
9. 大脑需要氧气
户外运动
10. 大脑需要空间
在宽敞处学习
11. 大脑喜欢整洁的空间
房屋整洁对大脑有好处
12. 压力影响记忆
轻松能加强记忆
13. 与大脑对话
自言自语
提高大脑的效率
14. 大脑如同肌肉
多锻炼
不要闲着
15. 大脑需要重复
记忆的效果好
16. 大脑的理解速度
比你的阅读速度快
你的眼睛更快地移动
17. 大脑需要运动
站着办公效率更高
多梳头促进大脑血液循环
18. 大脑需要保护
危险时戴头盔
19. 大脑会分类
发散联想会帮助记忆
20. 大脑喜欢开玩笑
开心和学习效率成正比

图1.15 大脑与记忆(作者：李林英)

学习需要记忆，学习与记忆有着密不可分的联系。而思维导图能够增强使用者的记忆能力。

学习过程

（五邑大学　刘立元）

我最早的学习就是记忆，就是机械性地把东西记忆下来。虽然是机械性的，但一点都不容小看。记忆中的知识也就是机器的部件，是创意的原材料。如果没有机械性记忆，任凭灵感多么丰富，也不过是巧妇难为无米之炊。要学有所成，就要学会在零碎的时间记忆。

记忆不是硬性把整个东西塞在脑里，而是强调在要点上，记一种思想或方向，附带些注意点。有些很难消化的就不要急于“硬塞”，好脑子不如硬笔头，记下以后再参详。

有了材料当然要运用，运用要靠思考来约束。所以每每到运用时应先审判自己“这样做合乎逻辑吗?”除此之外创新也非常重要，这两者是连体婴儿，不分先后。创新能放飞思想，逻辑保证放飞的方向。

在运用的过程中，记忆会重复，不知不觉知识就会熟悉得像身体的一部分。而创新又会勾起一些沉睡的知识，也就是把零部件用一种新方法重新组合、一个个集合起来。

说到创新，那是最热门的词汇了，什么都要创新，但培养创新的方法也要创新。做事情事先要有灵感，灵感也是由平时的积累衍生的，还少不了细心观察。此外，不能作茧自缚，传统的力量太大了，大到有一股强烈的后劲，很多时候因为思维定势让生活很枯燥，有空坐着慢慢想时给自己一个免责权，反正都要过“审判”那一关。

还有目标，它就好像灵魂，操控着一副有机能的躯体，目标便是学习的灵魂。在没有一定知识的情况下是难以定出合理的目标的，必须在普通的学习中在分析自己个性的基础上建立目标。目标还不能太远，这和太高或太低的目标一样，因为世界是随时变化的，谁也不知下一秒会怎样，立在远处的目标犹如海上漂浮的纸船，不定而无力。有了一定高度和距离的目标后，还要对它进行升级，使它因环境和自身的能力变化而变化。说到这里，我们就越发不专一了，灵魂都变了，别忘了，还有一个大目标，作接力运动员的跑道。

好像什么都纠在一起，确实，这才叫全面学习。

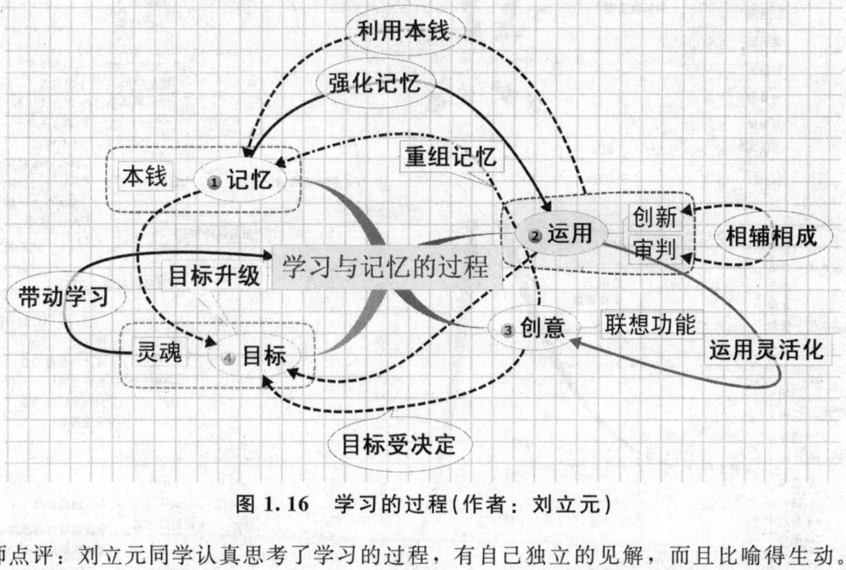

图 1.16　学习的过程(作者：刘立元)

老师点评：刘立元同学认真思考了学习的过程，有自己独立的见解，而且比喻得生动。因为他理解了学习的过程中自己应该怎样去努力。学习需要记忆，记忆是基础，但不是死记硬背，而是要记要点，找规律，记忆的重复会加强大脑的记忆。记忆和创新是相辅相成的，所谓熟能生巧就是这个道理，平常的细心观察、积累非常重要。对记忆的知识不断思考，与相关知识联想，再学习，总会产生创新的思想火花。所以要不断地有新的目标的追求，这就是刘立元同学说的“目标升级”。在五项学习技术中的应用中，上面较多涉及目标导向、自主学习，有目标就会有动力，反馈调节是指学会反思，知道自己的优势和弱势，明确努力的方向，在学习的过程中，还要强调一点，就是需要协作学习，学习不再是个人的闭门造车，需要学习伙伴，在协作与交流中使得学习会有更大的进步。

运用思维导图，我们可以将一些感兴趣的知识和常识图示化，加深我们对它们的认识和记忆。

用知识守护生命

在2008年汶川地震后，中央电视台经济频道制作并播出了有关中小学安全教育的特别节目《开学第一课：知识守护生命》，向全国的电视观众，特别是大、中、小学生宣传如何用知识守护生命，以及珍惜生命、守护生命、爱护生命的经验。图1.17为节目的思维导图。

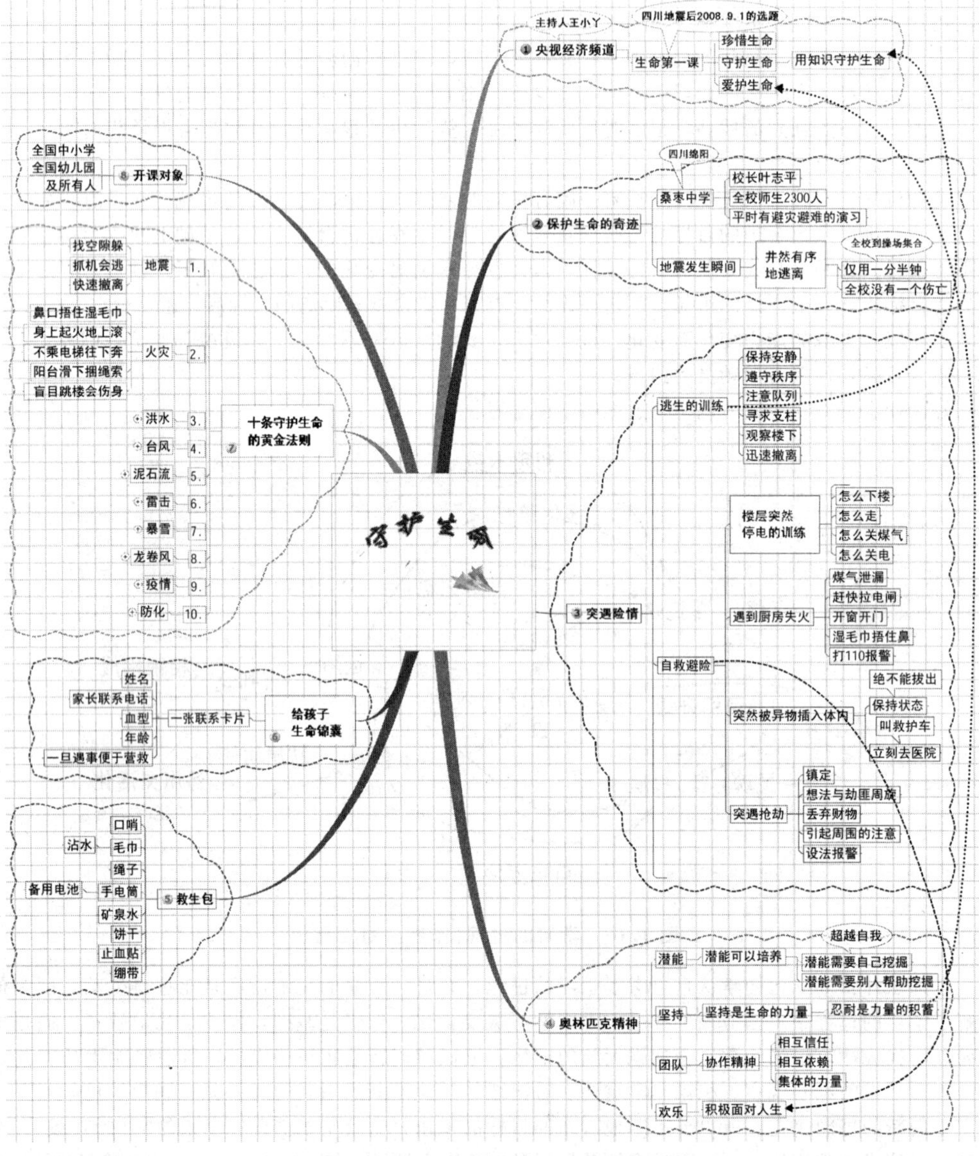

图1.17　用知识守护生命(作者：李林英)

《开学第一课：知识守护生命》以生命意识教育为主题，倡导中小学学生每学期都进行应急避险教育，整个节目由四节课组成：潜能、团队、坚持、生命。潜能：每个人都有潜在的能量，潜能需要激发，人在危险时的第一反应就是潜能支配肢体行为，同时潜能很容易被习惯掩盖，从而失去生命的机会，相反就会赢得生命的机会！坚持：每个人都知道“坚持就是胜利”这句话，坚持可以创造生命奇迹，在这次地震中坚持并活下来的人就会有新的人生。面对人生要有坚持不懈的精神。团队：团队精神的形成并不要求团队成员牺牲自我，相反，挥洒个性、表现特长有助于成员共同完成任务目标，是一种真正的内心动力。面对灾难，团队精神显得尤为重要。生命：快乐是一种心理感受。快乐是健康的金钥匙，人处世间，理应追求快乐。懂得快乐、善于快乐是一种智慧。在灾难中的幸存者更要笑对新的人生。

1.3　创新学习与思维导图

1.3.1　想象力

人天生富有想象力，但想象力是需要训练的。想象并不是胡乱猜想，而是具有内在的逻辑必然性，是在思维统摄下人类理性的一种存在方式和表现方式。训练想象力需要遵循一定的规则。

思维导图与想象力的训练相辅相成，这里介绍训练想象力的六大法则(图 1.18)。

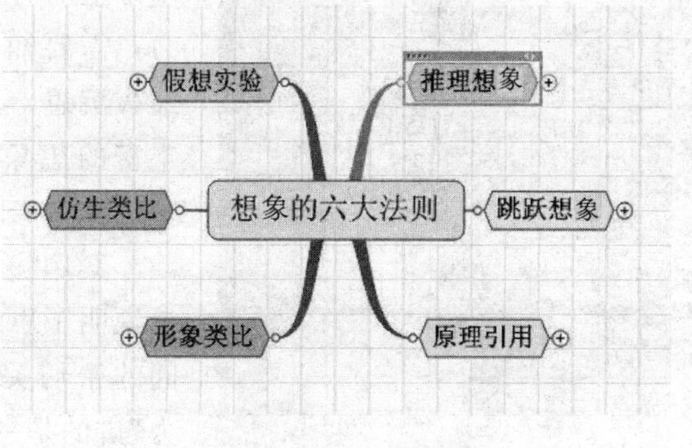

图 1.18　想象力六大法则

推理想象：推理想象是从已有事实进行延伸的过程，有着坚实的现实依据，因此，它并不是空想，而是合理的想象。例如，牛顿依据“抛出去时速度越大，落地前走得就越远”这一事实展开想象，推想出如果抛出去的物体速度足够大，那么它将进入空间而碰不到地球。这是一个大胆而合理的想象。这一想象在今天已成为现实。

跳跃想象：有时人们对某一疑难问题，百思不得其解，但在某一特定场合，受某一特定事物的诱发，却可能产生一种幻觉式的想象，并由此产生对疑难问题的突破。跳跃想象的产生具有偶然性，但它不是凭空出现的，更不是胡思乱想的结果。它是以反复思考、经久沉思为先决条件的。例如，发现苯环结构的德国化学家凯库勒就说自己是在“事情进行得不顺利，我的心想着别的事的时候，产生了跳跃思考。”

原理引用：有些现象虽是客观存在，但是直接观察很难被人们发现，甚至不可能发现，而理论却告诉了人们它的存在，并引导人们设法发现它。爱因斯坦曾这样阐述理论对创造的指导作用：“你能不能观察眼前的现象，取决于你运用什么样的理论。理论决定着你到底能够观察到什么。”

形象类比：形象类比是以事物之间的模式、外貌相似为依据所进行的类比思考。如直接类比就是形象的模拟过程。它主要用于形象成果的创造。例如，可口可乐公司当初曾向社会公开征求玻璃瓶的设计式样，要求设计达到“握着瓶子的颈时，不会有要滑落的感觉。从外面看来，里面所装的饮料液体，要比实际多。外观别致”。发明者是年轻的制瓶工人鲁托，鲁托模仿女友裙子的式样，设计了瓶子。

仿生类比：人们研究了生物的各种特殊能力，模仿制造了许多工具、仪器，这就是“仿生”。以一种创造性的思维方式进行构想，这就是“类比”。例如，人们模仿企鹅的体型和动作，制造了“极地越野汽车”。罗马体育馆的设计师就是研究了人的头骨构造，制成了无支撑的颅形屋顶。

假想实验：又叫大脑实验室，它是设想出一个环境，将有关的事物、关系、步骤等在头脑中逐步展开进行实验。假想实验实际是个思维过程，是由合理的假设和推理组成的。它不同于一般推理，它所借助的是假想的环境和事物，在脑海中进行实验。它是从假设出发，逻辑地演绎出理想化客体必然表现的某种形态，是应用逻辑推理的手段，想象出对理想化客体的“实验”。

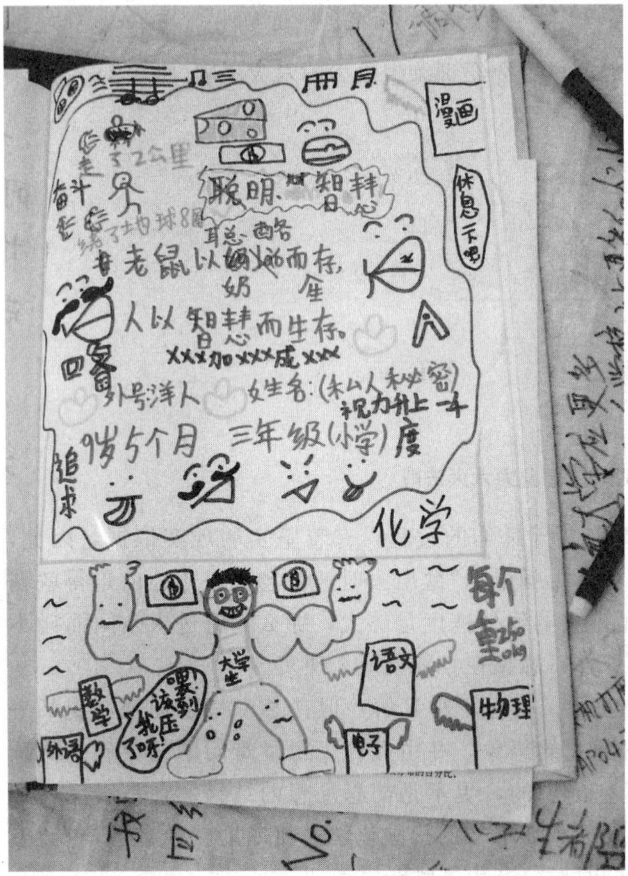

图 1.19　9 岁儿童漫画“大学生的压力”

想象不是盲目的，而是在现实基础上的有根据的想象。培养想象力，需要知识的积累、反复思考、经久沉思、进行思考方式的训练，丰富的想象力是培养创新思维的基础。

案例“9 岁孩童的想象力”生动地说明了思维导图与想象力激发之间的密切关系。“9 岁孩童的想象力”讲的是一个 9 岁孩童跟妈妈(教师)一起参观学生思维导图展，他在展厅跑了一圈，用彩笔在中央展台写着思维导图写作主题的白布上画了一张漫画(图 1.19)——首先，他写下了“聪明与智慧”“老鼠以奶酪而生存，人以智慧而生存”；画了一个超人，将其比作大学生；超人举着功课，他说这是学习的压力；然后画了许多有翅膀的功课，化学课的绿方框很大，语文、电子、物理、外语、数学也都很大，每门功课 250 千克；超人说：“喂！我该压倒了呀！”不少同学看了这幅画都表示赞叹。

爱因斯坦曾说过，“想象力比知识更重要”。人本来就具备发散性思维，但是如果不训练，思维就会退缩，发生阻塞。不断训练自己的思维，丰富的联想会使你产生创新的思想火花，使学习能力迅速提升。

1.3.2　创作思维导图与创造性思维技巧

绘制思维导图最大的目的，就是产生创造性思维，提高办事效率。

1. 创作思维导图的目标

在创作时用思维导图的方式去表达，首先要明确目的。明确目的是提醒创作者在开始创作时要注意一些问题，如图 1.20 所示。图 1.20 有七个分支，包括探索、清除、让位、注重、鼓励、发现、筹划，即找出想创作主题的所有创造性的可能，把想法都摆出来，在创作新的作品之前应抛弃以前的假设，将大脑以前的固定思维腾空，让位于新的想法，而新的想法是在思考、创作的过程中产生的。思维导图的初学者务必注意这一点：一旦发现新的想法，就要立刻抓住它，并进行延伸。灵感的产生可能就在那一瞬间，如果不立刻记下来，可能很快感觉就没有了，而且很难再找回来。如果抓住了，就是财富，就可以进行创造性的筹划。

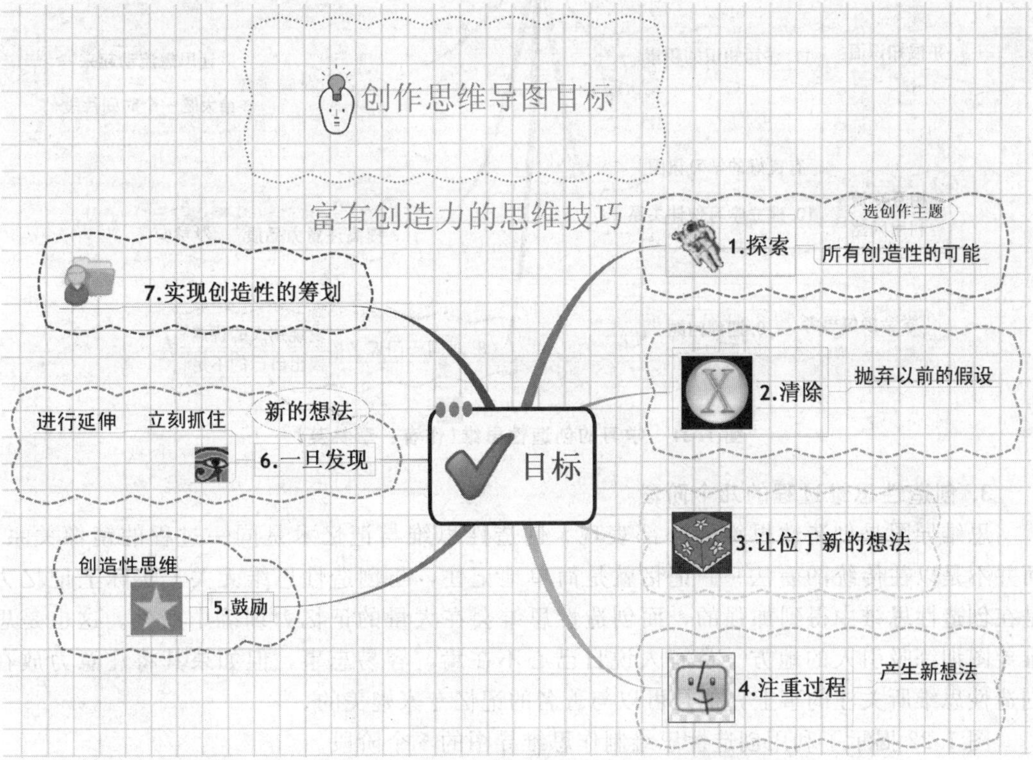

图 1.20　确定创作思维导图的目标(作者：李林英)

2. 作为创造性思维机制的思维导图

思维导图运用了想象力、思维的联想和弹性，因此具有创造性思维的机制。托尼·巴赞先生在他的《思维导图》一书中写道，“在心理学文献中，特别是在E·保尔·托兰斯就创造性思维而进行的一系列测试的手册中，弹性被认为是创造性思维中至关重要的元素。”图1.21是表现关于“创造性学习”的重要因素及活动能力的思维导图。

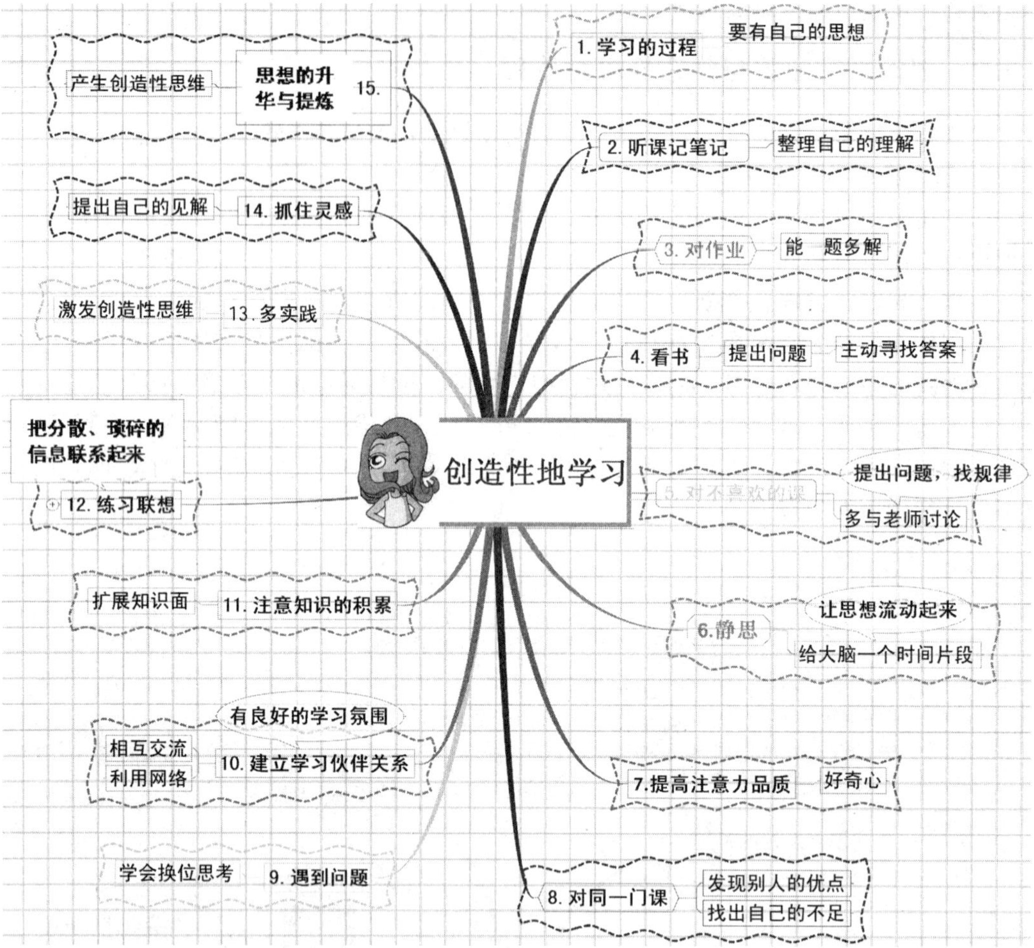

图1.21　学习的创造性思维(作者：李林英)

3. 创造性思维过程的几个阶段

思维导图是创造性思维的外部表现。创造性思维与记忆术是同一过程的镜像关系，而并不是以往传统的看法——记忆就是简单地记住，与创造性思维无关。实际上记忆力是在创造性思维中得到加强的，而创造性思维会在大量的记忆力训练中产生。这也是思维导图训练吸引人的地方。常有人说自己心不在焉，容易忘事，但如果其将注意力放在创造性思维所关注的事上，他是可以与著名的记忆专家媲美的。

图1.22揭示了利用创造性思维制作思维导图的5个阶段。

(1)速射思维导图喷发

速射思维导图喷发要求作图者在20分钟内快速填出若干分支的内容，它迫使大脑集中精神快速思考，把能想到的在短时间内都放射出来。这是大脑训练的一种有效的方法，正如托尼·巴赞先生在其书中所说的，“大脑松开了平常的锁链，再也不管习惯性的思维

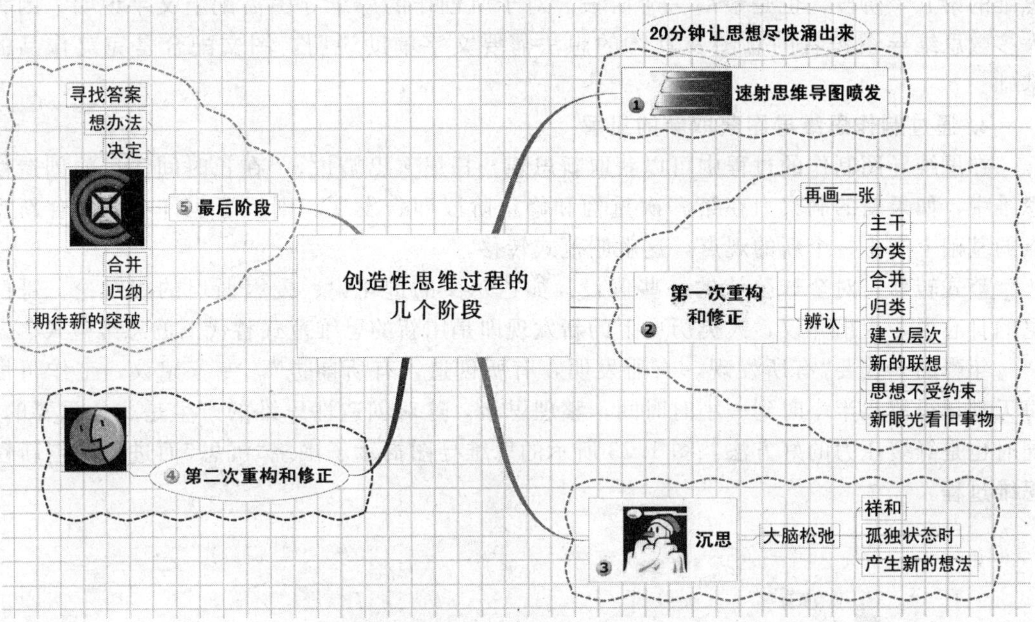

图 1.22　利用创造性思维制作思维导图的五个阶段(作者：李林英)

模式，因而就激励了一些新的通常也就是很明确的、荒诞的念头。应该接受这些明确的、荒诞的念头，因为它们包括了新的眼光和打破旧的限制性习惯的关键。”其实，“发明”在没有产生之前觉得很神奇，一旦找到规律，会发现“发明”原来是件简单的事。

有的同学问不做速射行不行？这里介绍的是大脑训练的一种方法，有人可能还不习惯打破思维的常规，那就不勉强，大脑的训练要发自内心才有作用。

(2)第一次重构和修正

画出速射思维导图后，经过思考，需要再画一张思维导图，重新构思、归类，找新的联想，以找出思维周边产生的重复的想法，也可能会有新的中心，找出潜在的观念，以新的眼光看旧的事物，也许能产生新的洞察力，这是产生创造性思维的第二个阶段。

(3)沉思

大脑在松弛状态时，“会让放射性思维过程扩大到副脑最边远的角落里去，因而就增大了新创意突破的可能性。”比尔·盖茨的一个新想法是在散步时想到的，许多科学家在产生创新思想时脑波都处于 α 波的状态，也就是松弛状态。

常说考试时不要紧张，这是因为在大脑放松时发挥才会好。“爱因斯坦告诉他的学生们说，沉思应该成为他们所有的思考活动的必要部分”。在日常的学习中，建议同学们每天给自己的大脑留点“沉思”的时间。沉思是产生创造性思维的第三个阶段。

(4)第二次重构和修正

思维导图不是画出来就完事了，需要反复修改，在已有图上联想、想象，尽可能地自由发挥，因为思维的发散是不受限制的。这是产生创造性思维的第四个阶段。

(5)最后阶段

创作思维导图的最后应作一个总结，以期待有新的发现和大的突破，还应写一份对思维导图创作的体会，反思、归纳、提炼出精华，使经验上升为智慧。这是产生创造性思维的第五个阶段，也是最后一个阶段。对于所创作的思维导图需配上文字说明，因为大多数思维导图作者的意图及具体的想法需要文字辅助说明，图文配合是完美作品的基础。

4. 通过制作思维导图获取新的见解

在思维导图制作的过程中可以获取新思想。托尼·巴赞说，“在长时间深奥的创造性思维中，如果新的洞察力在第一次重构和修正阶段即告发现，则沉思也许会在集合新观点的基础上产生一个新的观点，这就叫范式转移。”

范式转移是对全球公认的一些假设，如达尔文的进化论、爱因斯坦的相对论、哥白尼的日心说，提出异议，人类历史上的新发现即是用新的思维范式替代旧的思维范式。

年青的一代要“有所发现，有所发明，有所创造，有所前进”。专家建议，工作再忙每天都记得留出半小时到一小时时间，整理思绪，这对创造性思维的产生是非常重要的，同时也是舒缓压力的好方法。图 1.23 所示的思维导图揭示了围绕“沉思”而进行的创新性思维过程。

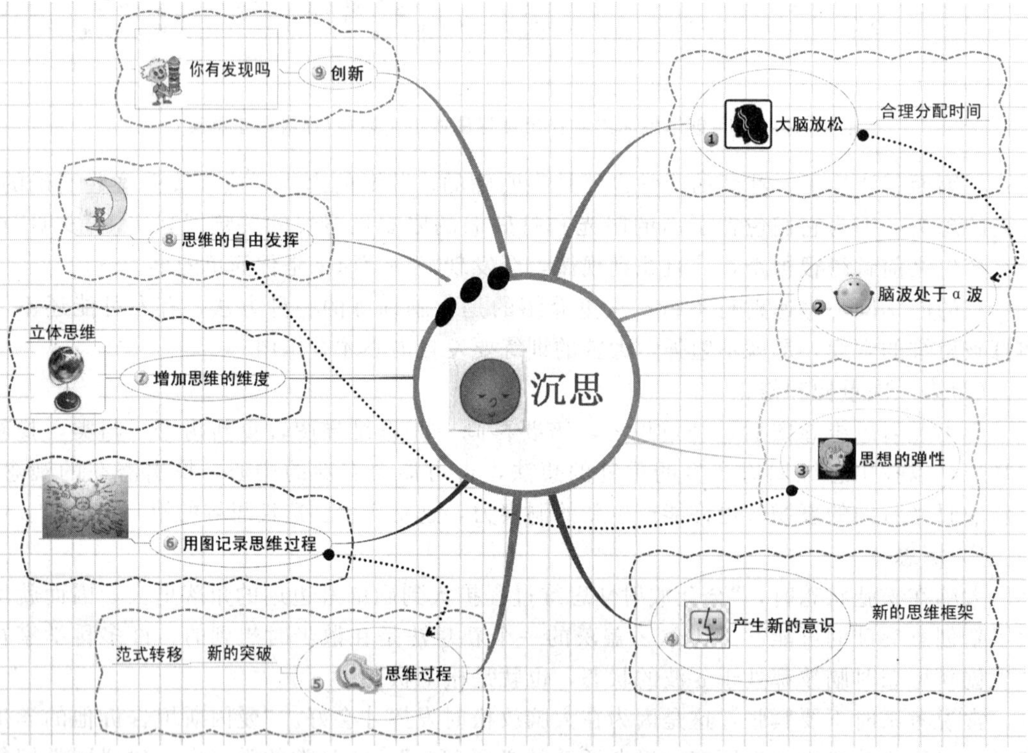

图 1.23　关于“沉思”的思维导图(作者：李林英)

5. 创造性思维导图的思维架构

思维架构实际上是一种思考问题的方式，即遇到问题应该怎么对待？想达到什么目的？解决问题的关键是突破传统的想法，清除以往的假设，但要做到这一点并不容易。如果能做到这一点，本来看似不可能实现的事也许就会成为可能，因为新的设想可能带来意外的收获。为了实现新的想法应具体落实时间计划，提出具体执行的方案。在解决问题的方案中需要进行交流和总结，弄清楚发现了什么，立刻捕捉它，延伸它。

这是发散思维的好处，遇到问题应冷静思考，找出解决问题的方法，多与人沟通，可以扩展自己的思路，不至于钻牛角尖。对不同类型的问题可以设计不同的思维架构，积累多了就变得有经验了。

6. 创造性思维导图的思维架构之应用

在思维导图中，我们可以全面地展现思维架构的应用。比如有个同学不喜欢物理课，可是还要考试，怎么办？他以"如何面对不喜欢的物理课"为主题，运用思维导图进行新的思维架构：学习的最基本的目标是通过考试，不管喜不喜欢都要过，那就按老师教的方法用思维导图的方式进行全面复习，边看书边做思维导图笔记；同时，在思想上抛弃原来的成见，假设我喜欢，作出思维导图笔记，在图中找出问题，找老师答疑，把不懂的搞懂；结果考试结果不错，以往没搞懂考砸了所以没兴趣，现在将问题弄明白了，考试自然也没问题了，信心也就产生了；学习要写学习契约(学习合同)，制订计划，对自己负责，自我监督，培养良好的学习习惯。这位同学在课堂上介绍了自己的学习心得——找到学习方法，总结经验，兴趣是可以培养的，一旦对所学的产生了兴趣就会有动力，就会有新的目标，在这一过程中，对原来不喜欢的课程的态度就会慢慢发生转变(图 1.24)。

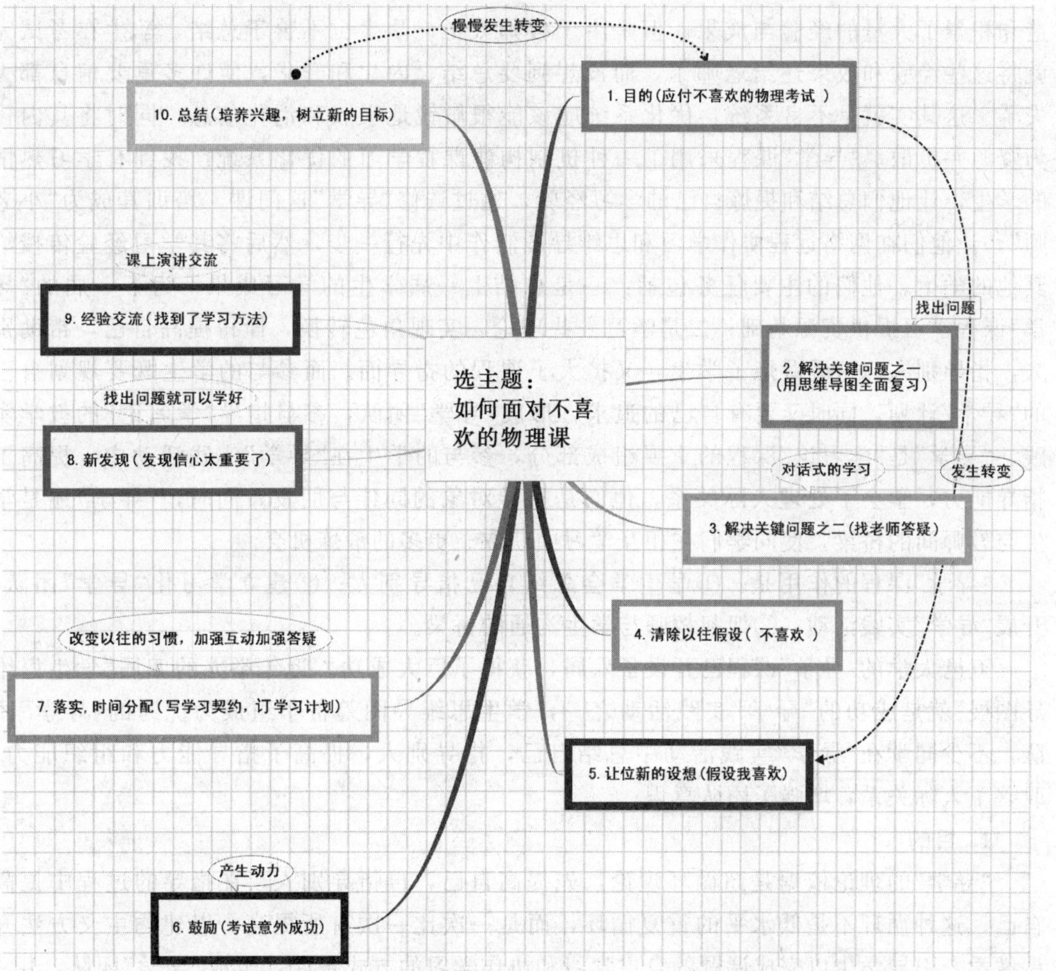

图 1.24　新的思维架构练习(作者：李林英)

1.4 思维导图与课程实践实例

本节提供五邑大学三门"学习论"相关课程创作思维导图的实践指南，这些实践指南均经过作者教学实践的检验。这三门课程分别是公选课"导学"(全称"学习指导理论与实践"，18学时，9周进程)、"学习论"(全称"学习科学与技术")(36学时，9周进程)、"思维导图与学习"(36学时，18周进程)。"学习论"的核心是培养学生带得走的学习能力；"导学"的课程核心是人际关系、指导能力及总结能力的培养；"思维导图与学习"是从"学习论"拓展出来的，核心是学会运用思维导图和五项学习技术，学会学习。三门课程都在课堂教学和课程实践中采用了创作思维导图的方式，并获得了成功。

1.4.1 "导学"创作思维导图实践指南

"导学"是"学习论"的姐妹课程。"导学"课程很重要的理论是系统科学，尤其是超循环理论。桑新民教授说：开这门课是为了防止遗传信息的丢失。每年学习论的学生都创造和积累了大量的经验与成果。但是由于教师太忙，学生也不善于总结，学生在考试完就将这些经验和成果还给老师了，而没想到要总结、内化和升华，使许多重要信息都丢失了。这其实就是不良系统，优化系统应该能很敏锐地吸收和消化信息，同时将其内化为资源并扩散。"导学"课程采用了一种机制构建课程学习的优化系统：找到有学习热情的学生，让他们总结和提炼自己的学习经验，通过选修"导学"这门课，培训其成为"小老师"，让他们在网络远程协作学习和思维导图制作中先行一步，然后将其学习经验传授给其他的学生。他们的主要任务包括：一是总结上一届学生的学习成果，为下一届的"导学"课程学习提供资源基础；二是学习一些理论，实现角色转换，懂得提高自己，帮助别人，指导别人。这既锻炼了学生，又扩大了课程的指导面。而参与的学生既要规划自己的"导学"计划，同时又要有自己的追求，形成"导学"团队，参与指导"学习论"的教学实践。"导学"是"学习论"课程的重要组成部分，参与的学生在"导学"实践活动中，提高了指导能力，学会了处理人际关系，他们是指导对象的同伴与朋友。同时，"导学"还是学生与教师间的桥梁，使同学们在相互学习中获取了更多的锻炼机会。

"导学"课程的作用是：①学生学会总结自己指导别人；②建立学习化"导学"团队，开展"导学"实践活动；③架起教师与学生沟通的桥梁。

五邑大学的"导学"课程已开设了六届，获得了巨大成功。近年举办的四届"学生思维导图展"就是成功的"导学"实践活动之一，学生思维导图筹备小组成为优秀的"导学"团队，不少同学在"导学"实践活动中总结自己，指导别人，提高了指导能力和组织能力，改善了人际关系，增强了团队意识。

1. 目的

"导学"的理论依据是超循环理论，先提高自己，再指导别人，在指导的过程中提高自己，这种循环不是低水平的重复循环，而是一次比一次有所提高。以建构主义方法开展教学，引导学生以完成课题的自主学习和协作学习的方式备课，组成"导学"团队，用3周时间(第3～5周)开展实践，然后交流心得体会，进行思维训练和演讲训练——学生自主演讲，老师做主持人，最后以团队答辩的形式汇报学习成果。

2. 课程实践内容

组成“导学”学生教学管理小组、学习科学方法指导小组、网络指导小组、演讲指导小组、思维导图软件指导小组、开复之路指导小组、思维导图艺术处理指导小组等“导学”团队，对学生进行培训，再让其参与指导活动，使其在指导别人的过程中提高自己。各“导学”团队的任务如下。

(1)“导学”学生教学管理小组：建立学生管理制度，组织管理“导学”与“学习论”所有团队的活动计划，当老师的助手。

(2)学习科学方法指导小组：研究科学的学习方法，分析评价学生学习的结果。

(3)网络指导小组：熟悉网络平台，管理学生网络注册，指导网络平台的使用。

(4)演讲指导小组：研究演讲的技巧，参与“导学”演讲，组织和指导学生演讲。

(5)思维导图软件指导小组：先自我培训，学会软件的使用，再参与指导其他同学的活动。

(6)开复之路指导小组：研究李开复先生给中国学生的信，作读书笔记的思维导图。

(7)思维导图艺术处理指导小组：熟悉 PhotoShop 的使用，搜索网上的思维导图和艺术图片，培养审美观念，为教材的思维导图设计主题图案(根据教学实际可适当调整)。

3. 课程实践要求

写学习契约，学习自我控制的方法，自选主题学习，列出具体的目标和具体的时间计划：阅读图书、做读书笔记、创作思维导图、写体会、参加网上课程论坛的时间安排。

4. 课程实践时间

3 周(第 3～5 周)。

5. 课程实践过程

(1)阅读课程教材，上网，浏览前几届同学的学习成果，进行学习反思。

(2)分析自己的实际学习情况，提出想解决的问题(只有在解决问题的过程中才能深刻地领会新的学习理念)。

(3)以问题为中心，画出多个分支，反思自己学习的历程，进行发散思考，起草铅笔草稿。

(4)与本组同学交流，不断完善草稿。

(5)写心得体会，准备发言的思维导图、电子教案或讲稿。

6. 课程实践存档说明

(1)学习契约(手稿或电子稿)。

(2)思维导图作品(手稿或电子稿)，加文字说明(300 字)。

(3)学习心得。

(4)其他档案(如问卷调查等)。

高年级同学可以以博客的方式展示自己的作品。

1.4.2 “学习论”课程实践指南

1. 目的

以建构主义方法开展教学，引导学生以完成课题的自主学习和协作学习的方式备课，用3周时间(第3～5周)开展实践，然后交流心得体会，进行思维训练和演讲训练——学生自主演讲，老师做主持人，最后以团队答辩的形式汇报学习成果。

2. 课程实践内容——课题选题举例

(1)选择评价教材实践篇的一幅思维导图，写出评价意见；学会作计划。

(2)阅读一本课外读物，学做思维导图读书笔记，写读书心得。

(3)选择评价教材概念篇的一幅思维导图，对此图继续发散思维，增加分支的内容。

(4)自选与大学学习和生活相关的主题，创作思维导图。

(5)选择学习小故事，设计动画片小剧本(角色2～3个，对白30句)，用思维导图表达故事结构。

(6)就教材概念篇中关于多元智能的思维导图，搜索故事资料(包括图片)，说明如何提高自己这方面的智能，写心得体会；参与团队学习，设计多元智能思维导图展板。

(7)用Flash动画表现一个学习的新理念。

(8)参与网上的讨论。

(9)读学校领导、专家对“西部之旅”学生学习成果展览的题词，写心得体会，向校报投稿。

教学中，可以让学生选择一两项感兴趣的题目，发挥想象力，进行发散思维的训练，也可以让学生自行选择主题，进行思维训练。

3. 课程实践要求

写学习契约，学习自我控制的方法，自选主题学习，列出具体的目标和具体的时间计划：阅读图书、做读书笔记、创作思维导图、写体会、参加网上课程论坛的时间安排。

4. 课程实践周数

3周(第3～5周)。

5. 课程实践进程

(1)阅读课程教材，上网，浏览前几届同学的学习成果，进行学习反思。

(2)分析自己的实际学习情况，提出想解决的问题(只有在解决问题的过程中才能深刻地领会新的学习理念)。

(3)以问题为中心，画出多个分支，反思自己学习的历程，进行发散思考，起草铅笔草稿。

(4)与本组同学交流，不断完善草稿。

(5)写心得体会，准备发言的思维导图或电子教案或讲稿。

6. 课程实践存档说明

(1)学习契约(手稿或电子稿)。

(2)思维导图作品(手稿或电子稿)，加文字说明(300字)。

(3)学习心得。

(4)其他档案(如问卷调查等)。

高年级同学可以以博客的方式展示自己的作品。

1.4.3 “思维导图与学习”课程进程

“思维导图与学习”是从“学习论”中拓展出来的课程，它通过实践的方式开展教学，教给学生运用思维导图和五项学习技术进行学习的方法和技能。

以下为五邑大学朱翠娥老师按照18周教学时间设计的课程进程，其中有5次教学安排在多媒体机房，课程实践放在后半学期的最后5周。

五邑大学“思维导图与学习”的课程进程安排

（朱翠娥）

1. 介绍“学习论”导论(上课，多媒体教室)。

2. 播放“学习论”课程相关视频(上课，多媒体教室)：组建团队的一般原则；组建学习团队——小组，选出组长，组成学生管理小组。

3. 学习在你身上真的发生了吗(上课＋上机，多媒体机房)：介绍“学习论”课程博客——《学习与思维导图》博客；学生“西部之旅”团队的故事，“西部之旅”团队毕业学生的反思；思维导图的应用，优秀导图分享；分析归纳——思维导图评价量纲。

4. 介绍五项学习技术(上课，多媒体教室)：介绍思维导图软件的使用，从一个实例开始；播放思维导图学习视频“MindManager简易教程”。

5. 清明节放假。

6. 分析往届优秀思维导图作品(上课＋上机＋讨论，多媒体机房)：个人思维导图的创作；小组就集体思维导图进行讨论、选题(20～30分钟)。

7. 介绍人是怎样学习的，播放视频“神奇的大脑”(上课＋讨论，多媒体教室)：记忆与学习——研究大脑的思维方法、记忆规律、学习的过程，用思维导图回忆；创新学习——想象力、创造性思维技巧；分组交流个人的创作思想，确定小组主题，小组就集体思维导图做准备(头脑风暴)。

8. 启动思维导图展览相关准备工作(课程实践，多媒体机房)：讨论、制订思维导图大赛评价标准、大赛方案、组织形式；成立展览工作小组；进入课程实践的第三阶段，进行小组思维导图的初稿创作(头脑风暴)；进行个人思维导图的创作；阶段总结(讨论)。

9. 五一节放假。

10. 小组思维导图的创作(上课＋上机，多媒体机房)：确定思维导图大赛评价标准、大赛方案、组织形式；进行网上交流学习，学习校际协作网络教学平台的使用。

11. 介绍多元智能的思想(上课＋讨论，多媒体教室)：更新学习观，了解学习的类型和学习者的个性差异，开发个人潜能，寻找自己的学习个性；小组就集体思维导图分组交流创作思想(头脑风暴)。

12. 小组思维导图的创作(课程实践，多媒体机房)：小组间交流互动；举行思维导图大赛——以小组为单位，推选优秀思维导图参赛(逐级推选，小组将推选作品提前发送到教师的教学邮箱)；以小组为单位，学生推荐或自荐参与备课、讲课(见18周安排)，每人10分钟(发言5分钟，评价5分钟)；由展览工作小组组织思维导图展览。

13. 语言智能的开拓(课程实践，多媒体教室)：学习如何出色地演讲；组织观看思维导图展览。

14. 团队演讲答辩(课程实践，多媒体教室)：确定评价标准，进行评价性学习；提交全部作业(3幅个人思维导图、1份个人学习小结、1幅小组思维导图)。

15. 端午节放假。

16. 团队演讲答辩，开展评价性学习(课程实践，多媒体教室)。

17. 师生串讲，学生参与备课，走上讲台介绍自己的学习体会、人生体验或就感兴趣的主题发表演讲(课程实践，多媒体教室)。

备注：因为有部分学生 17、18 周有实习，不能参与学习论课程，而 16 周又是端午节放假，所以特地在 16 周之前的 15 周安排了一次团队演讲答辩，这样所有的学生就都能参与了。

1.4.4 课程评价方式的改革

“学习论”相关课程是改变学习观念的课程，评价性学习应贯穿教学的始终，而不能仅仅用一张试卷评价学生的能力。正如斯塔费尔比姆所说，评价最重要的意图不是为了证明(prove)，而是为了改进(improve)。

评价“应该成为一面镜子，反映出学生们在真实生活情境中解决问题的能力和成就”。“学习论”相关课程的教学目的是为了帮助广大学生学会用新的学习观念学习，在有限的时间内提高学习效率。通过教学改革的实践，以课程实践的方式开展教学和评价学生的学习，可引导学生参与教学。

学生在课程实践中要领会新的学习理念，要学会读书，要用五项学习技术去分析自己大学学习和生活中的问题，要学会发散思维，用思维导图的方式表达分析问题的过程。在这个过程中，要和小组成员一起开展研究性学习，学会反思，学会与人协作，学会积极主动地解决所面临的问题。这个学习的过程本身就是自我评价、相互评价的过程。教学中要求学生写学习契约、进行课堂评价、思维导图评价，在老师给出评价标准的基础上，开展自评、互评、老师评，最终完成课程实践报告。

1.5 思维导图与校际协作学习①

远程合作学习是指学习者基于网络技术平台，通过电子邮件、新闻组、论坛或者其他在线学习工具和学习环境进行共同学习。远程合作学习通常发生在两个或两个以上的学校或教学组织之间，因此也被称为“校际协作学习”。常规思维导图教学包括作品创作、作品评价两个环节。思维导图的学习是一项实践性非常强的活动，在实际教学过程中，可通过开展思维导图作品大赛、校际协作学习等促进思维导图的学习。

针对思维导图的校际远程协作学习，教学过程包括“作品创作—作品互评—交流协作—展览庆祝”四个阶段。校际远程协作学习具有如下特点。

(1)通过校际评论可提高学习者对所学内容的理解与创造能力——由于各学校的教学风格不一样，校际远程评论有利于学习者了解并学习各种风格的思维导图作品，理解思维导图的多种应用方法。

(2)通过校际协作，可培养学习者的网络交往能力——不同学校的学习者不仅可互相学习思维导图作品的创作方法，而且可在友好的鼓励与中肯的评论中提高网络交往能力。

(3)通过校际协作，可扩大可利用、可借鉴的教学资源——由于学校间学习资源相互共享、教学思路相互启发，教学中的创新比常规教学出现得更多更快。

---

① 李翠白，李林英，陈传锋. 思维导图远程协作评论的教学设计与效果分析. 中国电化教育，2008，(2)。

(4)通过校际协作，可提高远程评论的自主性与协作性——Web2.0档案袋结合BBS(Bullitin Board System)论坛等技术，缩短了网络评价的周期，方便各学校师生及时调整教与学的策略。

(5)校际协作将分布在不同学校的学生、教师、助学者联系起来——校际协作超越了传统教学的组织边界，使学习者跨越网络的交流更加广泛而真实，使教学跨学校协作的目的性更强，有助于形成具有共同体文化心理的跨校网络学习组织。

自2006年9月以来，在"学习科学与技术"网络课程中，五邑大学、海南师范大学、南京大学等将思维导图学习单元设计成基于网络的校际远程协作学习，正式的教学课时为8节左右，非正式的网络交流历时1学期，多所学校的师生参加了思维导图校际远程协作评论活动。在校际协作中，五邑大学、海南师范大学、南京大学等将跨学校的远程协作评论引入思维导图教学，教学过程突出了基于网络的校际作品评论与学习心得交流，并辅之以校际思维导图作品大赛的目标激励，教学获得了巨大的成功。

1.5.1　思维导图校际协作评论的教学目标

结合课程目标，确定思维导图校际协作的主要学习目标如下。

(1)技能目标：掌握运用思维导图制作软件创作思维导图作品的方法；掌握运用图像社会性平台开展远程互评的网络学习能力。

(2)能力目标：掌握对思维导图学习方法的理解、应用与评价能力；能够运用网络开展思维导图远程互评与理论研讨。

(3)情感目标：培养学习者基于网络进行协作的沟通能力。

1.5.2　校际网络支持环境的设计

远程协作教学需要教学网站的支持，但其重点是协作与交流。单纯的资源网站能够提供一些静态的教学信息，如教师的教案、学生的作品等，但不能够形成真正的远程交流。校际远程协作既需要支持各级团队的交流，又需要进行个人作品的管理与互评。在网络社区技术中，BBS论坛有助于集体层面的社区交流，但不利于个人作品的自主管理，博客群组等社会性软件则有助于个人作品管理与小团队的交流，将二者进行结合有助于同时开展大型班级、小组、个体三个层次的交互。

如五邑大学、海南师范大学、南京大学等的校际协作在比较BBS、Blog群组、图像Blog群组等平台功能的基础上，选择图像Blog群组创建思维导图校际协作交流区(http://www.bababian.com/group/elearning)。这个图像Blog群组，支持学习者对作品进行个人网络档案袋的管理，同时可以开展多个层级小组的交流与共享。考虑到社会性软件平台的BBS与实时聊天等功能还不够强大，同时选择南京大学天空教室网络教学平台作为校际远程协作的论坛，以弥补社会性软件在支持专题研讨方面的不足。

在校际协作平台的管理上，针对多所学校师生同时参与校际协作的特点，应主要实施如下管理策略。

1. 不同学校的用户信息标识

校际协作涉及多个班级、不同小组的学生之间的合作，在一个平台上活动的学生人数大大超过普通班级的学生人数。为了方便信息的浏览与检索，应要求不同学校的用户采用不同学校标识的用户名管理册，例如南京大学采用“nj＋用户名”、海南师范大学采用“hn＋用户名”的注册名。

2. 多层次的社团管理

社会性软件是以用户为中心的软件平台，用户只需在本人账号上进行平台管理，就可以同时加入多个不同层次的小组。为此，首先创建一个所有班级共享的校际协作交流组，此外，鼓励每个班级同时设置各自的交流组与跨学校的兴趣小组。这样，就形成校际、班级与专题三个层次的小组交流社团，学习者与教师都可以同时加入到不同主题的交流群组中，校际交流与本地交流便形成了互补关系。

3. 平台使用的学习者培训

图像社会性软件属于一种简单易用的社会性软件，但在校际评论之前开展必要的培训有助于学习者充分运用它的各种交流功能。一般来说，需要培训学生掌握如下技能：社会性图像软件的使用特点、注册与管理个人账号的方法、参加多层次群组论坛交流的方法。

1.5.3 思维导图校际协作评论的教学过程

与一般教学相比，校际协作学习的突出特点是课程教学与校际协作有机耦合，教学活动过程的各环节都应渗透校际协作的设计因素。校际协作思维导图学习过程主要考虑了四个设计策略。

(1)本地教学与校际协作的相互衔接：在校际协作之前通常需要安排本地班级作品创作与班级评论，在校际协作之后则要善于总结校际协作伙伴的榜样作品以鼓励本地学生的学习，因此形成本地教学与校际协作相互反馈的循环过程。

(2)协作技能培训：在校际协作之前向学习者介绍校际协作方法，如网络交友的注意事项、评论方法、使用校际交流平台技能的培训。

(3)校际分组评论的方法：由于该项目属于班级之间的集体互评活动，为了避免学生作品有被遗漏评论的，应对学生的评论任务做基本的规定，以保证完成基本的校际评论任务。

(4)校际专题研讨：由学生或教师在校际协作交流论坛发起，主要讨论学习中的困惑、问题与经验等。例如，由于初学者对思维导图的作用存在着许多模糊认识，而协作学校五邑大学在教学中已经形成一支优秀的学生创作团队，可组织该团队作为访谈嘉宾参加的校际网络专题研讨活动，以促进优秀教学资源的跨学校交流，并通过榜样效应极大地激励各学校的学习者。

综上，思维导图校际协作的学习过程如图 1.25 所示。以上活动均应采用课堂辅导与课下自主参与相结合的实施策略，所需正式的教学课时约 4 节。

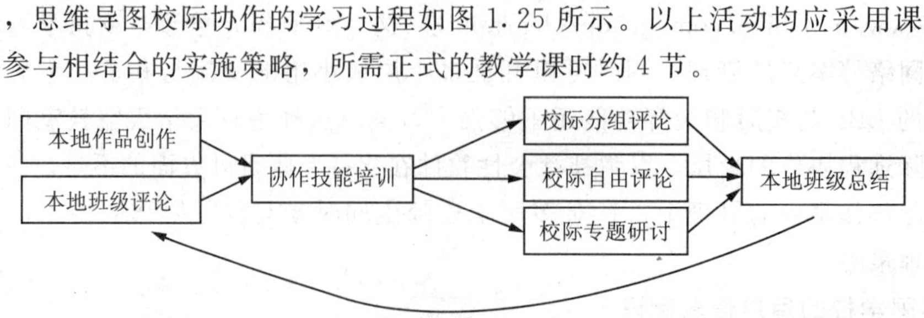

图 1.25 校际思维导图远程协作学习过程

1.5.4　校际远程协作的评价设计

校际协作作为新增的教学因素，除了引起教学过程的变化，还需要教学评价方法的配合。相对于传统思维导图教学，校际远程协作作品评价量表重点突出了校际协作的评价，其评价量表包括思维导图作品评价与学习过程评价两部分。作品评价部分主要针对作品的创作质量评价，学习过程评价则包括校际网络研讨与小组协作评价，如表1.1所示。由于校际协作注重过程性评价与总结性的相互结合，该评价表既是学习者进行作品互评的参考，也可作为校际思维导图大赛的评价依据。此外，校际协作评论活动不仅是校际学生之间的作品互评，而且是各协作学校合作管理的过程。在评价总结环节，不仅各协作教师要跨学校参与作品评奖，各学校也需要根据情况进行合理分工，形成优势互补。

表1.1　2006年度“校际协作思维导图大赛”评价表

作者：　　　　作品名称：　　　　作品类型：　　　　评价人：

评价维度	评价内容	评价标准	成绩				得分
			优	良	中	差	
作品成果的评价	选题立意(10)	选题合理，联系实际，有利于创新性学习	10	8	6	4	
	内容加工(20)	内容加工有深度，有创作者的独立见解	20	16	12	8	
	发散性思维(20)	内容分支丰富，主次分明，逻辑清晰	20	16	12	8	
	表现形式(10)	有效使用色彩、线条、标志、关键字等	10	8	6	4	
	作品说明(20)	作品说明符合参赛要求，内容充实、有见解、有反思	20	16	12	4	
学习过程的评价	网络研讨(10)	在网上有序管理与共享作品，积极参加网络研讨与互评互助	10	8	6	4	
	小组协作(10)	参加校际、本班、专题小组的协作，协作效果好	10	8	6	4	
总评	其他意见：		总分				

例如，2006年度“校际写作思维导图大赛”获奖证书由主办方南京大学网络化学习与管理研究所颁发，实地展览在协作学校之一五邑大学举行，网络主题讨论由各参与学校轮流发起，在网络与实地都形成了较好的气氛，扩大了校际协作对各协作学校的积极影响。

1.5.5　校际思维导图互评的教学要求简图

根据“学习科学与技术”课程的思维导图要求，校际思维导图作品互评可以概括为三张思维导图(图1.26～图1.28)。

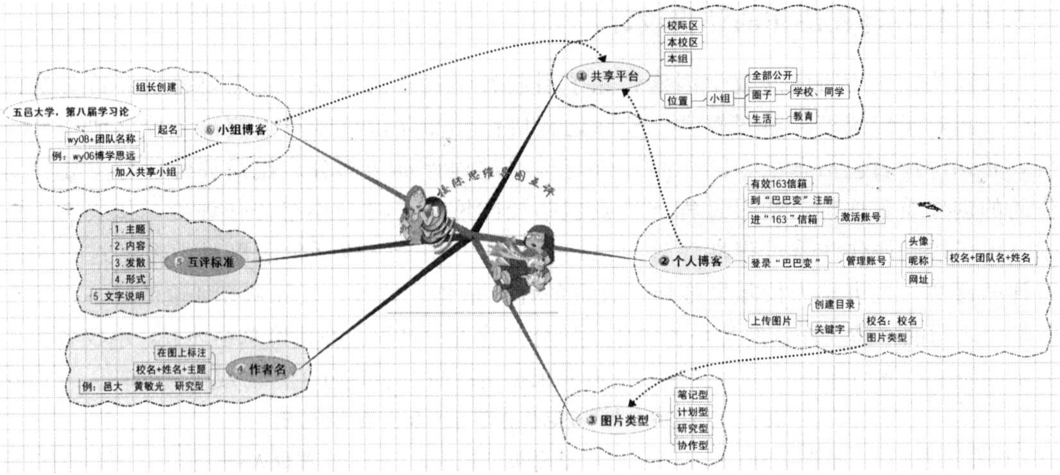

图 1.26　校际思维导图互评的基本要求(作者：李林英)

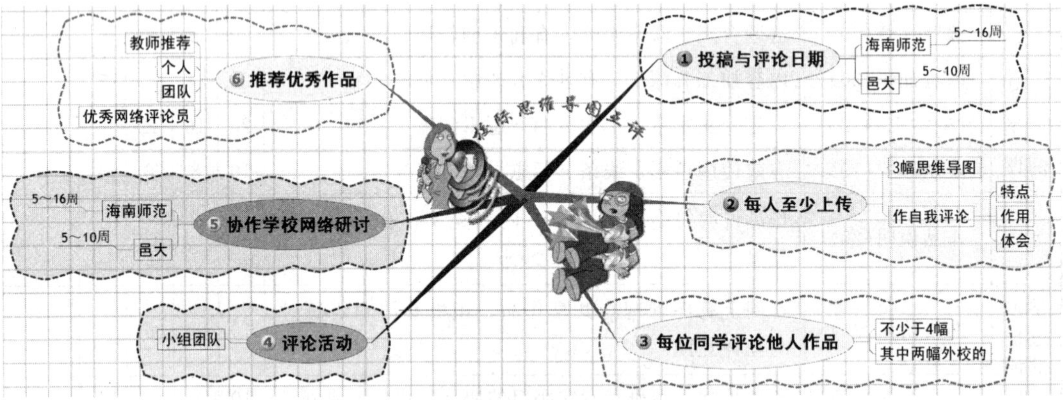

图 1.27　校际思维导图互评的任务要求(作者：李林英)

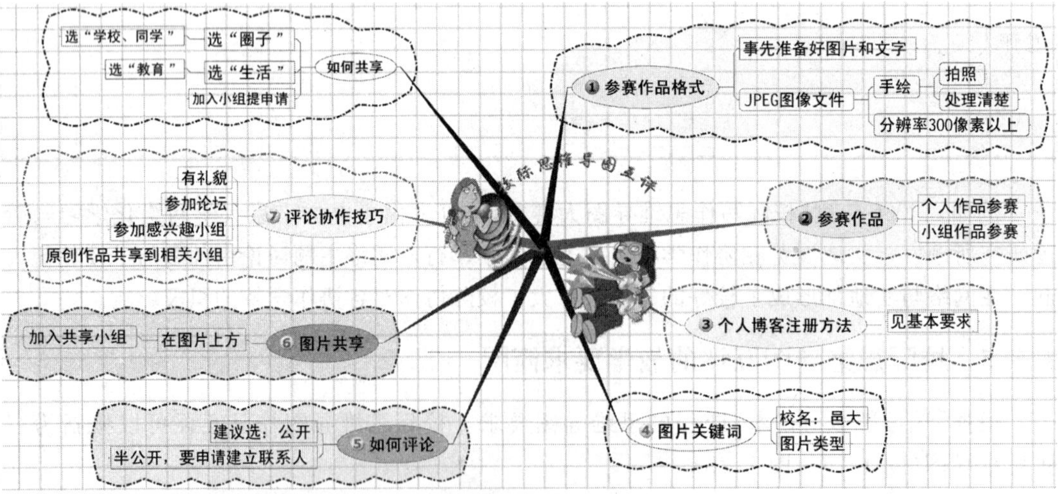

图 1.28　校际思维导图的网络平台操作要求(作者：李林英)

在一学期的五邑大学、海南师范大学、南京大学等校际协作活动之后，校际协作思维导图交流区共发布参与学校的学生的作品约 120 幅，作品评论数达 360 条，作品创作主题涉及大学生职业规划、学习计划、英语学习、专业课程学习、小组研究过程、旅游项目规划等多个主题，充分展示了校际远程评价对提高思维导图学习质量的作用。一个学生评价思维导图校际远程协作活动："思维导图理念使我在学习方式上有了新的认识和提高；校际协作使我不再故步自封，也使我的协作意识得到了飞跃性发展；远程协作交流，让我的语言组织能力、自我表达能力有很大的提升；最重要的是，我赢得了一个无限的资源库，这就是集体的智慧。"

1.6　软件操作实验：初识思维导图

思维导图既可以手绘，也可以用工具软件绘制，下面以 MindManager 为例，介绍一幅思维导图绘制的流程。

1.6.1　检索网络上的各种"思维导图"免费学习资源

(1)登录并观摩别人的思维导图作品。

- http://www.bababian.com/group/elearning 校际协作思维导图交流区

(2)打开"MindManager6.0"版本软件的"帮助"的"学习中心"，了解 MindManager 的基本功能。

1.6.2　使用 MindManager 软件绘制思维导图简介

软件 MindManager 平台的设计符合人类大脑网络神经的发散结构，创建一个主题后，可以很快拉出多个分支，每一个分支节点又可以延伸出下一层次的分支以至无穷，其模拟了思维发散的无限过程，引导你一步步去想，提供了一个无限联想的思维平台。

首先，打开 MindManager 软件(图 1.29)，窗口上方是菜单及常用工具栏，右边是任务窗口，有向导标签、图形资源标签等一系列内容，窗口底部是格式工具栏。

用 MindManager 软件的基本操作如下。

(1)建中心主题：运行 MindManager 软件后，工作区中央有一个符号图框，默认状态标注着"Central Topic"(图 1.29)，这就是中心主题符号图框，可在中心主题符号图框中写入中心主题，例如"概念"(图 1.30)。

(2)拉出分支：选中"概念"中心主题图框，按"Enter"键或"Insert"键或者点击菜单"Insert"(插入)—"Topic"(主题)，插入主题(图 1.30)，选中主题图框，按"Insert"键或点击插入菜单中"Subtopic"，可生成次一级主题，由此可生成多层级思维导图。

(3)建立关联：思维导图具有发散联想的功能，当注视一个节点的关键词和内容围绕一个主题想法进行联想时，会产生新的想法。可将节点用关联线连接起来，表示由一个节点发散联想到另一个节点(图 1.31)。点击"插入关联"图标或者点击菜单"Insert"—"Relationship"，然后点击需要建立关联的两个节点，即可建立节点之间的关联。MindManager 还可以对关联线进行编排(图 1.32)。

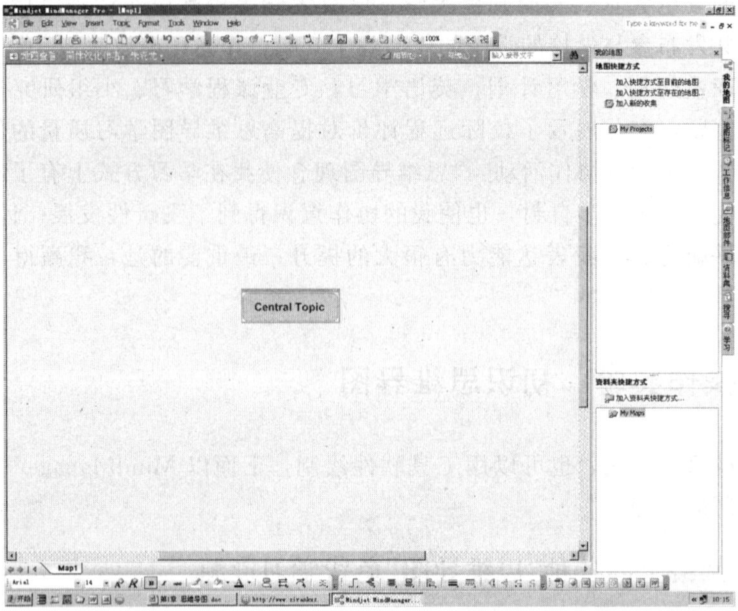

图 1.29　MindManager 窗口

图 1.30　建立中心主题、拉出分支

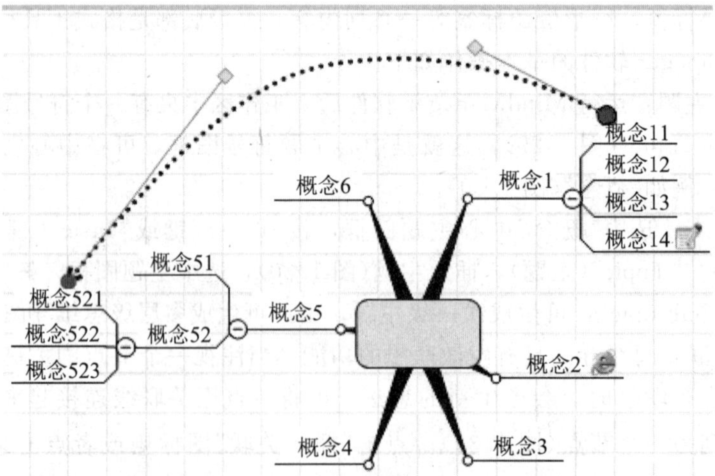

图 1.31　在两节点间建立关联

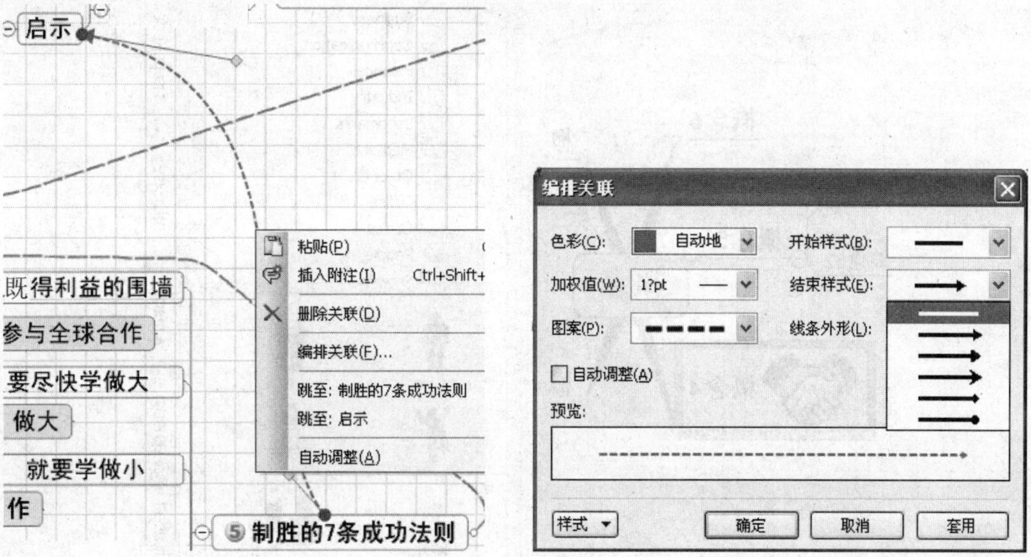

图 1.32　编排关联

(4)修饰节点：选中节点方框，点鼠标右键，在弹出的下拉菜单中选“Format Topic …”(编排主题)，可以改变字体颜色、对齐方式、方框形状、连接线的粗细及曲直，使思维导图更加美观。

(5)插入图片：选中节点方框，点击常用工具栏中的图标或者点击菜单“Topic”—“Image”—“From File …”，即可插入预先准备好的图片、照片。也可以从工作区窗口右侧标签“Library”(资料集)中选择图标图案：选中节点方框，双击资料集中的图标即可。

(6)加入超级链接：选中节点方框，点击常用工具栏中的图标或者点击菜单“Topic”—“Hyperlink …”，即可以超链接不同类型的文件。做演示文稿时用这种方法切换、调用不同类型的文件十分方便。

(7)输出保存：思维导图画好后，可以以不同的格式输出保存，常用的格式有思维导图源文件 mmap，图片格式 png、jpg，文本格式 doc 等。

用 MindManager 软件绘制思维导图的若干常用操作。

(1)修饰主题。有时我们用一些特殊的符号与主题的内容对应起来，使整幅图更直观、形象。如图 1.33 所示，我们选择为“概念 4”主题添加图标，打开界面右边的资料集标签(默认状态下在界面的右侧)，可从中选择软件带的图片，也可以导入自己的图片。此外，还可对主题文字进行编辑，选中主题图框后单击鼠标右键，在快捷菜单中可以看到能够进行的操作，此处不再赘述。

(2)“Insert”菜单中的其他操作。利用其中的“Callouttopic”子菜单，可以对作品中的主题进行注释，利用其中的“Floatingtopic”菜单，可以标注作品的其他信息，如作者信息等。

(3)图结构布局的调整。在 MindManager 软件中作好思维导图后，可以通过软件的编排主题功能对思维导图的布局进行调整(图 1.34)。例如，默认状态下，从主题中心发出的主分支的高度和宽度往往受到限制，选中中心主题图框，点击右键，选择编排主题项，

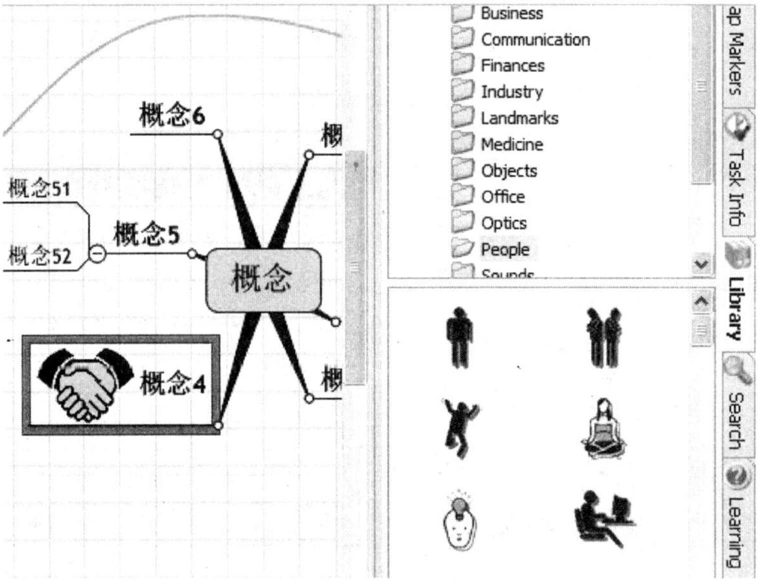

图 1.33　为主题增加图标

在弹出的编排主题对话框中选择“General Layout”(一般配置)中调整指针的位置可以调整主分支高度和线条宽度，图 1.35 和图 1.36 为主分支高度和线条宽度调整前后的对比示例图片。如果图较大这样不能解决问题，还可以把节点拉远，断开原来的连线，将其用关联线重新连接，这样就可以任意调整分支节点的位置了。再如，在默认状态下，分支的线条样式为直线，选中中心主题图框，在编排主题弹出对话框的“Subtopic Layout”(次要主题配置)中可以选择其他的线条形式，图 1.37 为调整线条形式后的示例图片。在编排主题对话框中，还可以对节点的透明度进行设置，设置透明度为 100%，图标是透明的，设置透明度为 0%则是不透明的。

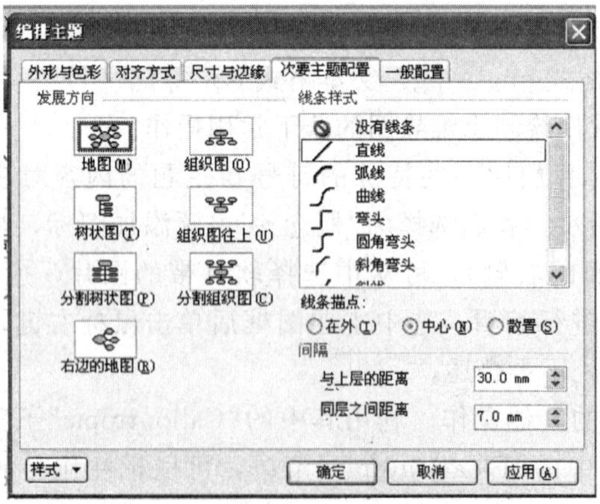

图 1.34　MindManager 软件的编排主题功能对话框

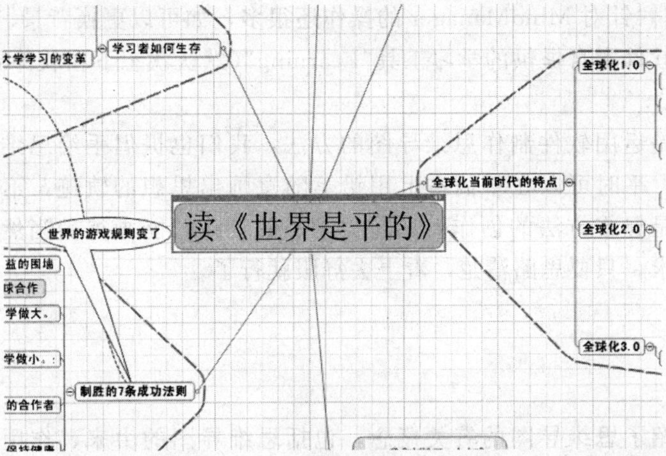

图 1.35　主分支线条宽度调整前

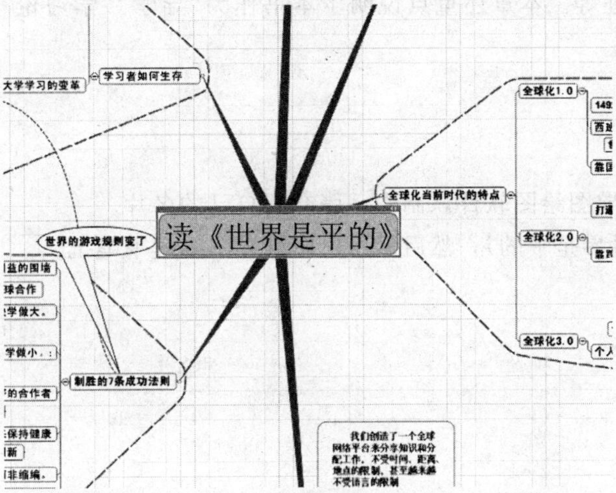

图 1.36　主分支线条宽度调整后(从中心直线发射)

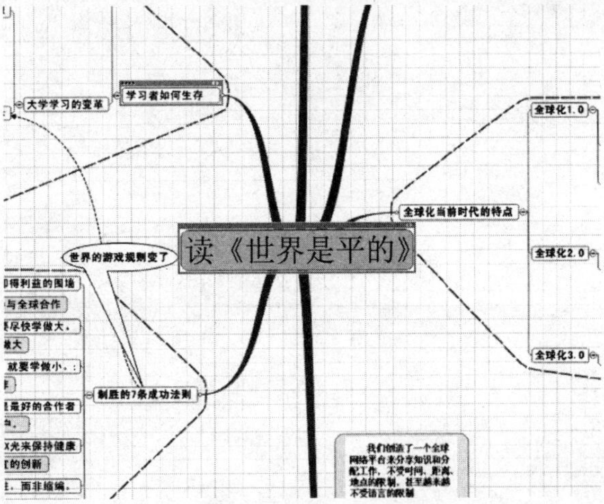

图 1.37　主分支线条形式调整后(从中心弧线发射)

(4)其他操作。针对 MindManager 的操作还很多，如可以更换背景、线条形状、颜色等，可以利用该软件本身提供的学习工具“Learning”(默认状态下在软件界面的右侧下方)了解更多的内容。

这里介绍的是运用软件制作思维导图的方法，我们也提倡手绘思维导图，因为手绘思维导图更方便，平时可以在草稿本上用铅笔随意画出思想的轨迹，不要在意是否有绘画基础，因为这是思维方法的创作而不是美术品的创作，能画得美当然更好，不能画成艺术品也不必苛求，只要思路清楚，看上去舒服就行了。

【本章小结】

本章首先介绍了思维导图的有关概念，包括思维导图的由来、作用、怎样制作、怎样学习等；进而阐述了思维导图与记忆学习、创新学习、课程改革、网络学习的关系，思维导图的应用原理等。本章还重点说明了本书作为“导学”“学习论”“思维导图与学习”等课程的实践指南。

【思考与练习】

1. 用一种思维导图绘图软件，制作一张介绍自己的名片。
2. 阅读图书《世界是平的》，然后做一份思维导图的读书笔记。

第 2 章　五项学习技术

帮助学生插上信息技术与学习科学两个翅膀，让他们在大学广阔的天空自由地飞翔。

——桑新民

托尼·巴赞先生在《思维导图》一书中指出，“所有的教师都必须明白，给学生上的第一节课就是智力扫盲，要让学生懂得如何学习哪怕是在他们还没有开始学习的时候就要做起来”。掌握好思维导图，不仅要运用恰当的思维工具，更要学会有效的思维策略。本章运用思维导图讨论学习观念更新与五项学习技术，以提高大学生的学习思维技能。

2.1 学习的新观念

只有用新的学习观念才容易接受新的思维方法，抱着旧的学习观念不放是无法接受新的思维方法的。

人一生的学习时间中可能99%是在学习，只有1%在研究怎样学习。现在人人都在忙，忙什么？各有各忙，忙学习还是忙生活？忙考级还是忙打球？忙大赛还是忙实验？忙兼职还是忙朋友应酬？忙上网还是忙打机？忙约会还是忙分手？……这些事好像都不能不做，总而言之，人的一生都是在忙碌中度过的，只是有的人知道自己在忙什么，有的人不知道自己在忙什么，这也是终身学习的理念要研究的课题。大学生一定要知道自己在忙什么？该怎样忙？也就是要打破思维的定势，用新的思维方法看世界！正如你到达某个目的地要研究怎么走省钱、省时间一样。

下面首先用思维导图介绍“学习观念的更新”“终身学习的理念”两个主题，进而引申发散出“怎样培养注意力品质”“怎样发现学习的乐趣”两个主题。

学习观念更新包括了丰富的内容(图2.1)。

- 学习内容上的更新。学习不仅要学习课本的专业知识，更重要的是通过各种课程的学习培养独立的学习能力和处事能力，包括技能、情感、态度、方法、道德品质、行为习惯等。
- 学习方式上的更新。学习不是独门独户封闭式的个体户学习，而是要懂得合作学习。未来的社会是一个学习化的社会，更强调合作学习，而不是竞争学习。当前我国建立和谐社会以及国际上推崇的蓝海战略都强调协作学习，强调相互的理解、宽容、合作、携手共进、团队精神。
- 学习形式上的更新。学习不再局限于正规、系统的学习，而是增加了偶然性和非正规性。学习者要善于抓住学习的机会，注重日常生活的学习。
- 学习效应上的更新。学习者要发挥智力因素和非智力因素两方面的综合效应，来提高学习的成效。在智力因素方面，要注意注意力的培养，这一点很容易被学习者忽略。同时，信息素养也非常关键。信息素养是新名词，是从图书检索技能演变而来的，随着计算机、网络技术的发展，这种能力与信息技术结合，成为每个公民必须具备的基本素养，它有三个层面，一是指判断信息、选择信息、有效利用信息的能力，二是指自主、高效学习与交流的能力，三是指公民道德情感、法律意识与社会责任。而在非智力因素方面，学习者的性格十分重要。性格是个复杂的东西，如同指纹一样独特，但它是可以通过自我修养而进行培养的。正如陶俊峰先生在《改变性格，改变命运》一书中所说：“性格决定命运，命运影响终身。消除了性格中的缺陷，也就改变了自己背时的命运，同时也可能改变你的一生。”

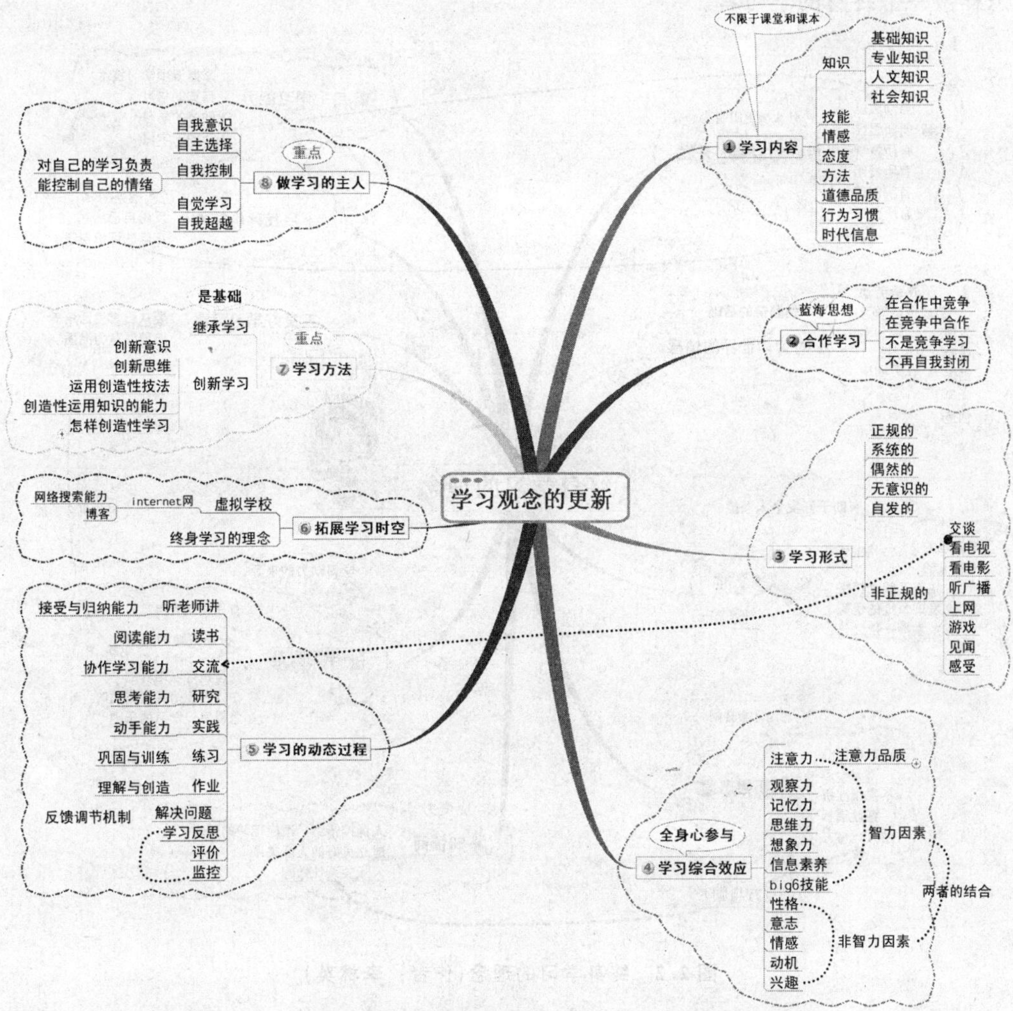

图 2.1　学习观念的更新(作者：李林英)

• 学习过程上的更新。学习是一个动态的过程，学习需要自我反思、自我调节。学会反思，学会自我评价，学会自我监控，才可以不断克服学习的各种偏差。注重学习的过程比注重学习的结果更重要。这一新的观念告诉我们不要只看重最后的成绩，而应重视日常的学习，在日常的学习中提高学习能力。

• 学习时空上的更新。学习是没有时间、空间的“围墙”的，要树立终身学习的理念，在信息时代，人一生都要学习。

• 学习方法上的更新。这是至关重要的。在大学里的学习，学习方法的掌握至关重要，掌握了有效的学习方法，就能做到事半功倍，就能迅速积累学习的信心和兴趣。

• 学习角色的更新。学习者要转换学习角色，要做学习的主人。只有学习者意识到必须对自己负责而主动地学习，才能在学习过程中不断实现自我意识和自我超越。

图 2.2 是终身学习的理念的思维导图，“终身学习”已成为现代社会中的“大教育观”，学习已被看做是贯穿人的一生的追求。最重要的就是凡事要有积极的心态，积极地去思

考怎样做一个终身的学习者。

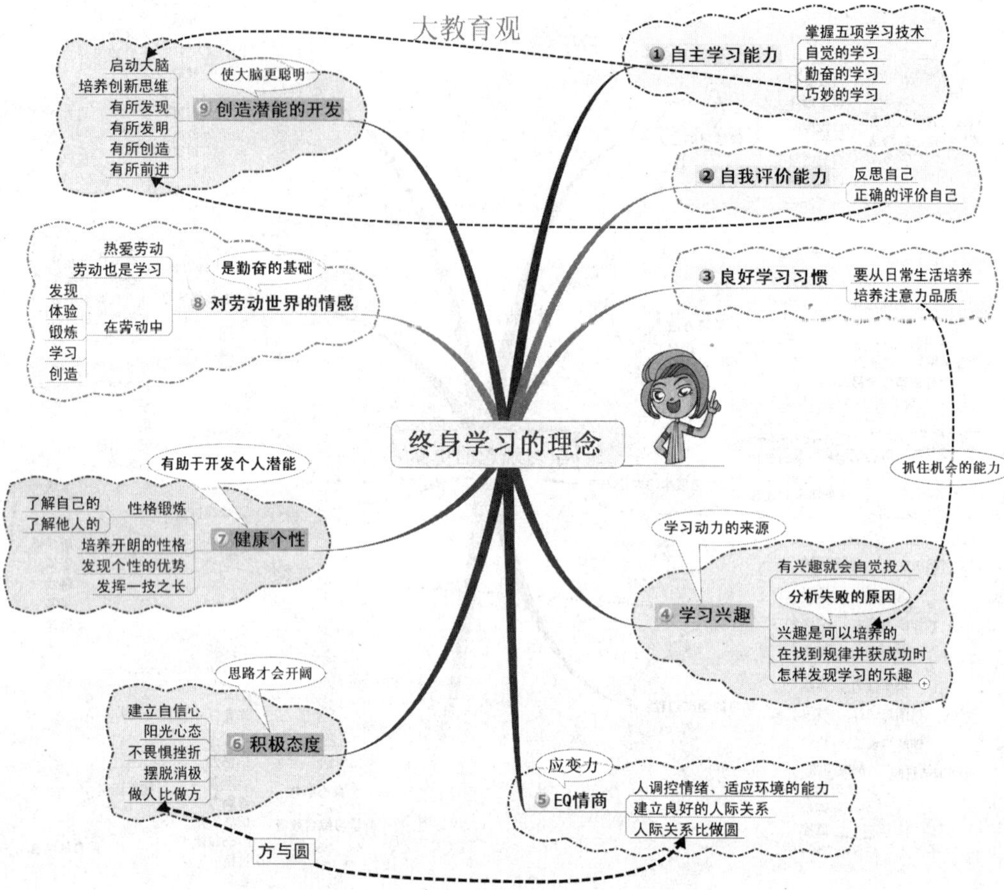

图 2.2　终身学习的理念(作者：李林英)

从“学习观念更新”的思维导图引申出“注意力品质”的思维导图(图 2.3)。注意力品质很重要，“注意力是人的一种心理过程，它表现为人对一定事物的指向集中。”①

比如课堂上由“导学”的同学演讲，听课的同学根据老师给的评价标准进行评价打分，写评价意见。在评价意见中，个人观察的角度就体现了学习者的观察能力。有的善于发现别人的优点，而有的可能觉得听没听没什么区别，为什么会有这么大的差别？如果听课效率为零，那么问题就严重了。听课效率与什么有关？大家可以进行发散性联想，并提出改进的策略思想。

注意力品质的问题说明的是人们对周围环境、周边所发生事物的观察和反映。如果大量信息存在而你根本没注意，就不可能有什么想法，那么它对你就没有任何价值。图 2.3为培养注意力品质的思维导图。

注意力可分为有意注意和无意注意。有意注意是随意的注意，这需要意志的努力，对人的发展很重要。无意注意，是周围环境的变化和刺激，人不由自主地注意到这种变

① 尹文刚. 大脑潜能：脑开发的原理与操作. 北京：世界图书出版公司北京公司，2005。

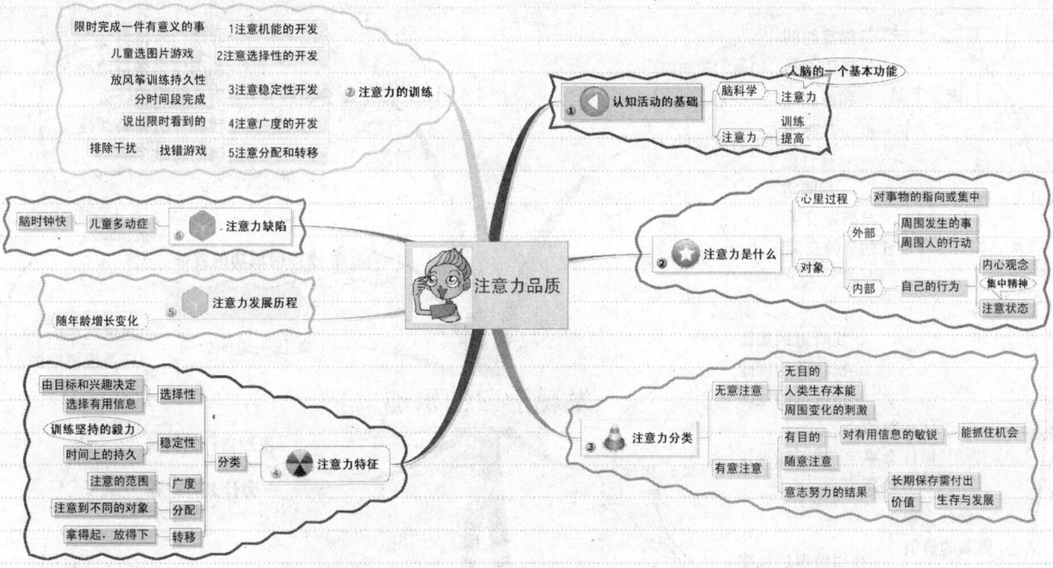

图 2.3　培养注意力品质(作者：李林英)

化，“这有助于对危险情境保持警觉，对有利的事物及时捕捉，这是人类生存的一种本能，是一种探究行为，它是在进化过程中发展起来的机能。”①

人的精力有限，不可能什么都注意。对什么关心、对什么不关心，与你的目标和兴趣有关，不关心肯定就不会去注意，如果没有目标，就会丢失许多有用的信息。注意力的选择能力是在确立了明确目标的前提下在实践中培养的。

注意力品质的培养，伴随着个人的成功。

一些同学说自己缺乏恒心，学东西坚持不下来，就是注意力的持久性的训练问题。首先要解决目标问题。学东西是为什么？要达成怎样的目标？然后是怎样利用时间的问题。可结合实际，利用自我检查、自我评价、找学习合作伙伴、互相评价、互相监督等方式，在应用中学习。有具体目标和在限定时间内达成目标，有助于注意力的持久性的培养。

学习应该是快乐的，而不应该是痛苦的。有一位女孩学习很成功，当别人赞她学习刻苦时，她说她喜欢“勤奋学习”四个字，会因为辛勤“劳动”而兴奋，而不是刻意学习而觉得很苦。这位女孩说得很有道理，有目标、有兴趣地学习，就会感受到学习的快乐。当你发现学习的乐趣，就会产生强大的学习动力。

现在来做一个练习，请补充下面的“发现学习的乐趣”的思维导图(图 2-4)，发挥你的想象，寻找一个你感兴趣的主题，比如“想毕业后当记者，我应该怎样学习”，思考后 10 分钟手绘快速完成一幅思维导图，然后利用空余时间修改。

---

① 尹文刚．大脑潜能：脑开发的原理与操作．北京：世界图书出版公司北京公司，2005。

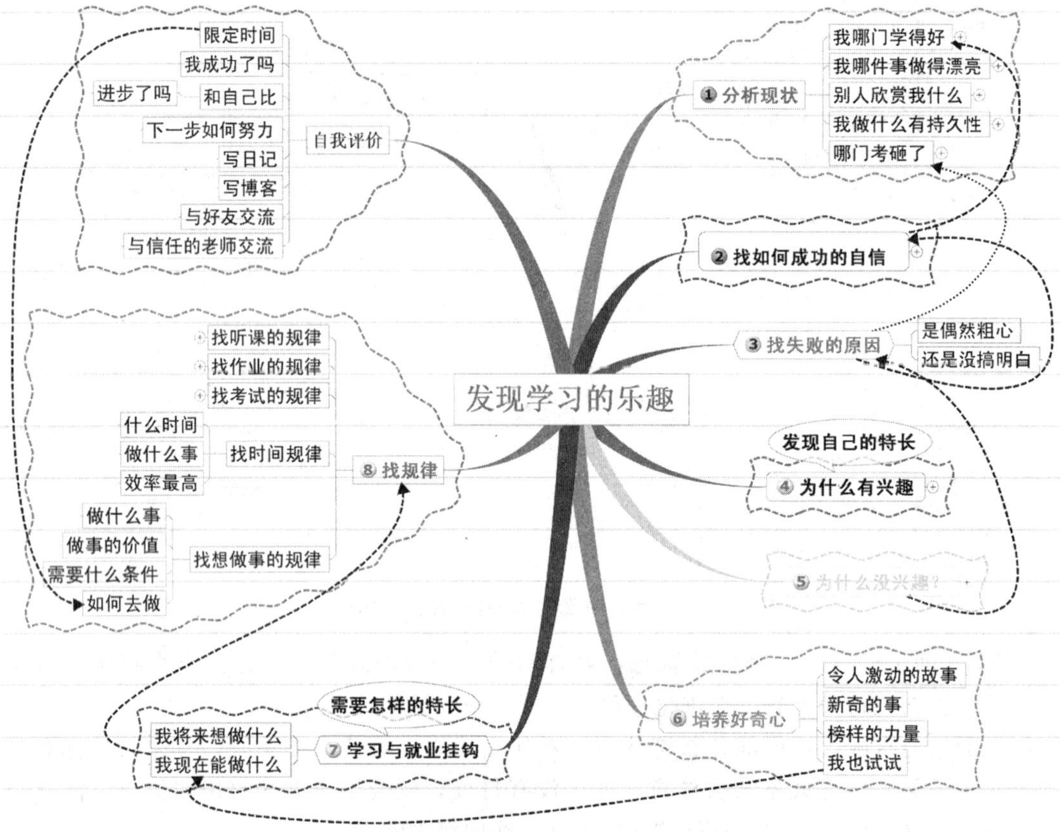

图 2.4　发现学习的乐趣(作者：李林英)

2.2　五项学习技术

借鉴当代著名管理学大师彼得·圣吉所创立的学习型组织的五项修炼技术，经过在“学习论”课堂中多年的反复实践探索，我们总结提出适合我国当代大学生运用的五项学习技术。

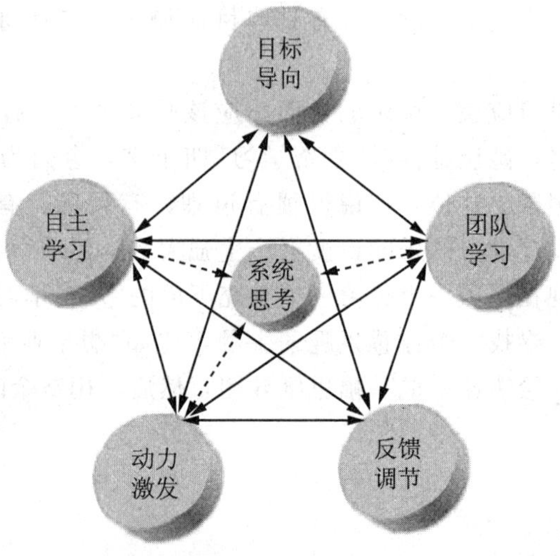

图 2.5　五项学习技术的关联

“五项学习技术”是学习科学与技术的核心技术，包括“目标导向技术”“自主学习技术”“团队学习技术”“动力激发技术”“反馈调节技术”，而统领并贯穿五项学习技术的思维方式则是“系统思考”。“系统思考”不属于具体的学习技术，可称之为指导学习技术的"思维技术"。[1] 五项学习技术是帮助大学生在竞争激烈、充满压力和挑战的大学生活中，科学地思维、有效地学习和健康发展的软技术。

五项学习技术相互之间密切联系、不可分割，可以用在天空高速飞行的飞机做类比。"目标导向技术"相当于飞机的机头和导航系统；"自主学习技术"与"团队学习技术"相当飞机的两翼，也是飞机的主体；"动力激发技术"是飞机的螺旋桨和发动机；"反馈调节技术"是飞机的方向和尾翼，对飞机的飞行起着调节和控制作用；最后由"系统思考"统筹全盘。"系统思考"就是要用整体思维辩证地看问题，可以将其比作飞机的神经中枢和信息系统，贯穿、渗透于飞机的各部分之中，对飞机的飞行起着整体驾驭的作用。

图2.6　用飞机比喻五项学习技术

五项学习技术含义深刻，为便于理解，将其简单解释如下。

目标导向技术——给自己确立一个具体的奋斗目标。

自主学习技术——能自觉地学习，相信自己的力量，有自主创新的学习能力。

团队学习技术——人际交往能力，寻求学习合作伙伴。孔子曰：三人行，必有我师焉。

动力激发技术——个人的兴趣、价值取向、获得成功的成就感是动力的来源。榜样的力量是无穷的。

反馈调节技术——学会反思，懂得自我反省，具有战胜困难的应变能力和自我情绪调控的能力，培养豁达开朗的性格。

2.2.1　目标导向技术

五项学习技术的第一个技术就是目标导向技术。为了使学习者在最短的时间内达到最高的学习效率，首先就要掌握目标导向技术。

常常听到有同学抱怨，忙啊！忙啊！今天是社团活动，明天有约会，一眨眼到了期末，也不知忙了什么就该考试了。没有目标的忙就是瞎忙，做的是无用功。有目的，有计划，忙就忙到了点子上，这就是目标导向技术，目标就是方向，是成功的彼岸。做事有正确的目标，就会有动力，就会千方百计地去为达到目标而努力。没有目标，就没有方向，一切都是盲目的，盲目行事，浪费时间，浪费精力，时间一晃而过，大学四年匆匆，到毕业时方才后悔没有珍惜大好时光。

① 桑新民. 学习科学与技术：信息时代大学生学习能力培养. 北京：高等教育出版社，2004：7。

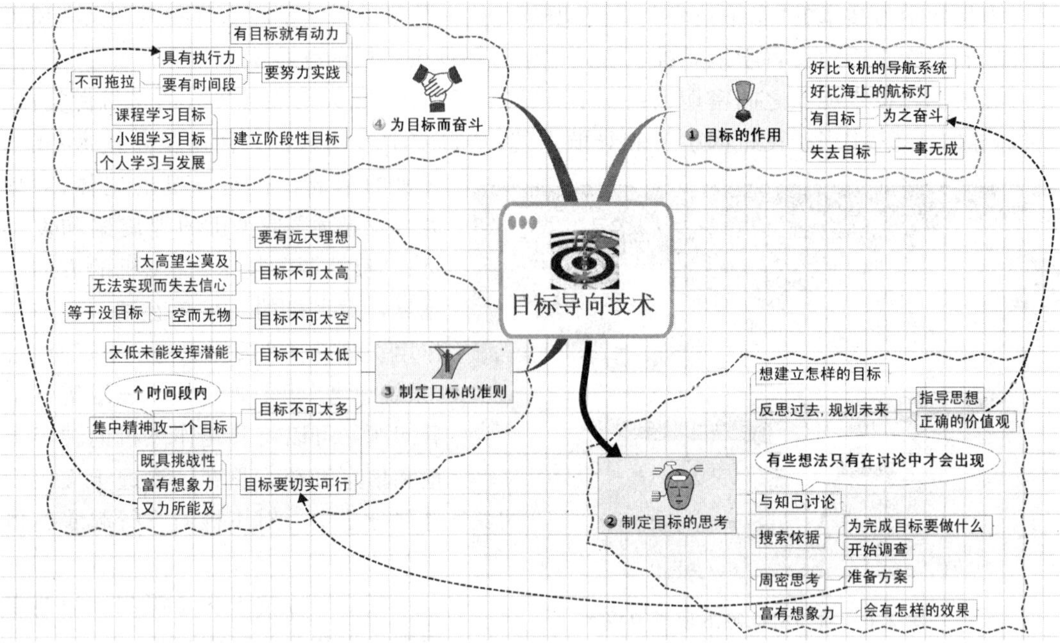

图 2.7　目标导向技术（作者：李林英）

为了理解目标导向技术，同学们可用讲故事并评论的方式开展学习。图 2.8 所示的是一个与目标导向技术有关的小故事，与读者分享。

（a）两只蚂蚁去找食物

（b）一只蚂蚁“勇敢”地想从墙上爬过去，另一只呢

（c）“勇敢”的蚂蚁从墙上摔下来，它又继续爬上去，它不相信爬不过去

（d）在“勇敢”的蚂蚁还在爬墙时，绕墙走过去的蚂蚁已经吃到面包了

图 2.8　蚂蚁觅食——确立正确的目标（编者：杨杰；绘图：李林英）

评论：很多时候，成功除了勇敢、坚持不懈外，更需要确立正确的方向。有一个好的方向，成功就会来得快得多。

一学期下来确实很忙，遇到考试就更忙，可是忙未必如愿。同学们应该冷静地想想，什么最急，什么可以缓一缓？什么可以放弃？应该忙什么？该怎样忙？就好像这两只蚂蚁，一只是“勇敢”的攀登者，不问方向瞎忙，忙到头却无结果，一只是善于思考者，有计划地忙，想好再行动，少花了工夫却获得了丰收。请同学们想想自己是怎样的忙。

2.2.2　自主学习技术

五项学习技术的第二个技术就是自主学习技术。世界变化太快，需要学习者有极强的学习能力，在离开父母、离开老师的情况下，能自觉、独立地学习，尽快熟悉新的环境，解决实际问题，以达成目标。在家依赖父母，在校依赖老师，总也长不大，不养成良好的学习习惯，将延误一生。

学习者必须对自己负责，学习是自觉的行为，不要老师要你学才学。自主学习技术强调了自学的能力，在学校必须打好这个基础。如何能适应变化的世界？如何培养自学的能力？阅读能力是关键。在离开老师的情况下，自己要通过阅读进行钻研，积极地在实践中寻找学习的规律。在寻找学习方法的创新之路的过程中，自然地就提升了自己的学习能力。

为了理解自主学习技术，同学们可用讲故事并评论的方式开展学习。下面有几个小故事与读者分享。

一个关于绘画的故事

有两个爱画画的孩子。第一个孩子的妈妈，给儿子准备了一叠纸、一捆笔，还有一面墙。她告诉他：你的每一张画，都要贴在墙上，给所有来我们家的客人欣赏。第二个孩子的妈妈，给儿子拿来一叠纸、一捆笔，还有一个纸篓。她告诉他：你的每一张画，都要扔在这个纸篓里，无论你自己对它满意还是不满意。

3 年以后，第一个孩子举办了画展：一墙的画，色彩鲜亮，构思完整，人人赞扬。第二个孩子没法展览，一纸篓的画，满了就倒掉，所有的人，都只看到他手里尚未画完的那一张。

30 年以后，人们对第一个孩子一墙一墙地展览的画已不感兴趣，第二个孩子的画却震惊了画坛。人们把第一个孩子贴在墙上的画揭下来，扔进纸篓，却将第二个孩子扔在纸篓里的画拿出来，贴在墙上。

评论：成功是时间的积累；灵感是长期酝酿的暴发。某些成功的故事和传说，常常会使人产生错误的认识，使一些人相信，成功是突发的或偶然的。实际上，那些一举成名的故事的背后，都有一个长期积累的过程，一次大的成功，往往是许多已有的、常常为肉眼所看不见的小的成功所积累的结果。微不足道的成功慢慢聚合，便可以产生更大的成功。

毛毛虫试验

法国科学家约翰·法伯曾拿一种毛毛虫做过一个著名的“毛毛虫试验”。

这种毛毛虫有一种“跟随者”的习性，总是盲目地跟着前面的毛毛虫走。

法伯把若干个毛毛虫放在一只花盆的边缘上，首尾相接，围成一圈；而在离花盆边缘不到六英寸的地方，撒上了毛毛虫喜欢吃的松针。毛毛虫开始一个跟着一个，绕着花盆，一圈又一圈地走。一个小时过去了，一天过去了，毛毛虫还不停地坚韧地团团转。一连走了七天七夜，终因饥饿和筋疲力尽而死去。这其中，只要任何一只毛毛虫稍微与众不同，便立即会过上美好的生活(吃松针)。

评论：这个故事在学习上教给我们，不能只用一种思维，要善于运用创新思维、发散思维，突破惯性思维。那时你会发现，成功原来离你很近。

学习必须积极探索。新的思维方法——思维导图的方法是发散性思维，即围绕一个主题进行发散思考，这与举一反三的道理是一样的。对一道题不是做完就完了，而是力求用多种方法去解，去联想，使大脑的思想流动起来，在泉水般的思潮中可能就会产生创造性的思维。李开复先生在给中国学生的第四封信中写道，“自修之道：从举一反三到无师自通”，强调自主学习精神，就是这个道理，他提出自学能力必须在大学期间开始培养。思维发散出去还要能收敛回来，要从发散获得的大量信息中总结提炼出精华，正所谓既博学又要深造。

自主学习涵盖了丰富的内容。当你创作了思维导图后，过些时候回过头来再看，你会增加新的分支。图 2.9 所示“自主学习技术”的思维导图还可以增加“寻找学习规律”“网络下学习能力”“面对困难的能力”等项。

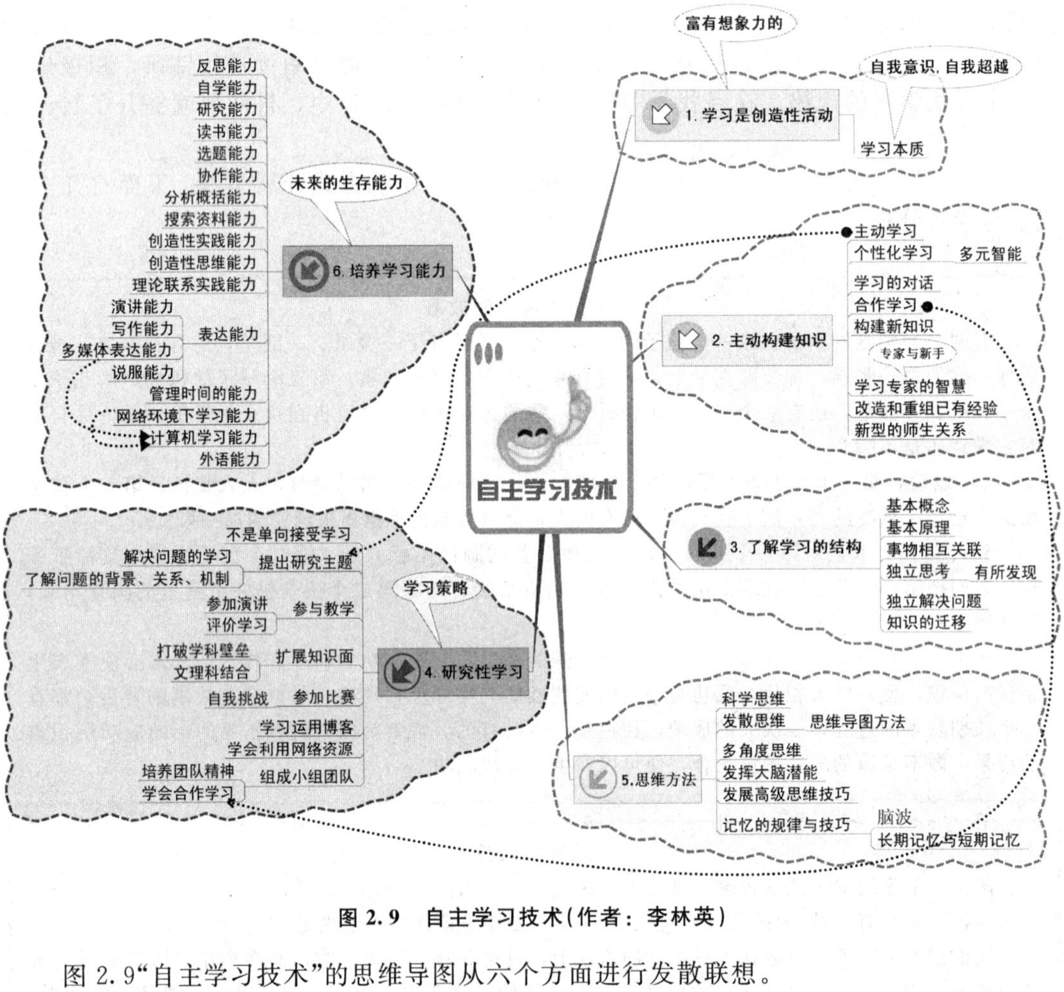

图 2.9　自主学习技术(作者：李林英)

图 2.9“自主学习技术”的思维导图从六个方面进行发散联想。

- 学习是创造性活动。

同学们在大学有很多的自由时间，不像中学样样都有教师管，而是需要自己管理自己。怎样计划？怎样学习？怎样支配课外的时间？怎样管理开支？怎样利用学习资源？大学里面存在各种各样的资源和机会，因此同学们有无限的发展可能，很多机会要自己去把握，这就体现了学习是创造性活动。学习的重点要落在“如何培养创新能力”上，不放过任何一次的作业机会、与同学讨论的机会、参赛的机会……在日常的学习中培养自己。

• 主动构建知识。

教师要以建构主义方式引导学生的自主学习与协作学习。托马斯·费里德曼在《世界是平的》一书中写道：“在平坦的世界里，激情和好奇心对工作、成功、研究领域甚至兴趣爱好都显得更为重要。如果你自己都没有激情，那你就不可能点燃别人的激情之火。”主动学习表现在学习上要有激情，要有好奇心。因为对新的东西感兴趣，在没人监督的情况下也会自觉、认真地学习。学习必须有对话和交流。这种对话和交流包括与老师的对话，与同学的对话，相互提问，相互评习。

• 了解学习的结构。

在自主学习中，除了对基本原理的学习，还要善于联想，培养独立解决问题的能力，将所学知识迁移应用到实际中。

• 开展研究性学习。

亲自参与教学，在解决问题的过程中展示个人和集体的才华与智慧。学习要善于思考，善于向周围的同学学习，应抓住一切可能的机会锻炼自己。

• 掌握思维方法。

“科学思维”就是指寻找学习的规律。思维导图的方法是发散思维，这要多在实践中体会。比如，有的同学感到上课效率不高，干脆就不去上课，自己找个教室看书，但由于缺乏阅读方法，效率仍然不高，很苦闷。那么上课效率不高的原因是什么？要找出影响的因素，多从自己方面找原因，要改变对上课的认识，要改变对老师的依赖，不要认为上课只是听课，上课不仅要听，更重要的是解决问题，这就要求同学提前预习，提出问题，上课是解决不懂的难点，这样效率就高多了。看书也是同样，如果看完一遍没印象，那是因为看时没有动脑筋，没消化，没有看懂，边看书边用思维导图做笔记，就会在脑中留下痕迹。学一门知识应想到如何应用，只学技能不会应用那是空的。

• 培养学习能力。

培养学习能力体现在多方面：除前面已论述了的自主学习能力外，还包括反思能力、协作能力和表达能力。

反思能力指学会自我分析，对做过的事进行反思，总结经验。最好每天给自己的大脑半小时的思考时间，专心思考，想一想自己做过的事，有什么问题，如何改进，怎样做能更好，在思考时不要做其他的事，不要与别人聊天，这个时间就是留给自己的大脑的。

协作能力指合作学习，在合作学习中交往。同学们来自四面八方，要建立新的人际关系，宿舍同学应成为好友，班导师、师兄师姐都是你的朋友，学习与身边的人建立友好合作的关系。

表达能力包括演讲能力、写作能力、多媒体表达能力、说服能力。演讲能力指公开场合的演讲，或与人交流中的演讲，具有感染力。这需要多锻炼，课堂发言、社团活动的演讲、学习小组经验交流的演讲都是锻炼的机会。除此之外多看(VCD)，多阅读，增加知识的内涵也是非常重要的。写作也是需要锻炼的。在大学生活中，写作业、写博客、写总结、写体会、写文章等，有很多练笔头的机会，要勤于写作，只要多读多写，写作能力是一定可以提高的。要注意练字，字写得好坏在某种程度上是一个人文化水平的外在表现。同时，建议大家写日记，写日记能促进自我反省，促使我们养成思考的习惯，留下思考的记录。随着信息技术的进步，我们可以借助多媒体手段来更充分地表达自己。漂亮的多媒体文件可以吸引更多的注意。说服能力指有好的想法，且能在限定时间内表达清楚，并争取到支持。

2.2.3 团队学习技术

“学习绝不仅仅是孤立的个体行为，而且是人与人之间的交流与协作活动。学习不仅仅需要良好的物质条件和信息资源，更需要良好的班级氛围和人文环境，尤其需要有能成为‘知己’的学习伙伴和能够信赖和依靠的学习团队。”①交流是人类基本的生存技能，更是团队学习的一个最基本的要素。它贯穿于整个团队的学习和成长历程中，团队学习的成败很大程度上取决于团队成员能否进行有效的交流。

团队学习是一种协作学习，它不仅包括学生之间的协作，也包括学生与教师之间的协作；不仅包括直接交往协作，也包括间接交往协作。当然这种交往与协作，不只是学习信息的交流和研讨，更重要的是思想的沟通、心灵的“碰撞”、性格的“磨合”，由此促进学生协同学习与工作能力、组织能力、交往能力的提高，健康个性的发展，团队精神和集体主义观念的孕育。英国大文豪萧伯纳有一个著名的比喻，“倘若你有一个苹果，我也有一个苹果，而我们彼此交换这些苹果，那么，你和我仍然是各有一个苹果。但是，倘若你有一种思想，我也有一种思想，而我们彼此交换这些思想，那么，我们每个人将各有两种思想。”这个比喻生动地揭示了协作学习的特点和价值。

团队精神强调共同愿景，一个有着共同愿景的团队的力量是无穷的。

彼得·圣吉的《第五项修炼》中有一个故事：斯巴达克被罗马军队打败了，有 2 000 多名俘虏。罗马的将军对战俘说：“只要你们交出斯巴达克就可以免除死刑，你们仍然是我的奴隶。”战俘中一个人站起来大声地说：“我是斯巴达克！”，接着又有人站起来说：“我是斯巴达克！”，战俘中一个接一个地站起来重复这句话，结果 2 000 多名战俘都说了同样的话：“我是斯巴达克！”为什么他们会冒着牺牲生命的风险承认自己是斯巴达克？因为他们有一个共同的愿景，那就是宁死也不愿再做奴隶。

李开复老师在给中国学生的第一封信中提到：为了培养团队精神，在读书之余应积极参加各种社会团体的工作。在与他人分工合作、分享成果、互助互惠的过程中，你们可以体会团队精神的重要性。在学习过程中，你千万不要不愿意把好的思路、想法和结果与别人分享，担心别人走到你前面的想法是不健康的，也无助于你的成功。有一句话说得好，“你付出的越多，你得到的越多”。

要勇于承认他人的贡献。如果借助了别人的智慧和成果，就应该声明。如果得到了他人的帮助，就应该表示感谢。这也是团队精神的基本体现。

---

① 桑新民. 学习科学与技术：信息时代大学生学习能力培养. 北京：高等教育出版社，2004。

为了理解团队学习技术，同学们可用讲故事并评论的方式开展学习。下面列一个小故事与读者分享。

苹果树下的散步——团队协作学习与交流

德国著名数学家大卫·希尔伯特是 20 世纪伟大的数学家，他在数学领域作出的贡献得到世人的肯定，是近代形式公理学派的创始人。

在希尔伯特年轻的时候，他对数学的“爱恋”简直到了痴迷的状态。为此，他就读过哥尼斯堡大学、海德尔堡大学。在哥尼斯堡大学就读期间，他有幸与数学天才赫尔曼·闵可夫斯基、年轻的数学家阿道夫·赫维茨相识，并与赫维茨建立了密切的师生关系。对数学的热衷，使这三个年轻人有了共同的追求。每天下午 5 点，他们必定相约去苹果园散步，讨论问题，相互交换彼此对问题的想法，交流彼此的研究计划。希尔伯特发现，这种学习方法远比单独钻研课本要好得多。

这种例行的散步一直持续了 8 年，以这种悠然而有趣的方式，他们探索着数学的每一个领域，涉及数学的每一个角落，这使他们在数学学习的路上走得平稳而顺利。

评论：希尔伯特的故事告诉我们，学习方法对于我们来讲是至关重要的，好的学习方法对于我们的提高更有重要的引导作用。多与别人进行思想交流，善于从一个团队中发掘别人优点，并学习、吸收，也不失为一种好的学习方法。

图 2.10 的思维导图从 9 个方面对团队学习技术进行了概括。

团队学习的理论基础是美国著名管理学大师彼得·圣吉创建的学习型组织理论，他在其风靡世界的《第五项修炼》一书中指出：“学习型组织是一个不断创新、进步的组织，在其中，大家得以不断突破自己的能力上限，创造真心向往的结果，培养全新、前瞻而开阔的思考方式，全力实现共同的抱负，以及不断一起学习如何共同学习。”

组建团队很重要，这是开展协作学习的基础。学习中，可制作团队名片思维导图，介绍队员的简介和特点，使队员尽早熟悉。

一个团队要共同完成学习任务，而团队的战斗力建立在队员的相互信任上。团队组建之初，可以通过自我介绍的方式了解成员的家乡、爱好、特长、通信联络方式等，营造一个相互信任的氛围，成员之间要相互沟通、相互关心。“只有当团队成员真正共同享有一个愿景时，他们的能力和智慧才会凝聚起来，产生共同的力量。”①

通过小组讨论确定小组共同研究的主题，分工，制订计划，进行时间分配，最后以集体思维导图的方式(或其他多媒体课件的方式)参加团队答辩。在这个过程中，组长的组织很重要。组长不能只埋头做自己的事，要学会发现组员的特长，发挥他们的长处，调动组员的积极性，使每个成员都能找到自己在团队中的位置，明白自己应对团队作出怎样的贡献，凝聚团队的力量，及时发现问题并沟通解决。

各团队相互交流，可以形成浓厚的学习氛围，带动合作中的竞争。学生总有不服输的心理，这是一种无形的比赛，在竞争中促进了合作，从而又提高了合作的能力。交流还包括远程网络协作学习，包括不同院校学生的交流与协作。

开展团队学习的好处在于，集中集体的智慧，集思广益。在开展团队活动的过程中

① 桑新民. 学习科学与技术：信息时代大学生学习能力培养. 北京：高等教育出版社，2004。

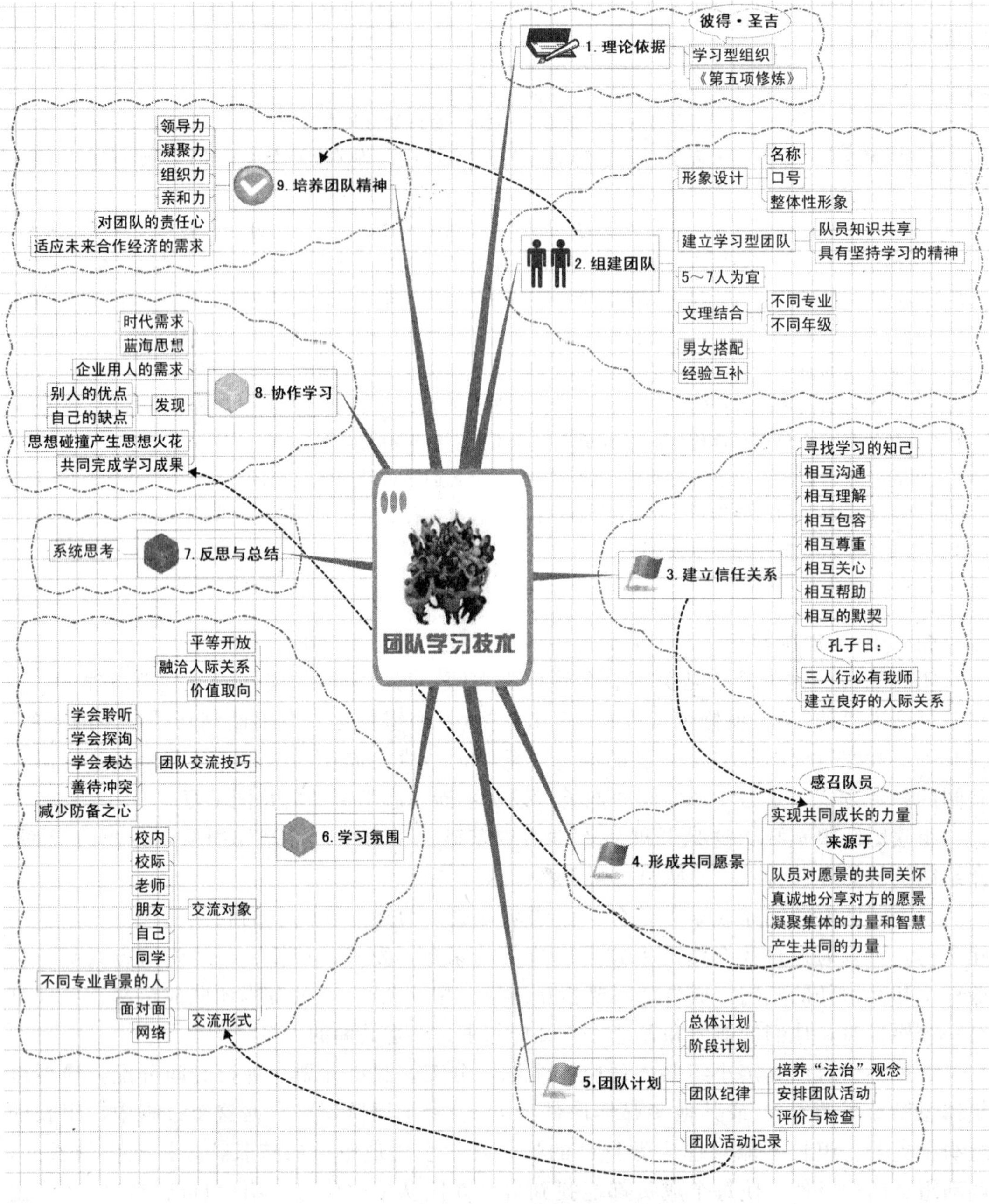

图 2.10　团队学习技术(作者：李林英)

还能培养成员的组织能力和责任心，培养团队精神，使每个人的潜能都能得到发挥，使每个人在对团队作出贡献的过程中增长才干，得到提高。

21 世纪的商业领域，蓝海战略已经替代红海战略，成为企业发展理念的核心基石。蓝海思想是以蓝天大海的开阔胸怀、相互协作与交流替代传统企业“血腥”竞争形成的“红海”。21 世纪的主旨是建立和谐社会，所以在校生应培养协作学习的能力，为走向社会打好基础。

人的快乐 80%来自人际关系，即心灵之间的理解和沟通，人与人之间的真诚与信赖，在团队中学习是一种快乐。

李开复给中国学生的第七封信《21 世纪最需要的 7 种人才》中，在谈到需要沟通合作人才时指出，“在团队合作方面，国内一些高校对学生的要求并不很高。例如，我的一个朋友曾在国内某大学开设一门课程。开始时听课的学生很多，但后来他发现，有 30%左右的学生自动退出了。他大惑不解，便在课程结束后对退出课程的同学做了一个问卷调查。结果发现，大部分同学退出课程的原因竟然是：该课程的许多作业要求学生组成团队，共同完成，但学生们却对团队合作的学习方式感到不习惯和不适应。显然，这些学生并不理解团队合作的重要性，当他们参加工作后，所有的工作都需要团队合作才能完成，如果能在课堂上积累更多的团队合作经验，那对今后的工作该有多大的帮助呀！”

用游戏方式组建学习团队

（朱翠娥）

为了转变目前以教师讲授占主导地位的单一教学方式，强调在教师的启发和引导下，培养学生分析问题和解决问题的能力，同时培养学生的团队精神、协作能力、管理能力以及恰当地建立各种关系的能力，“学习论”课程的教学形式中除了教师讲授之外，很大一部分是以团队合作的形式开展研究性学习和课外活动的。

由于人数较多，我首先将学生按照座位大致分成两个大组，然后，每个大组分别采用“报数”游戏来细分小组。

在游戏开始之前，我强调团队发展历程中有五个阶段：组建期、动荡期、稳定期、高产期、调整期。我提醒大家，游戏的目的就是要让每个人尽情地发挥，每个人除了注重自我表现之外，也要关注他人的表现，这样在后面选拔团队领导(团队协调者、小组组长)时，才更有依据，更有说服力，只有选出合适的小组组长才有利于后面学习活动的开展。

这个报数游戏的设计目的并不是让大家顺利地完成游戏本身，而是希望在游戏过程中让游戏矛盾充分暴露出来，探寻解决矛盾的办法。为了使报数游戏能够顺利地完成，一定需要有人主动站出来进行组织协调、解决矛盾，这样团队中那些组织能力强的、具备领导者素质的学生都能在这个过程中出现，并且这个机会可以让他们尽情地发挥，让他们自己调动团队的气氛！

在选拔小组组长时，我告诉学生每个大组需要 6 个小组组长，学生可以自由地推选，既可以自我推荐也可以推荐他人，最后由大家根据报数游戏中的表现来共同讨论决定组长人选。在这个过程中似乎学生也领会了我的设计意图，顺利地达到了选拔小组组长的目的。

第二个环节就是划分小组团队。由于班级人数较多，我要求小组成员每组不少于 5 人，最好不超过 8 人，提倡异质构成(性别、年级、专业、性格等)。这一次采用的分组策略与之前有所不同，是让在报数游戏之后选出的组长发挥作用。在这个环节中，由各个组长逐轮(共四轮)选择自己的队员，每一轮分别让他们告之选择的理由，这样一来，他们选人的策略得以详细的阐述，也让其他人清晰地知道组长在选人过程中的重点考查方向。

四轮后，还有近一半的人员没有被挑选，课堂时间已经不多了，此时我对剩余的人问了一个非常刺激的问题：你们为什么没有被挑选？(我不担心他们会有什么想法，因为通过之前的环节。我已经让 30 名学生达成了初步目标，站在我这一边了)他们有说自己能力不够的，也有能够正视问题说自己在刚才的项目中没能积极投入的……总之，他们都能够说出真实的想法。再后面的操作模式，就是让剩余的人，选择自己最有信心的小组团队。一时间有的团队人数明显多于其他团队，这个时候，我要求已经达到10人的小组不能再增加人了，剩下的人必须选择未满10人的小组。最后，全班顺利完成了分组。

接下来，为了方便学习活动中的交流，要求各组在尽可能短的时间内(15分钟)给自己的团队起一个名字，而且要求在今后的学习活动中要称呼他们的队名。名字可以有实际意义也可以用符号代替，可以传统也可以时尚。我让学生在给小组起名的时候记住问自己：小组的名字有特色吗？能够准确体现自己团队的特点、自己当下的思想以及自己将要研究的主题吗？在各个小组起名之后，由各组组长进行自我介绍，介绍他们的队名以及为什么选用这个名字。小组起名字的过程，就是一个团队成员之间互相沟通、交流的过程。通过小组起名这个活动，小组成员一下子就变得熟悉起来、团结在一起了。

再接下来，就是要求学生：建立通讯录，建立起小组成员沟通交流的渠道；选择小组研究性学习的主题；完成小组成员的初步分工；建立小组章程。并让每个小组组长尽快将小组通讯录、小组研究性学习的主题等信息发送给我。由此产生的小组团队的名字包括：七人行、梦幻设计队、卡卡西小队、梦幻组合、山寨可乐、不再犹豫、星光组、1＋1组、飞扬组、第五野战队、Bleach、脉动团队，这些小组团队的名字反映了队员的心声，生动活泼。比如“不再犹豫”团队，小组成员为了起这个名字讨论了很久，最后有同学提出不要再犹豫了，“不再犹豫”的小组团队名就这样产生了，它寓意办事要果断，否则会失去机会。

下面是学生在“学习论”课程学习体会中对于用游戏方式组建学习团队的一些描述。

“从这门课中我们还得到了友情，同班同学、同组的组员，我们彼此之间都成了好友。从擦肩而过的陌生人，经过一起学习、讨论、争论、研究，最后成为好友，那是多么奇妙的缘分啊！但愿我们每个同学都能认识到这点，好好珍惜这份情谊。”

“上第一节课的时候，就带给我不同的感受了。老师选择了一种团队学习的方式，给人与众不同的感觉。第一节是这样的，老师让我们自由地分组，让我们从里面选择我们的组长，整个过程很自主和有趣，在分组的时候我们会被留意，同时我们也会留意别人，我们通过互相观察，以自己的标准去组队，这是一个很有意思的方法，它帮助我们去认识别人。最后我们分别组成了不同的小组。我们以小组的形式去完成接下来的任务与工作。”

“很喜欢老师上课的方式，特别是分组，不仅让我们可以学到知识，还让我们学会了如何和别人合作、相处，知道了在一个团队里，该出头的时候就不要犹豫，要不机会就会擦身而过，这是第一节课老师叫我们选组长的时候我学到的东西，因为那时如果我敢站起来竞选组长，那就是我领导别人了！这是一个很重要的事情，对我们以后的工作会有很大的帮助，因为工作不可能只有自己一个人，一定会和别人合作的，如果你和别人相处得很差，那么你的工作效率一定不会好到哪里去！”

“我们队在开始的时候非常被动，老师让我们成立小组，然后让我们为这个小组起一个名字。说到名字也许是我们组的人实在太有思想了，各有各的看法，讨论了足足三节课，在最后的时刻实在没有办法了我们终于找了一个名字叫‘不再犹豫’，才让我们松了一口气。的确这个名字很适合我们组。”

“这次小组的初次合作的确让我感触良多。它让我看到我在小组合作中个人的不足和个人的缺点，同时它也成为激发我不断完善自我的动力。”

“这次合作让我的不足之处显得更加明显。第一就是我个人的胆量还不够。记得在最初的团队组建中老师让我们作自我介绍，然后从中确立组长。那时我真的很想做，想大声地说出来我想做你们的组长，希望你们能够支持我。可是一到自我介绍的时候，我木然了，脑子里一片空白，心跳加速，说话结结巴巴的，欲言又止，心里万分痛苦，最终草草了事。现在回想起来真的后悔不已，可是这又有什么办法呢，只怪自己平时锻炼得太少，只怪自己太懒了。不过这也好，从这次选拔组长的活动中我看到了我个人的不足，同时它也让我得到一次锻炼的机会，我相信只要不断地锻炼，自己一定能够变得更加成熟的！”

培养组长怎样当好小组长

（黄辉）

怎样才能当好小组长？我以教学当中的一段实例来讲述一个比较成功的组长实例(图 2.11)。

课堂上，我要求每个小组进行自由讨论，题材不限。教师可以在这个教学过程当中用心观察，在交谈过程中，每一个小的团体，自然会形成一个组织者，他让小组的讨论不再无序，他经常处于一个演讲者的地位，而其他的学生更愿意处于一个倾听者的角度。这样在大概 15 分钟的交流后，学生们自然形成了一个倾向性的概念：谁应该成为我们的组长。

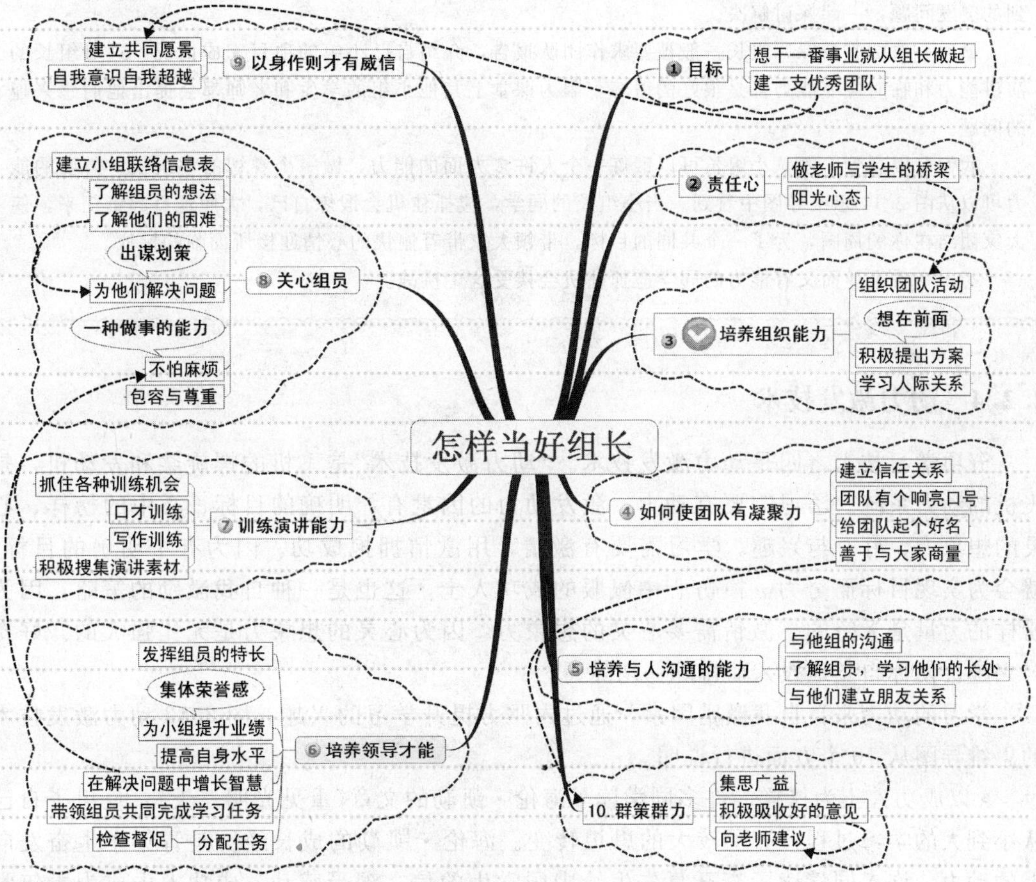

图 2.11　如何当好小组长(作者：李林英)

由于“导学”课是公选课，小组的学生来自不同的学院，他们在上课之前可能都并不认识。因此虽然有了一个小组长，要想这个团队良好地运转起来，需要一段磨合期。

我们的课堂教学，分为项目准备期(确认题目)、讨论期(确认实施方案)、实践期和团队答辩期，需要每个团队成员贡献自己的力量，最后利用思维导图展现团队项目的实现结果。

例如有一个小组 A，准备期的时候团队成员各执己见，很难达成一致。于是组长邀请我来加入他们的团队讨论，由我来对大家的方案加以点评，最后确定最佳的方案。团队小组长在团队合作的关键时刻的选择很重要，在一些大家都很难达成一致决定的时候，寻求老师来帮助决断更能够体现团队合作的公平性。老师的点评可以让其他的成员信服，更可以帮助组长在队员当中树立威信。

在讨论期的时候，我随机进入各组了解情况。最容易出现的状况是，大家争着发言，结果最后场面很激烈，但是没有结果。因为课堂的时间有限，小组长的作用在这个时候显得尤为重要，将大家组织起来，用清晰的思路将自己的构想同其他成员交流，最终达成一致的意见，同时尊重其他成员的想法，让每一位团员都能在团队当中体现自己的价值，这对小组长的组织能力是一个很好的锻炼。

在实践期的时候，项目的工作已经被划分成了子模块。应避免出现有人干活、有人窝工的情况，要使每个同学都能够得到锻炼。A小组的同学利用课后的时间，按照组长的划分分头开工，提高了项目完成的速度。组长每个星期定期召集组员开会交流任务完成的进展，并针对实施过程中大家碰到的突发问题，一起探讨解决。

最后一次的答辩课，组长一般被要求作团队报告，介绍自己小组的项目完成情况。这对组长的演讲能力和临时应变能力都是很好的锻炼，因为课堂上其他小组的学生和老师都会提出他们感兴趣的问题。

我们可以看到，团队小组长可以锻炼一个人许多方面的能力，做一个睿智的小组长，需要的能力可以从图2.11思维导图中看到。当小组长的同学，应抓住机会锻炼自己，大胆地负起责任来，使大家团结在你的周围，为了一个共同的目标，带领大家带着愉快的心情迎接所面临的挑战。

想干一番事业而又有能力的同学应抓住机会接受这个挑战。

2.2.4 动力激发技术

五项学习技术之四是动力激发技术。“动力激发技术”是飞机的螺旋桨和发动机，是飞机的动力系统。学习需要有动力，激发动力的因素有：明确的目标、心中的榜样、心灵的想象力、好奇与兴趣。学习需要有激情，用激情拥抱成功。因为有了明确的目标，就会为实现目标而努力。模仿心中佩服的成功人士，这也是一种自我激励的策略，因为榜样的力量是无穷的。激情需要心灵的想象力，因为心灵的想象力是无比强大的。好奇与兴趣会使你自觉地投入而排除一切障碍。

学习的动力来自自我激励因素，通过内驱力提升学习的兴趣。图2.12动力激发技术的思维导图从10个方面进行说明。

- 以成功人士为榜样。许多同学读了海伦·凯勒的文章《重见光明三天》，反思了自己从小到大的学习过程，有了较大的思想转变。海伦·凯勒的成长经历是青年学生奋发向上的动力。许多同学读了李开复先生给中国学生的信，深受感动。成功人士成为青年学生心中的榜样，他们在心里会给自己树立一个目标，我要像他那样！
- 有兴趣就有动力。爱因斯坦说“兴趣是我的老师”。有兴趣没人监督，他也会自己去钻研。而兴趣是可以培养的，这与学习目标有很大的联系。有的同学对自己的专业不感兴趣，尤其是遇到学习上的挫折更容易失去兴趣。对这个问题要有一个正确的认识，对所学的专业而言，如果你没有可能换专业，你就要接受现实，为完成学业要学好专业课。在学校学习专业课不单是知识的学习，更重要的是一种思维训练，一种能力的培养，将来毕业的变数太多，谁也无法认定自己一定可以从事怎样的工作，所以对所学专业你可以把它作为一种课程的训练来学习，或者就当着自己喜欢这个专业而去对待。一旦掌握了学习的规律，取得了好成绩，你就会转变对所学习的专业课的认识。在完成功课之后还可以发展自己的空间，想想自己喜欢什么，给自己一定的时间增加课外知识。

图 2.12　动力激发技术(作者：李林英)

做自己有兴趣的事情有助于右脑的训练。正像托马斯·费里德曼先生在《世界是平的》一书中所写："你怎么培养右脑的各项技能呢？你应该去做自己热爱的事情——或者至少是自己喜欢的事情——因为在做这些事情的过程中，你的右脑会无形产生一些东西，这些东西不能轻易复制、自动化或外包。"

• 动力来自团队的力量。在开展团队学习活动中，有的团队搞得很好，组织了很多相互间的研究学习，在解决问题、克服困难的过程中建立了友谊。组员在学习中相互影响，相互促进，会听到他们自豪地说："我们的动力来自我们的团队。"

• 动力来自朋友的支持。在学习中有共同兴趣的人很容易走到一起，甚至成为朋友。学习需要知心朋友，在遇到困难时不要一个人闷在心里，去和朋友倾诉，相信会得到朋友的帮助。"学习论"课程的校际交流活动就是一个很好的见证，该课程初始阶段，因为要改变学生的传统的学习观念不那么容易，面临很多的困难，正是校际教师团队相互鼓励和协作，共同面对困难，才打开了局面。

• 动力来自亲人的关爱。学生的父母、亲人始终是学生成长的动力。可能有代沟，但只要学生多与长辈沟通，向他们表述自己的奋斗目标、自己学习的收获，是能得到父母的支持的。父母最了解自己的孩子，学生向父母征求他们对自己的看法有助于自我分析。家庭贫困的学生为了改变父母的生活困境而努力奋斗的例子有很多，学生应懂得感恩，不辜负养育自己的父母的期望。

• 动力来自好奇心。学习需要好奇心。好奇心使你容易接受新事物，应该长久地保持好奇心。比如学习思维导图，先接受下来，在实践中慢慢体会，多思考多画，你会慢慢体会到它的奥妙。因为新的思维方法不是一下子就可以接受的，总有个过程。

• 因成功而自信。成功会给人信心。有意识地去完成自己可以完成的事。对自己原来不喜欢的课程因接受了新的思维方法而获得好成绩，就会改变对课程的看法，自然而然地就带来了信心。哪怕是微小的进步，也会增加自信。自信来自自己的努力，自信也来自老师和同学的鼓励与信任。

• 变困难为动力。面对困难，只要你有积极的心态，把困难当成增长智慧的机会，你就不会垂头丧气了。遇到困难，也许是好事，因为做一件事困难，你就要去想办法克服困难，这个过程就是增长才干的机会。当你用积极的态度面对遇到的问题，你的眼界就会开阔很多。

• 变压力为动力。人的一生要面对种种的压力、面对各种竞争，把压力从肩膀上卸下，只要努力，总有成功的机会。

• 不要因失败而没了信心。人的一生不可能事事顺，总有失误的时候，没关系，找出原因，重新来过。

为了理解动力激发技术，同学们可用讲故事并评论的方式开展学习。下面有一个小故事与读者分享。

追求忘我——动力激发

1858 年，瑞典的一个富豪人家生下了一个女儿，然而不久，孩子患了一种无法解释的瘫痪症，丧失了走路的能力。

一次，女孩和家人一起乘船旅行，船长太太给孩子讲船长有一只天堂鸟，她被船长太太对这只鸟的描述迷住了，极想亲自看一看，于是保姆把孩子留在甲板上，自己去找船长。孩子耐不住性子等待，她要求船上的服务生立即带她去看天堂鸟。那服务生并不知道她的腿不能走路，而只顾带着她一道去看那只美丽的小鸟。奇迹发生了，孩子因为过度地渴望，竟忘我地拉住服务生的手，慢慢地走了起来。从此，孩子的病便痊愈了。女孩子长大后，又忘我地投入到文学创作中，最后成为第一位荣获诺贝尔文学奖的女性，她就是茜尔玛·拉格萝芙。

（故事来源：世界名人网）

评论(张艳琼)：忘我是走向成功的一条捷径，只有在这种环境中，人才会超越自身的束缚，释放出最大的能量。如果在学习中也能达到这种境界，必然会登峰造极！

在南京大学“学习论”导学团队组织的全国 15 所高校“学习论”课程网络视频会议上，作者听了桑新民教授“如何激发大学生学习的动力”的讲座后很受启发，创作了图 2.13 所示的思维导图。

2.2.5 反馈调节技术

五项学习技术之五是反馈调节技术。可以将“反馈调节技术”看作飞机的方向舵和尾翼，它对飞机的飞行起着调节和控制作用。这项技术是培养学生自我管理、自我监控的能力和对事物的评判能力。以往的评价只有老师评价学生，学生处于被动的被管理的地位，因而学习是被动的。在反馈调节技术中提出了新的评价观念，由学生参与评价，改

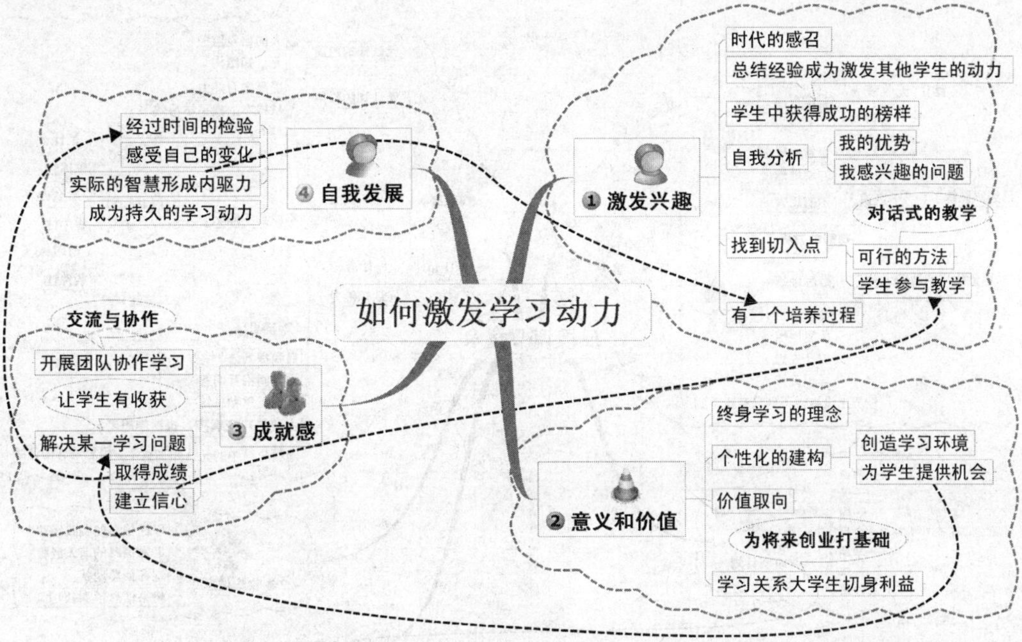

图 2.13　如何激发大学生学习的动力(作者：李林英)

变过去老师单向的评价为学生自评、互评、老师评相结合的过程。柏拉图说：“最先和最后的胜利是征服自我，只有科学地认识自我，正确地设计自我，严格地管理自我，才能站在历史的潮头去开创崭新的人生。”学生在参与评价的过程中可吸取别人的优点，克服自己的不足，取长补短，在自我评价中发现影响学习效率的因素，从而及时反馈调控自身。

为了理解反馈调节技术，同学们可用讲故事并评论的方式开展学习。下面列出一个小故事与读者分享。

失败也是一种美——反馈调节

我有两个性格迥异的朋友。

A 君：从小就是一个调皮的家伙，老是做错事。什么事都敢做，不怕错也不怕别人的责骂。他甚至以他曾经的糗事为荣。奇怪的是他身边都有很多朋友，他是一个受欢迎的家伙。

B 君：从小就是一个“乖孩子”，在家听父母的话，在学校听老师的话，结婚了听老婆的话。

在一次同学聚会中，我再见到他们。A 君不但事业有成，而且生活充实。他说他每天都重复着一样东西，那就是失败。但他总能从失败中站起来，并且慢慢走向成功。B 君事业平庸，生活单调。他说他以前这么听话是因为怕别人骂，怕犯错，怕失败。

评论(梁荣超)：其实失败并不可怕，可怕的是失败后一蹶不振。成功是失败积累而成的。只有经历失败和错误才能深刻体会与认识，向成功迈进一步。想想，失败有时候也是一种美。

图 2.14 反馈调节技术的思维导图中有一个元认知的理论依据分支。

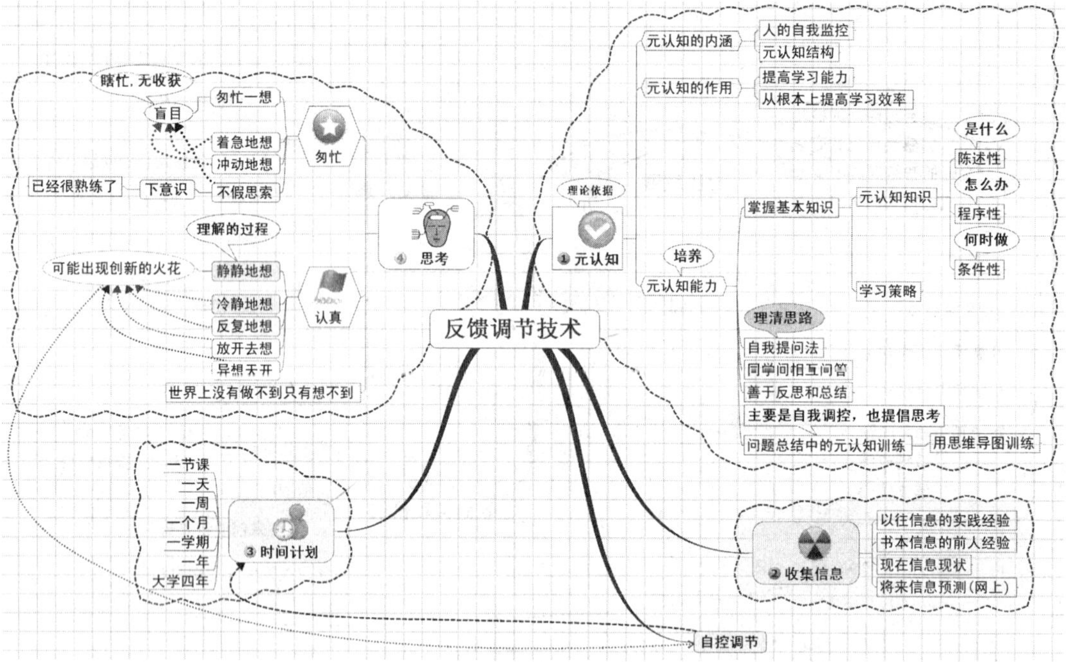

图 2.14　反馈调节技术(作者：李林英)

所谓元认知，简言之就是对认知的认知，是一种自我意识自我监控的策略。实际上，学生对自己学习中感知、记忆、思维、想象等认知活动的再认识、再思考及进行积极的监控，就属于元认知的范围。元认知的实质就是人的自我监控。了解学习科学中这一监控认知的过程，对提高学生的解决问题的能力，尤其是应对突发事件的能力有指导意义。思维导图的训练可以提高元认知能力。

反馈调节技术是五项学习技术中的难点，学习中总会遇到困难，人生的路上总会遇到坎坷，怎样能摆脱突如其来的困境？怎样能顶住想象不到的压力？这就需要培养应变能力，提高元认知能力，通过对问题的调查分析能想出对策，克服困难，自我调节。

在遇到问题时有两种态度，如图 2.14 上的“思考”发散出两个分支，匆忙和认真的结果是不一样的。在认真思考的过程中，最可贵的就是捕捉到创造性的思维火花。

学习评价和学习效率与五项学习技术的反馈调节技术密切相关。“明确的目标，选择合适的方法策略，更需要建立一整套灵敏、完善的学习反馈调节机制，使学习者及时、客观地获得各种学习评价信息，从而对学习各环节、各因素进行调控，提高学习效率，实现学习目标。”①

“学习论”课程开展了课程实践的教学活动，要求学生写的《学习契约》和《课程实践报告》就是对反馈调节技术的一种具体的应用。《学习契约》就是学习合同，是学习者对老师、同学、自己的承诺，也是实施计划，学生按学习契约执行。《课程实践报告》是一份自我评价的总结，在完成任务后总结归纳自己主要做了什么，最重要的收获是什么，学会作总结报告对今后工作和生活都是有用的。

---

①　桑新民. 学习科学与技术：信息时代大学生学习能力培养. 北京：高等教育出版社，2004。

反馈调节技术是从现实中反馈信息，根据实际情况进行调节，使自己能适应客观现实。

图 2.15 是华南师范大学的陈泳波同学在自主学习教材的基础上绘制的“学习评价与学习效率”思维导图，通过这张图，可以看出他不仅认真阅读了教材，而且对教材内容加上了自己的点评，有了自己的理解。这张思维导图不仅是他总结的学习经验，而且通过思维的可视化展示，也可以作为师生交流、实施过程性评价的技术展示。

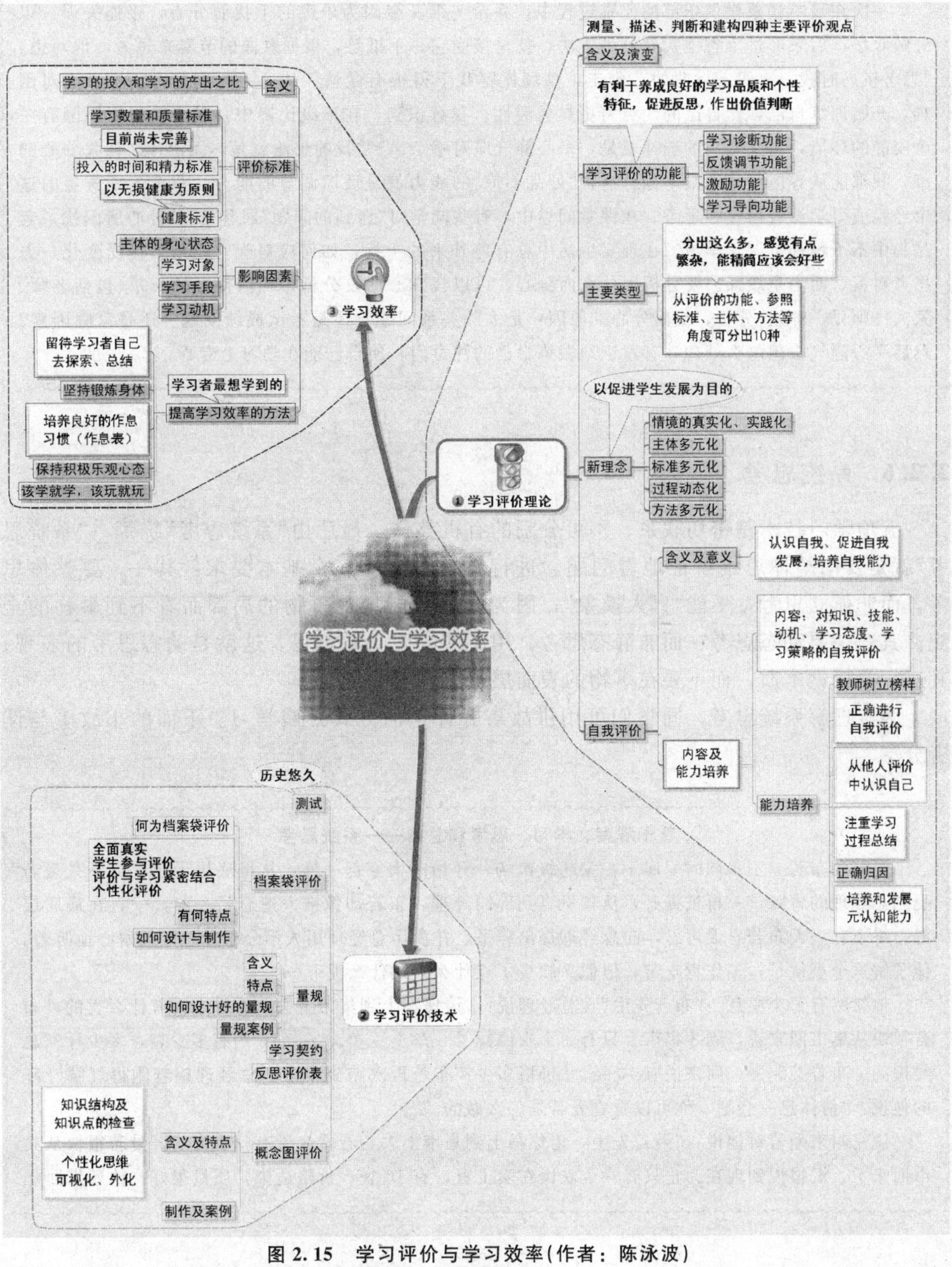

图 2.15　学习评价与学习效率(作者：陈泳波)

如何对抗分心

《学习的艺术》的作者乔希·维茨金少年曾经在美国全国象棋冠军赛中夺冠，13岁即获得象棋大师头衔。他是《王子之旅》一书及其同名电影的主人公，同时，也是一位世界级的太极推手大师，多次赢得大赛的冠军。他在书中写道："在现实生活中，我一直致力于去接受变化，而不是去与之抗衡。"他将这种能力融于自己的思维框架中。

一次在曼哈顿象棋俱乐部的比赛过程中，乔希·维茨金因为乐声的干扰而分心，接连失误，以失败收场。后来经过反省他找到一种方法，就是接受它，不抵触，根据歌曲的节奏来思考，他写道："思考棋局时我一直跟着歌曲的节奏走，整场比赛我下得很有激情。从这一时刻起，我勇于面对困难，开始训练自己，让自己的注意力更具灵活性。我意识到，在顶级比赛中，我不能指望周围有一个安静的环境，因此唯一的选择就是，平心静气应对嘈杂声。""我的想法就是，无论什么让我分心的事，我都能从容应对，处乱不惊。"这种"处乱不惊"的能力就是反馈调节的能力。乔希·维茨金的这个经验值得学习者借鉴和思考。在课堂问卷中，有些同学对"遇到的问题"回答是"被分心所困扰，老是集中不了精神上课、学习。"在现实生活中总有些外来的干扰，如何应对呢？就是去接受变化，去思考对策，而不是烦躁。要分析因什么而分心，可以找知心朋友分析，找信得过的长辈(包括老师、家人、师兄、师姐)分析，找出分心的原因：是人际关系问题？还是考试成绩问题？还是家庭因素？然后平心静气去想怎么处理，有意识地锻炼自己的注意力，使自己能在学习上专心。

2.2.6 系统思考

五项学习技术是密切联系、不可分割的有机整体，最后由"系统思考"统筹。"系统思考"就是要用整体思维辩证地看问题。进行系统思考有三个基本要求：其一，要整体思考，而非孤立思考，不能"盲人摸象"，因为那样只能把握事物的局部而看不到事物的全貌。其二，要动态思考，而非静态思考。用发展的眼光看世界，这就是动态思考的表现。其三，要探索本质，而不要在事物的表面层次上思考。

为了理解系统思考，同学们可用讲故事并评论的方式开展学习。下面的小故事与读者分享。

善于观察、学习、思考和总结——系统思考

爱若和布若差不多同时受雇于一家超级市场，开始时大家都一样，从最底层干起。可不久爱若受到总经理的青睐，一再被提升，从领班直到部门经理。布若却像被人遗忘了一般，一直在最底层混。终于有一天布若忍无可忍，向总经理提出辞呈，并痛斥总经理用人不公平。总经理耐心地听着，他了解这个小伙子，工作肯吃苦，但似乎缺少了点什么，缺什么呢……

他忽然有了个主意。"布若先生"，总经理说："请您马上到集市上去，看看今天有什么卖的。"布若很快从集市回来说，刚才集市上只有一个农民拉了一车土豆卖。"一车大约有多少袋，多少斤？"总经理问。布若又跑去，回来说有10袋。"价格多少？"布若再次跑到集上。总经理望着跑得气喘吁吁的他说："请休息一会吧，你可以看看爱若是怎么做的。"

说完叫来爱若对他说："爱若先生，请你马上到集市上去，看看今天有什么卖的。"爱若很快从集市回来了，汇报说到现在为止只有一个农民在卖土豆，有10袋，价格适中，质量很好。他还带回几个让经理看。并且说：这个农民过一会儿还将弄几筐西红柿上市，据他看价格还公道，可以进一些货。他认为这种价格的西红柿总经理可能会要，所以他不仅带回了几个西红柿作样品，而且还把那个农民也带来了，他现在正在外面等回话呢。

总经理看了一眼红了脸的布若，说："请他进来。"

爱若由于比布若多想了几步，于是在工作上取得了成功。

——巅峰 MBA 培训中心论坛

评论(陈淡蓉)：人与人的差距，更多体现在思想方法上，虽然初始时就那么一点点，但日积月累就越拉越大，发现差距及时总结，方能迎头赶上。人要善于观察、学习、思考和总结，仅仅靠一味地苦干奋斗，埋头拉车而不抬头看路，结果常常是原地踏步，明天仍旧重复昨天和今天的事。成功的规则未必那么明显，需要很高的悟性与洞察力，面对差距和挑战，要及时调整心态，增强自己的独立思考、多谋善断、随机应变的能力。

五项学习技术相互之间是紧密相关的，最后由系统思考全面统筹。一个成功人士必然会在这五方面有杰出的表现。首先他会有明确的目标，因为有目标才会为之而奋斗。中国第一位飞机设计师冯如先生即是一个现实的例子。冯如先生心中有目标，而且能为目标而奋发学习和钻研，他有很强的自主学习能力，他因人际关系而获得帮助，他以成功人士为榜样，有研制飞机的浓厚兴趣和强大的动力，他善于反思、总结经验。五项学习技术在他身上得到了验证。

成功人士总是有承受难以预料的挫折的能力，冯如具备这种惊人的毅力。《人民日报》刊发的《从冯如到杨利伟》的评论文章中说得好，"冯如与杨利伟，一个已长眠九泉，一个遨游太空，而他们'祖国利益高于一切'的精神将永远成为亿万人民学习的楷模。无论人们在纪念冯如先生的时候，还是在为杨利伟击掌喝彩的时候，都会看到，'祖国利益高于一切'最能感召人，最能凝聚人，最能鞭策人。"

2009 年是冯如先生设计中国第一架飞机的百年纪念年，为纪念冯如先生，中国航空学会、珠海航展、广东省江门市政府等单位在他的家乡江门市主办了"广东江门高台人力飞行大赛"。五邑大学选修"学习论"的四名学生参加了这次活动，其中葛海锋同学(五邑大学领队)用思维导图作了总结(图 2.16)，可以看到参赛的学生从宣传、筹款、组织团队、找指导老师、找材料、组织讨论设计方案、协调出现的矛盾、安排时间、组织制作、组织运输、寻找飞行演员、参加比赛等一系列的活动中，受到了很好的锻炼，也表现出了较强的组织才能。

学习不仅仅是书本上的，像这样的学习也值得提倡，在实际活动中学习五项学习技术更深刻，更难忘。

葛海锋同学说：参加这次活动最深刻的体会是通过这次比赛拓展了自己的知识面和各方面的能力，比起荣誉和金钱，我更感激这次比赛给予了我关于自我完善的内容，让我觉得自己的内心是很富有的。这次比赛对我的影响是无穷大的，会让我在以后的生活、学习还有工作中永远受益。"学习论"课程对我的影响也很大，我学到了很多，例如敢于开口表达自己的思想、更外向地与人交流等，最重要的是认识了对课堂充满激情、热情，对学生充满感情的老师。大学以来我的很多改变都是从大三的这个学期开始的，从选修这门课，从踊跃去竞选班长、旅游协会会长，从参加这个高台人力飞行大赛等开始的。

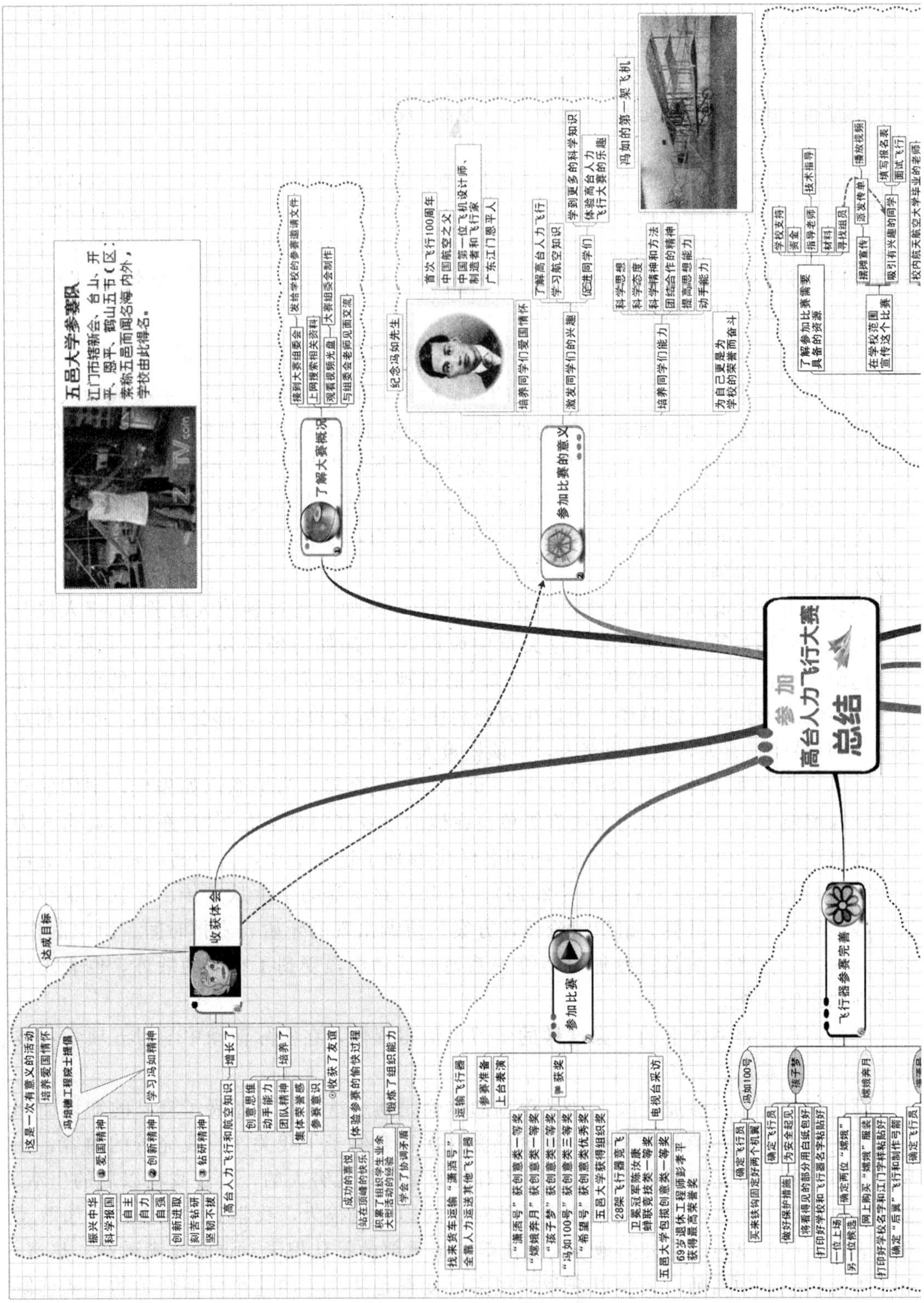
参加
高台人力飞行大赛
总结
了解大赛概况
接到大赛组委会
发给学校的参赛邀请文件
上网搜索相关资料
观看视频光盘
大赛组委会制作
与组委会老师见面交流
参加比赛的意义
纪念冯如先生
首次飞行100周年
中国航空之父
中国第一位飞机设计师、制造者和飞行家
广东江门恩平人
培养同学们爱国情怀
激发同学们的兴趣
了解高台人力飞行
学习航空知识
促进同学们
学到更多的科学知识
体验高台人力飞行大赛的乐趣
冯如的第一架飞机
培养同学们能力
科学思想
科学态度
科学精神和方法
团结合作的精神
提高思维能力
动手能力
为自己更是为学校的荣誉而奋斗
五邑大学参赛队
江门市辖新会、台山、开平、恩平、鹤山五市（区）素称五邑而闻名海内外，学校由此得名。
收获体会
达成目标
参加比赛
飞行器参赛完善

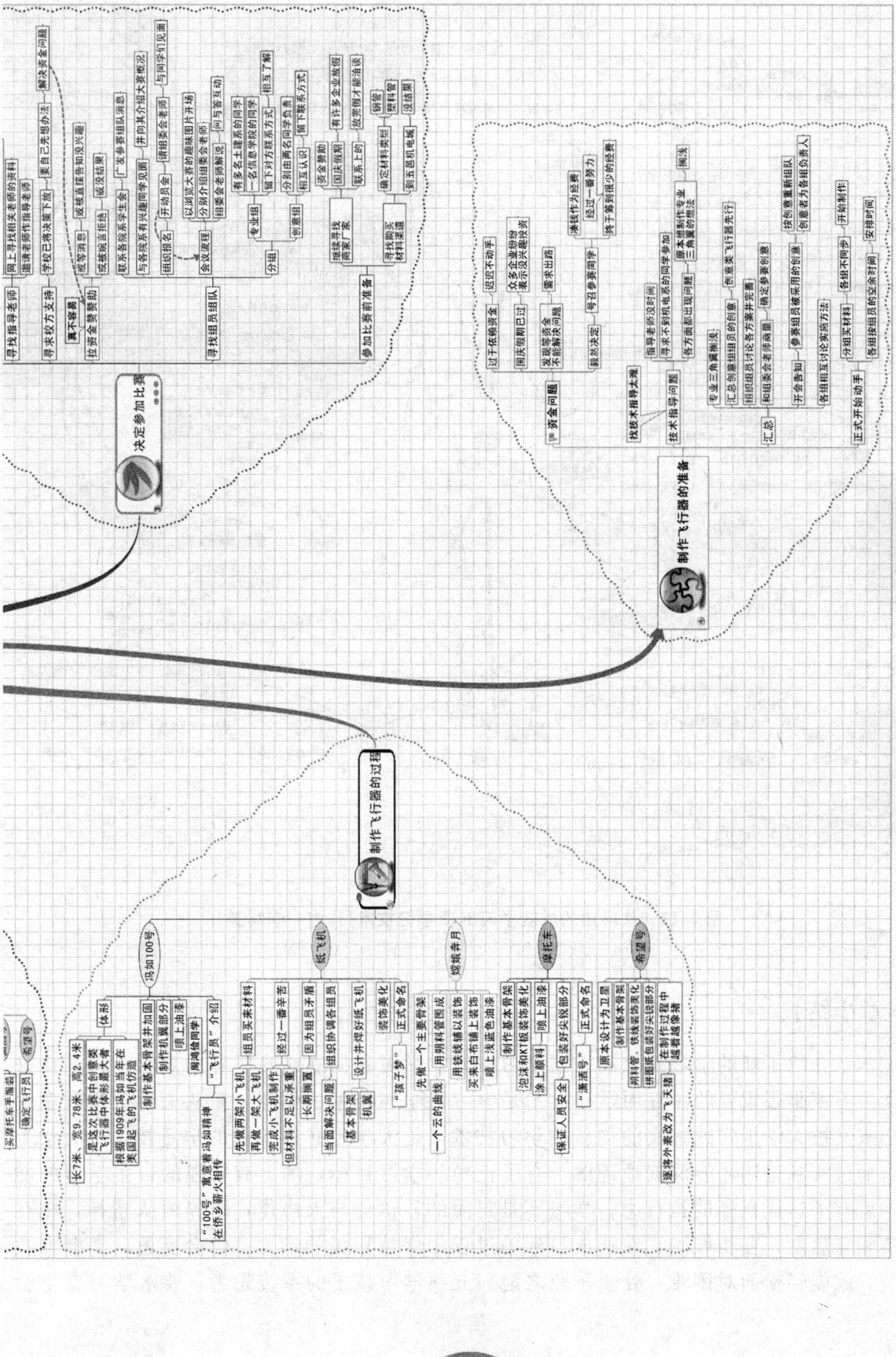

图2.16　参加高台人力飞行大赛总结（作者：葛海锋）

图 2.17 展示了冯如先生的成就与五项学习技术的关系。学习者应以冯如先生为榜样，掌握五项学习技术，那离走向成功就不远了。

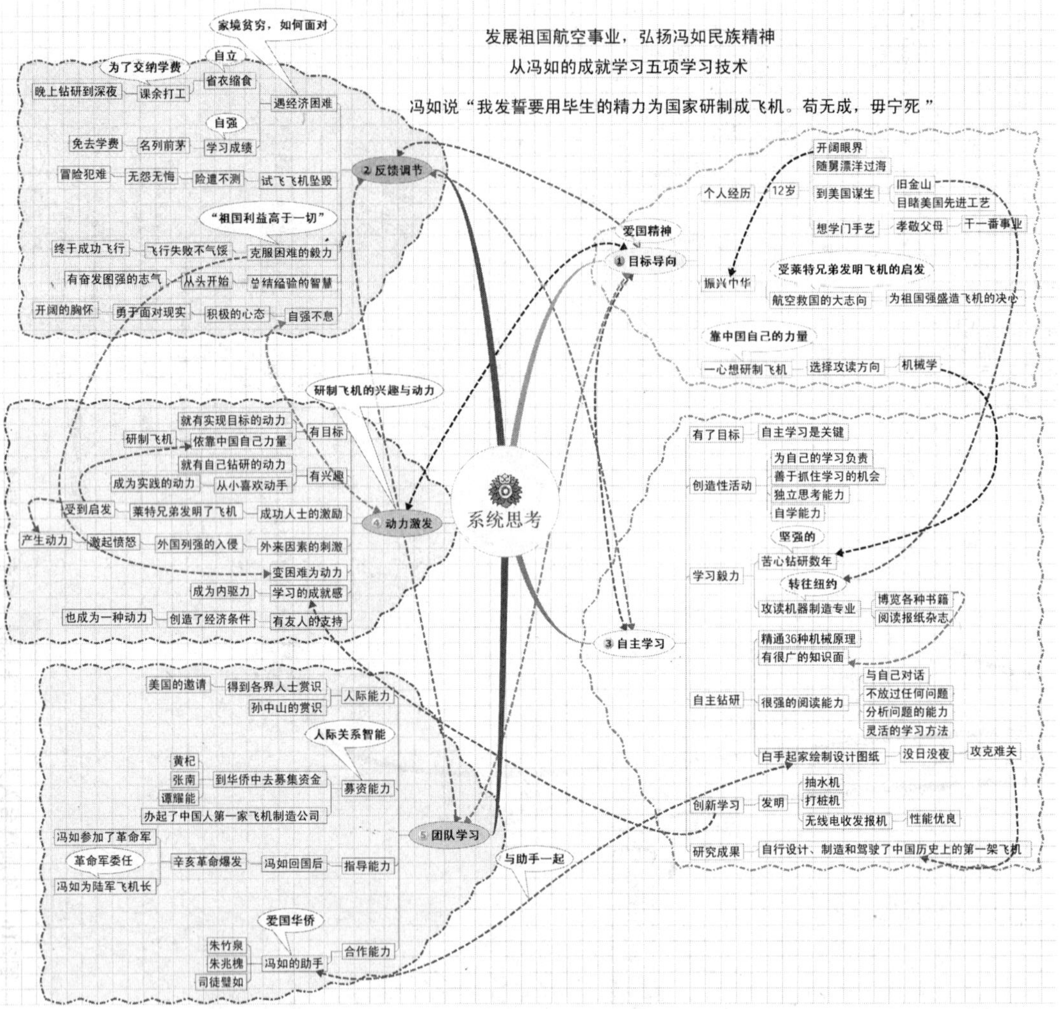

图 2.17　从冯如的成就学习五项学习技术(作者：李林英)

【本章小结】

本章介绍了新的学习观念和五项学习技术。学习者树立终身学习的观念、培养良好的学习习惯是很重要的。五项学习技术是学习科学与技术的创新，是从大学生实践中总结出来又被大学生实践证实的创新的学习技术，是大学生必须掌握的学习技术。大学生只有通过实际运用才能深刻地理解。有了正确的学习目标，加上有较强的自主学习的能力，就有了达成目标的执行力；学习不是封闭的，学会与人协作，培养团队精神，相互交流相互启发，互相鼓励，在达成目标的过程中保持积极的动力；学会反思，学会自我调节，就能轻松面对困难，处于不败之地。五项学习技术的系统思考，要求学习者学会从整体上思考，学会总结。总结也是一种学习，一种经过实践后进行追忆的思维训练，即通过分析丰富的实践活动验证对理论的理解，再将其上升为经验。理论结合实际，是说用理论指导实践，反过来，通过实践认识理论，完成实践—认识—再实践—再认识的过程。升华思想认识才能获得智慧。五项学习技术之间是紧密相连的，学习者多实践就会有更深刻的体会。

【思考与练习】

1. 目标导向技术及应用：请在 10 分钟内用手绘思维导图画出你今晚的时间计划安排及要达成的目标。

2. 自主学习技术及应用：你的自学能力强吗？你研究了读书方法吗？读书的目标是什么？作图是为了什么？你有不喜欢的课程吗？你是如何对待的？你能主动与老师沟通吗？想想自己该如何改进，并就此绘制一幅思维导图。

3. 团队学习技术及应用：学习团队精神的第一步——认识和你在同一个教室学习的人，如果让你在最短的时间内认识他们，你该怎么做？请做一个计划。什么是共同愿景？你认为你们小组的共同愿景是什么？你在小组中担任什么角色？你打算怎样为小组的共同愿景出一份力？

4. 反馈调节技术及应用：对同学的课堂演讲进行评价，并按标准打分。注意以下内容：演讲主题是否有创意，是否突出了团队精神？演讲是否采用了思维导图辅助，是否条理清楚？演讲内容是否丰富，是否体现了集体智慧？演讲内容有无错误？演讲是否吸引人？

5. 系统思考：看了葛海锋同学高台人力飞行大赛思维导图总结，你有何感想？

第3章 多元智能

每个人都不同程度地拥有个性化的能力，在生活的各个不同方面表现出来。问题不在于一个人有多聪明，而在于怎样聪明，在哪方面聪明。

——霍华德·加德纳

3.1 概述：多元智能理论之父——霍华德·加德纳

霍华德·加德纳是世界著名教育心理学家，他最为人知的成就是“多元智能理论”，被誉为“多元智能理论”之父。现任美国哈佛大学教育研究生院心理学、教育学教授，波士顿大学医学院精神病学教授，哈佛大学“零点项目”研究所主持人，出版专著20多本，发表论文数百篇。20多所大学颁给他荣誉学位。《纽约时报》称他为美国当今最有影响力的发展心理学家和教育学家。哈佛商学院教授称“加德纳是本时代最明亮的巨星之一，他突出表现人类成功的不同智慧”。美国特质教学联盟主席称“推动美国教育改革的首席学者，加德纳当之无愧。”

加德纳教授认为，人类拥有八种智能(图3.1)，每个人拥有的这八种智能的比例会有差异。比如中文系的同学可能语言智能比较强，善于写作善于表达，但可能使用计算机的能力比较弱，数理逻辑能力比较弱；计算机系的同学喜欢编程，数理逻辑能力可能比较强，但可能不喜欢写作，不太会作总结，语言智能可能比较弱。所以要文理结合、训练提高，只有不断进取、不断训练，才能发挥自己的优势。学习者的个性需要学习者自己去发现，要了解自我，分析自我，发现自己的兴趣，发现自己的能力，不断地突破自我，追求新的进步。

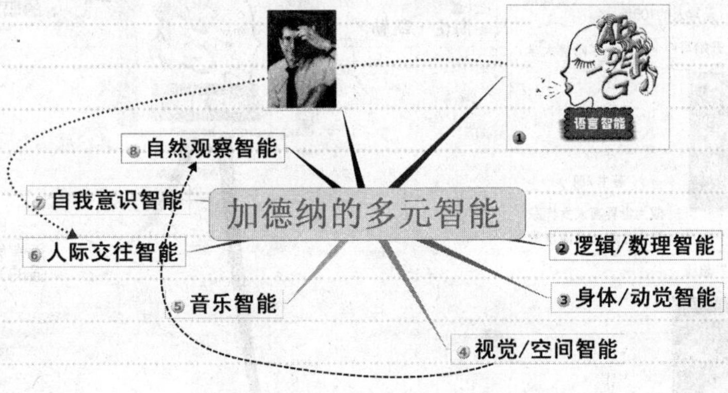

图3.1 加德纳的多元智能(作者：李林英)

由于智力上的差异，个人的学习兴趣、思考问题的方式以及解决问题的方法也不尽相同。所以每个学习者也都应该了解多元智能理论，以便更好地发挥自己的长处，寻找和训练自己的最佳的智能优势组合。

3.2 语言智能

语言智能(linguistic intelligence)，是指有效的演讲及用文字表达自己的思想并理解他人，灵活掌握语音、语义、语法，具备言语思维能力、言语表达能力和欣赏语言深层内涵的能力，并能够将其结合在一起、运用自如(图3.2)。可以说任何与人交往的工作都需要语言智能。任何专业都有自己的语言，语言能力是理解一切专业语言的基础，语言能力也是发展专业智能的最重要的基础。

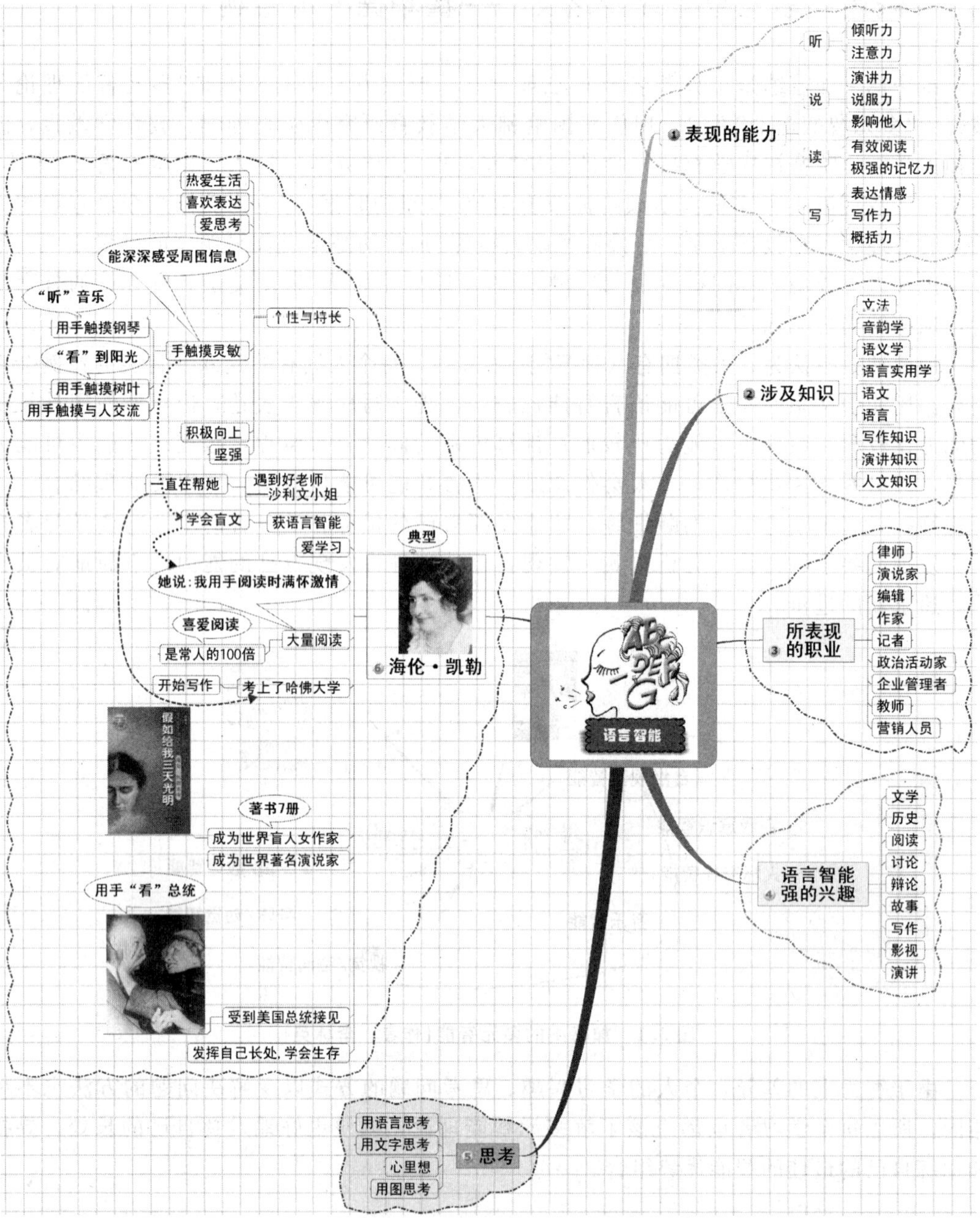

图 3.2　语言智能(作者：李林英)

语言能力与人际关系密切相关。作者在阅读了《口语传意权能：人际关系策略与潜力》一书中的"说话与口才"一节后，做了如图 3.3 所示的思维导图笔记，形象地展示了语言智能对人际关系的影响。

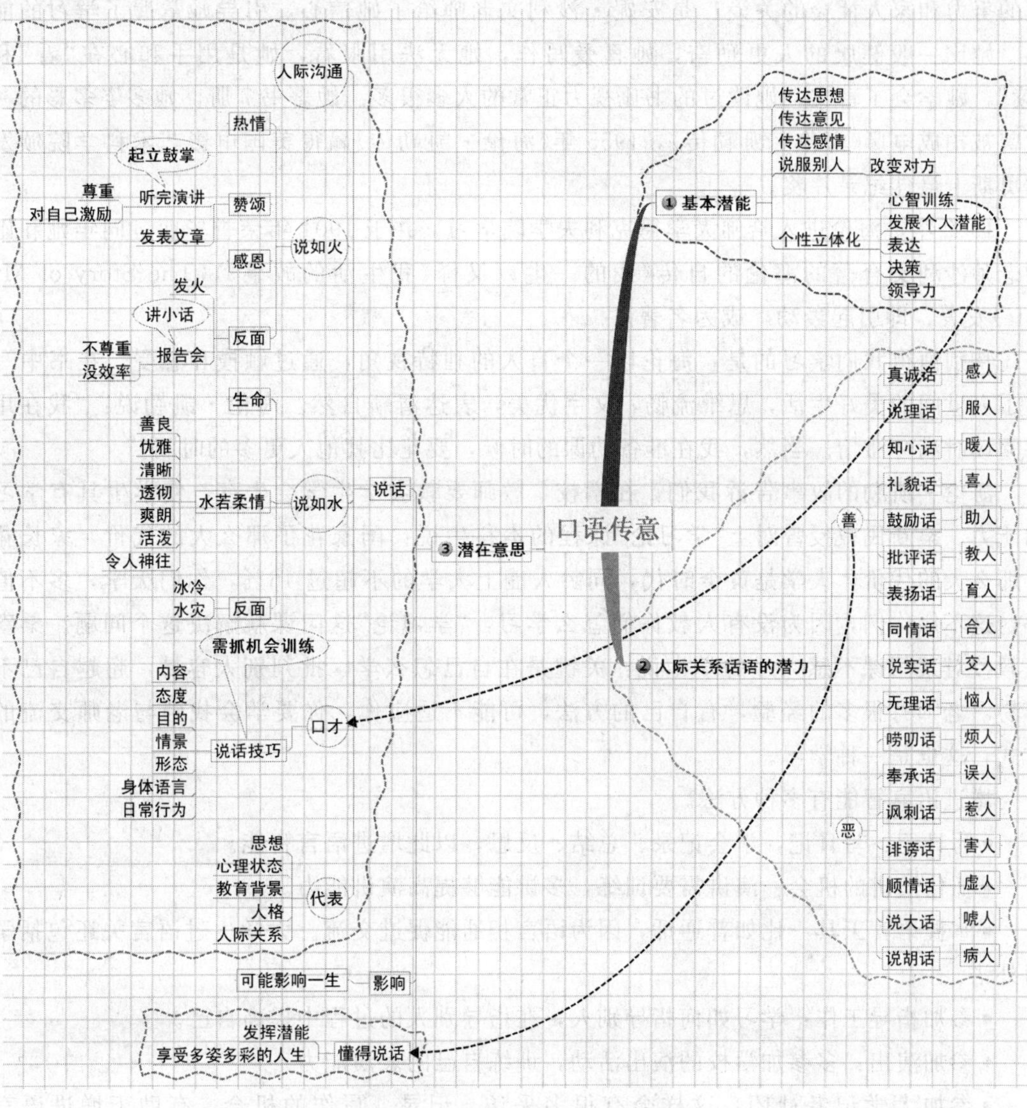

图 3.3　口语传意(作者：李林英)

盲人女作家海伦·凯勒是语言智能的典型人物。海伦·凯勒出生在美国南部。19 个月大时，因为一场大病，她从此失去了视力及听力，后又变哑。8 岁时，受教于家庭教师安妮·沙利文，奇迹般地学会了说话、读书、写字，后进入帕金斯盲校学习。16 岁时，海伦进入哈佛大学附属剑桥女子中学学习英文史、德文、拉丁文、数学等。4 年后，她如愿进入哈佛大学德克利夫学院，开始尝试写作。大学毕业后，海伦把心力集中在推行盲人关怀的社会活动上，诸如出版盲人刊物、成立保障盲人同胞的委员会，使得盲人的心声终于受到社会的重视。1959 年，在联合国大会中，各国代表一致称赞她对人类的贡献。1968 年，海伦·凯勒平静地走完了她艰辛又充满荣耀的一生。

一个不足两岁的女童变得又聋又哑又盲，长大后成为誉满全球的作家兼演说家。海伦·凯勒如何攀上光辉的顶点、成为 20 世纪最伟大的人物之一呢？凭着个人的努力、老师的努力和家人社会的关爱！是安妮·沙利文老师给了她信心，引导她掌握了学习的能力。她比一般健康的人更勤奋，她喜爱写作，她无法用眼看，她是用手和心在“看”和“读”，她学会了盲文，她读过的书比视力正常的人多很多。她著书7册，她多姿多彩的一生曾被拍成电影《海伦·凯勒传》，1955年《海伦·凯勒传》赢得美国电影艺术科学院颁发的奥斯卡最佳纪录片奖。

1900年，海伦进入哈佛大学德克利夫学院学习，并于1904年荣誉毕业，同年她和她的老师沙利文合著的海伦的自传《我的一生》（又译《我生活的故事》）（The Story of My Life）发表，即引起轰动，成为名著。

特别值得我们学习的是，海伦以一个盲人的独特视角，通过触摸和感受，在书中写出了人世间的美好生活，思维流畅，文字优美，表达清新自然。海伦·凯勒说：“我在用手阅读时满怀激情。当然，我在准备功课的时候，要花比其他人更多的时间。”

海伦·凯勒的故事告诉我们，在学校，教师要教会学生学会生存，使学生具有学习的能力。桑新民教授曾对上“学习论”课程的本科生说：国家花了那么大的代价，家长花了那么大的代价，大学是黄金时代，同龄人能上大学的不超过16%，你们厌学，多不值得！这不怨你们，因为没有人教你们怎么学习，“学习论”这门课就解决这个问题。桑新民教授对某门课不感兴趣的学生说：关键是在自己怎么学，批判别人容易，超越自己不容易，老师有很多的经验，有自己的方法，可能不适应你，你要学会找到与老师交流的方式，这也是一种学习。

增进语言智能有多种方法。

- 写日记：写日记，学会记录、总结、反思，以此增进语言智能；
- 抓住演讲的机会：演讲需要训练，多讲能够提高演讲能力。
- 掌握语言工具：比如普通话，因为语言相通能促进交流。大学生过语言关还包括学习外语。
- 参加指导工作：学习如何指导别人，在指导别人的过程中提高自己。
- 参加演出：多参加学校的演出活动，训练自己的表演能力。
- 参加大学记者社团：这样会有很多采访、记录、写作的机会，有助于增进语言智能。

请阅读图3.4“从海伦·凯勒想到的”，回顾自己从小到大是怎样学习的。

3.3 逻辑/数理智能

逻辑/数理智能（logical-mathematical intelligence），是指有效地计算、测量、推理、归纳、分类，并进行复杂数学运算的能力。这项智能包括对逻辑的方式和关系、陈述和主张、功能及其他相关抽象概念的敏感性。对逻辑/数理智能强的人来说，他们在学校特别喜欢数学或科学类的课程，喜欢提出问题并进行实验以寻求答案，喜欢寻找事物的规律及逻辑顺序，对科学的新发展有兴趣，喜欢在他人的言谈及行为中寻找逻辑缺陷，对可被测量、归类、分析的事物比较容易接受。瑞士数学家及自然科学家欧拉是逻辑/数理

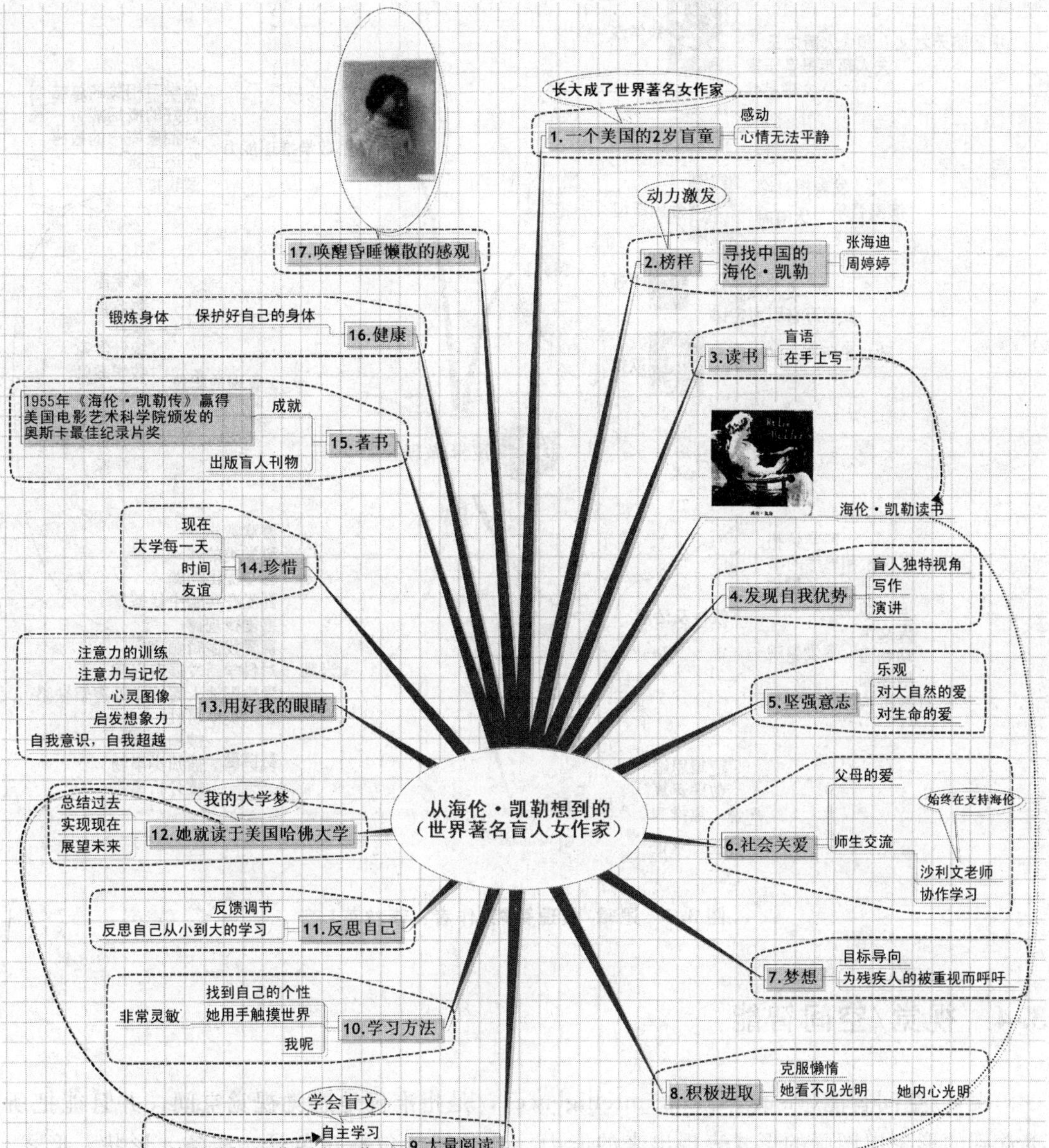

图 3.4　从海海·凯勒想到的（作者：李林英）

智能的典型人物之一，他解决了让牛顿头痛的月离等复杂分析问题。他惊人的记忆力使得他脑中知识的库存量很大，因而想象力丰富。建议文科学生多学一些电脑知识、接触一些工科实验，增强逻辑/数理智能。

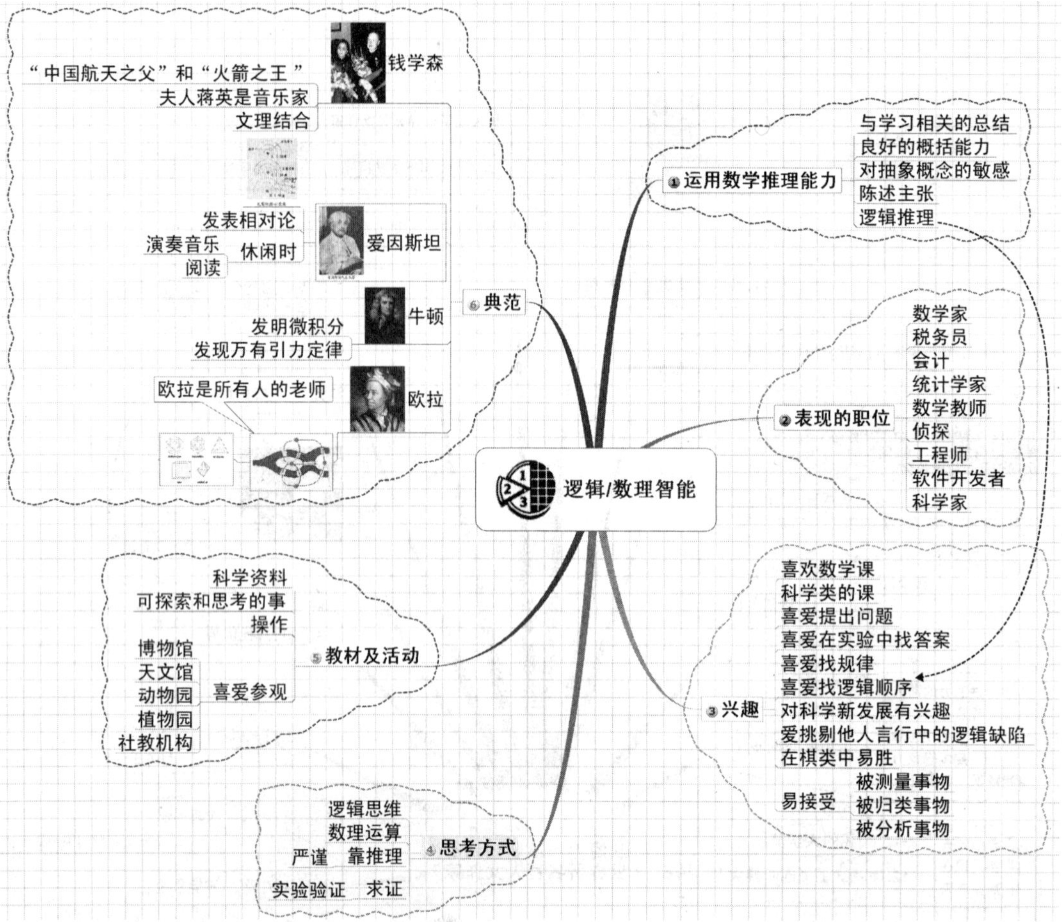

图 3.5 逻辑/数理智能(作者：李林英)

3.4 视觉/空间智能

视觉/空间智能(visual/spatial intelligence)，是指准确地感觉视觉空间，并且能把所感觉到的形象以图画的形式表现出来的能力。这项智能包括对色彩、线条、形状、形式、空间及它们之间关系的敏感性，也包括将视觉和空间的想法具体地在脑海中呈现出来，以及在一个空间的矩阵中很快找出方向的能力。空间智能强的人对色彩的感觉很敏锐，喜欢玩拼图、走迷宫之类的视觉游戏，喜欢想象、设计及随手涂鸦，喜欢看书中的插图，学几何比学代数容易。

尹文刚博士在《大脑潜能》中指出："感知能力强是很多有成就的人的一个特征。"视觉/空间智能体现了人类的感知能力，其对人才的成长十分重要。视觉能力强的人善于用图像思考发挥空间想象力，擅长对右脑的开发，具有空间想象力的人善于制作三维图形。在教学中，采用视频教案有助于学生视觉/空间智能的发展。

画家巴勃罗·毕加索(1881—1973)是视觉/空间智能的典型人物。毕加索出生在西班

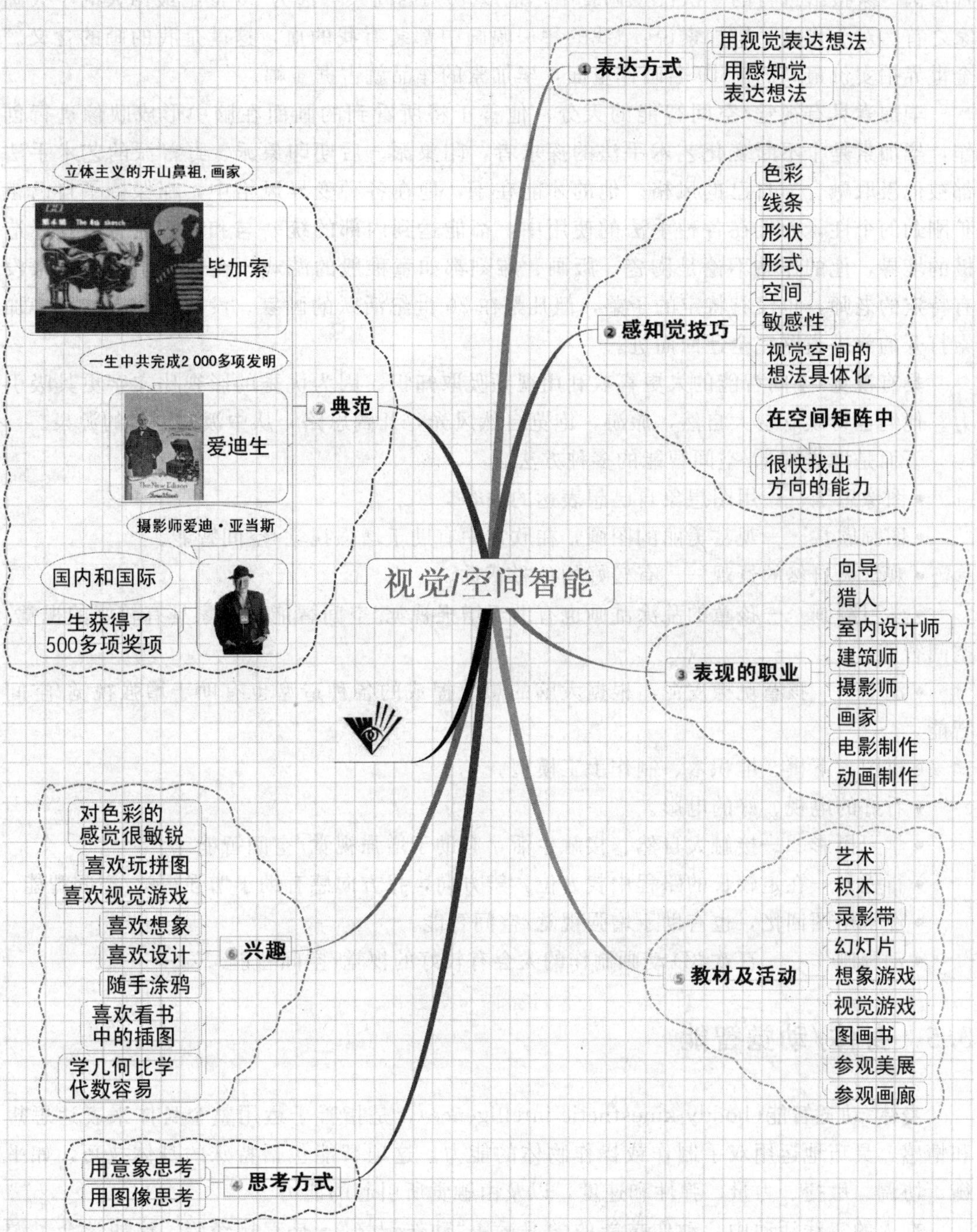

图 3.6　视觉/空间智能(作者：李林英)

牙马加拉，是当代西方最有创造性和影响最为深远的艺术家之一，他和他的画在世界艺术史上占据了不朽的地位。毕加索是位多产画家，据统计，他的作品总计近 37 000 幅，包括：油画 1 885 幅，素描 7 089 幅，版画 20 000 幅，平版画 6 121 幅。毕加索的一生辉煌之至，他是有史以来第一个亲眼看到自己的作品被收藏进卢浮宫的画家。在 1999 年 12

月法国一家报纸进行的一次民意调查中，他以40%的高票当选为20世纪最伟大的十大画家之首。对于作品，毕加索说："我的每一幅画中都装有我的血，这就是我的画的含义。"全世界拍卖价最高的前10名画作里面，毕加索的作品就占据4幅。

毕加索具有视觉/空间智能的天分，他善于将所看到的画面在脑中形成映像进行创作，毕加索是个不断变化艺术手法的探求者，印象派、后期印象派、野兽派的艺术手法都被他汲取融合为自己的风格。他的才能在于，他在各种变异风格中，都保持了自己粗犷刚劲的个性，而且在各种手法的使用中，都能达到内部的统一与和谐。他有过登峰造极的境界，他的作品不论是陶瓷、版画、雕刻都如童稚般的游戏。在他一生中，从来没有特定的老师，也没有特定的子弟，但凡是在20世纪活跃的画家，没有一个人能将毕加索打开的前进道路完全迂回而进。

具有视觉/空间智能的人更喜欢利用视频吸取知识。因为优秀的影视比文字更具吸引力。他们也喜欢欣赏大自然，旅游，饱览自然风光，开阔思路，从中汲取创作的源泉。

下面是增进视觉/空间智能的多种方法。

- 图像思维——用图想象自己想表达的内容。
- 图画欣赏——观赏美丽的图画，在欣赏中有助于增强视觉/空间智能。
- 观赏大自然的景观——有较好的色彩感觉。
- 学习绘画——孩童的乱涂乱画也有助于增强视觉/空间智能。画家具有较好的视觉/空间智能。
- 泥工——孩童玩橡皮泥，根据大脑的想象捏成的各种造型也有助于增强视觉/空间智能。
- 拼图、下棋、堆积木、制作手工模型。
- 看好的电视、好的电影。
- 学习摄影——接触大自然、接触生活，有助于增强视觉/空间智能。
- 行程——在走较长的路程中找方位，辨方向，找方向感有助于增强视觉/空间智能。
- 经常用图回忆，也有助于增强视觉/空间智能。
- 动画制作——喜欢3D动画制作的人会有较好的视觉/空间智能。

3.5 身体/动觉智能

身体/动觉智能(bodily-kinesthetic intelligence)，是指善于运用整个身体来表达思想和情感、灵巧地运用双手制作或操作物体的能力。这项智能包括特殊的身体技巧，如平衡、协调、敏捷、力量、弹性和速度，以及由触觉所引起的能力。

在人的实践活动中，动作技能的学习运用"动作记忆"，是直接经验。比如学会了游泳就不会忘记；学骑自行车，一旦学会，再骑不用思考也会非常熟练，成为"下意识"的习惯行为。身体/动觉智能是一种身体语言，加德纳认为，对人的整个身体运动的控制能力和熟练摆弄物件的能力，是身体/动觉智能的核心。增进身体/动觉智能不仅仅是对身体有益，对开发个人潜能、活跃大脑细胞也有重要的意义。

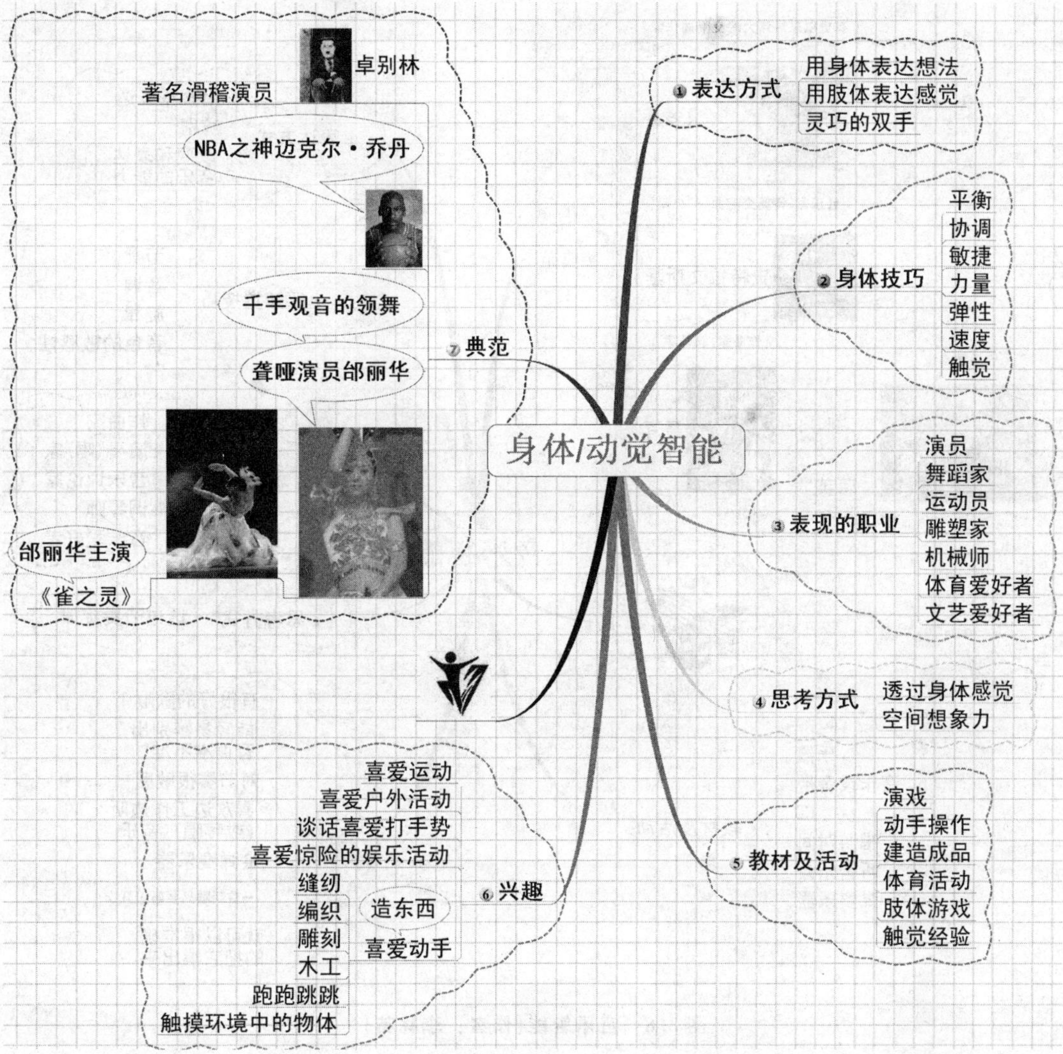

图 3.7　身体/动觉智能(作者：李林英)

3.6　音乐智能

音乐智能(musical intelligence)，是指人能够敏锐地感知音调、旋律、节奏、音色等能力。这项智能对节奏、音调、旋律或音色的敏感性强，与生俱来就拥有音乐的天赋，具有较高的表演、创作及思考音乐的能力。

音乐频率有助于人体健康。经常听听音乐可使人心情愉快，有助于大脑潜能的发挥。被称为中国音乐奇人的南卫东是现实生活中具有音乐智能的典型人物，他对音乐的痴迷，使他练出不少演奏音乐的绝技，他可以用牙膏吹歌、瓶子吹歌，甚至鼓掌也能鼓出音乐的旋律，他甚至可以在大理石上磨出歌声来。

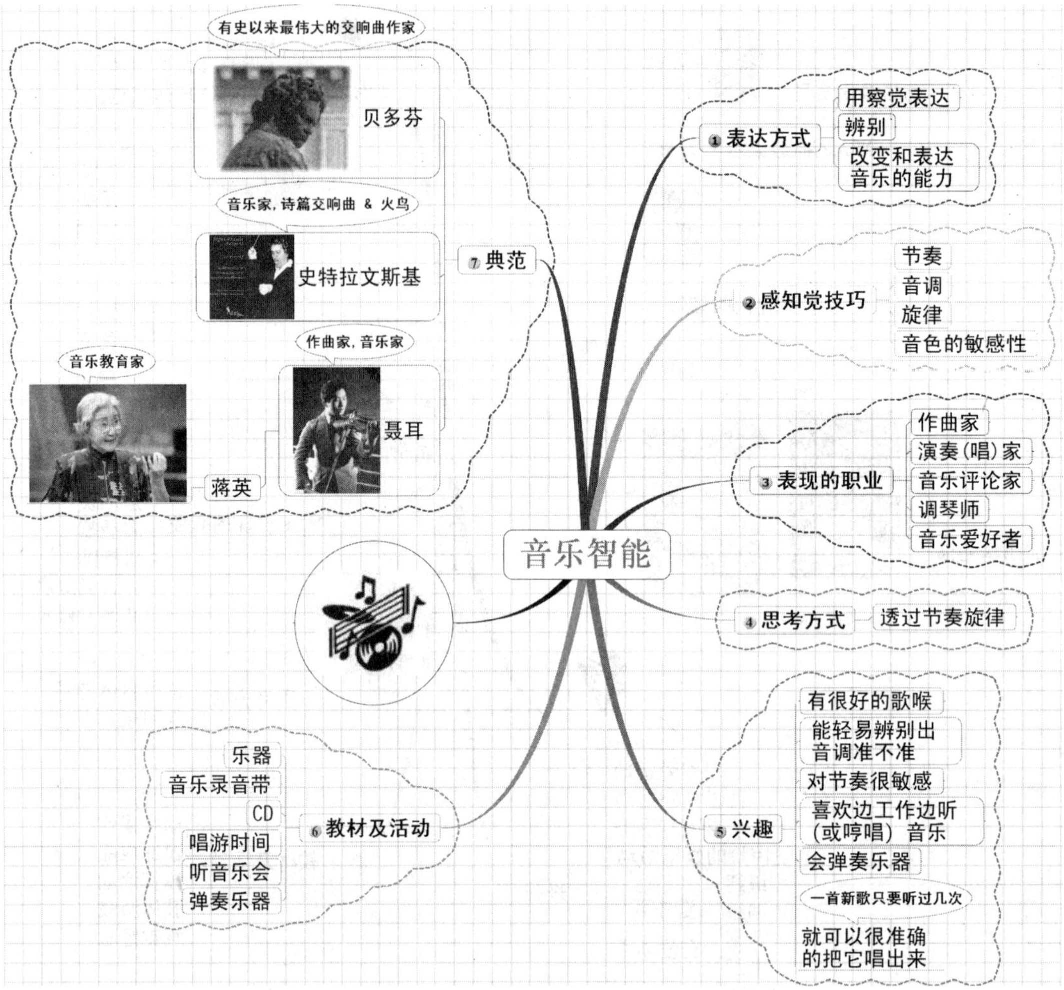

图 3.8　音乐智能(作者：李林英)

3.7　人际交往智能

人际交往智能(interpersonal intelligence)，是指能很好地理解别人和与人交往的能力。这项智能善于察觉他人的情绪、情感，体会他人的感觉、感受，辨别不同人际关系的暗示以及对这些暗示作出适当反应的能力。

人际交往智能强的人通常比较喜欢参与团体性质的运动或游戏，如篮球、桥牌；而较不喜欢个人性质的运动及游戏，如跑步、玩电动玩具。当遭遇问题时，他们比较愿意找别人帮忙，他们喜欢教别人如何做某件事。他们在人群中感觉很舒服自在，通常是团体中的领导者，他们适合从事需要组织、联系、协调、领导等的工作，如政治家、心理咨询师、推销人员、行政人员等。现代社会非常需要团队精神，而这种精神需建立在良好的人际关系上，所以了解影响人际关系的各种因素有助于提升人际关系智能。

人际交往智能表现在以下七个方面(图 3.9)。

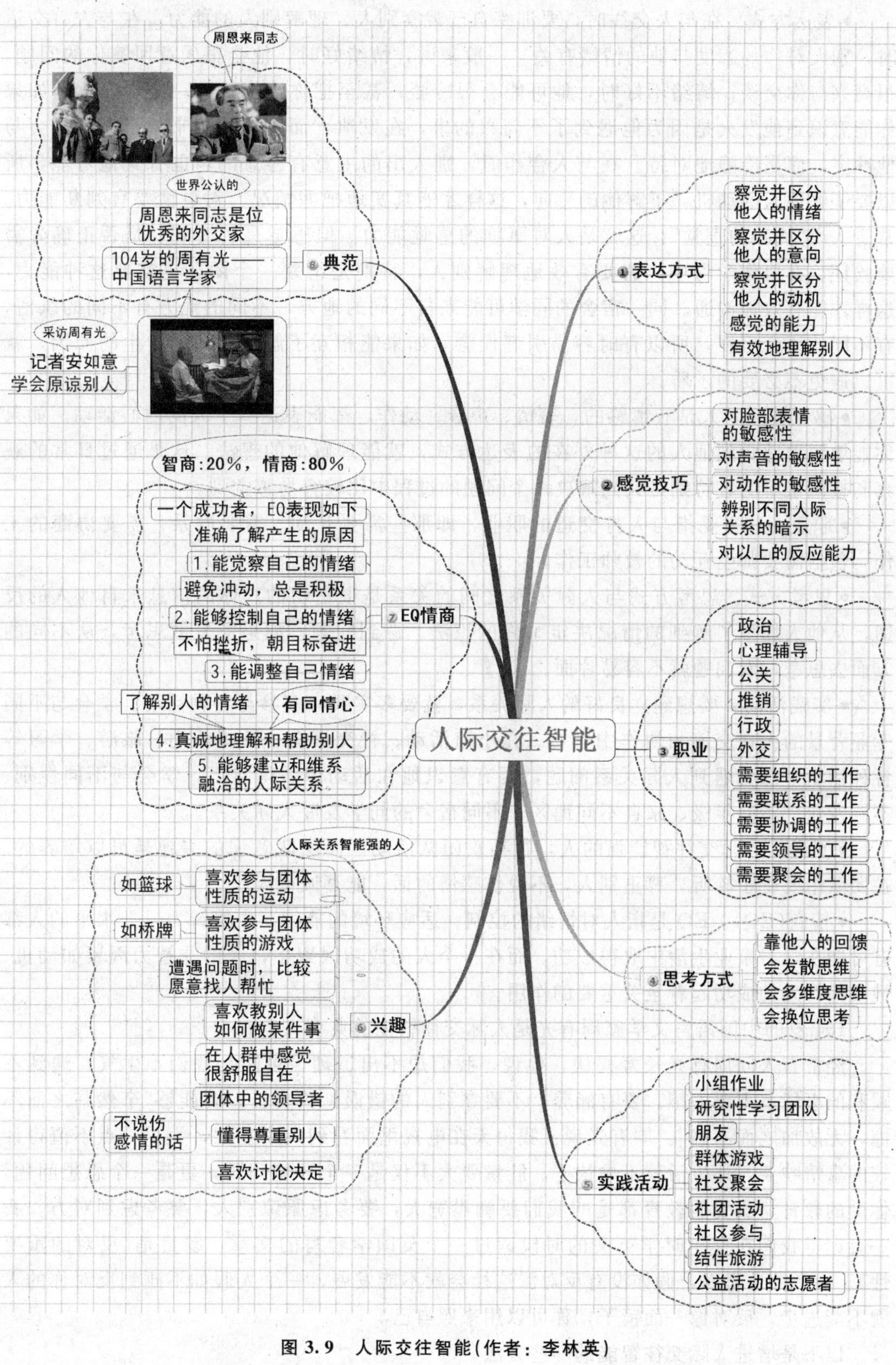

图 3.9　人际交往智能(作者：李林英)

• 表达方式。在与人交往时，要训练自己观察别人、理解别人的能力。在与人打交道时，别人对你的态度与他的情绪有关。一般来讲，情绪好时，他会很乐意回答你的问题，很高兴与你交谈；情绪不好时，他可能会很冷淡，甚至把你当出气筒，向你发火。如果你能意识到他发火是因为他遇到了不高兴的事，在发泄，而不是冲你来的，你就不会与他冲突，而是冷静地对待。在与人合作时，别人出的主意有善意的，也有其他可能，所以要了解他人的动机，了解他的意向，这样才能真实地把握情况。对事情要有判断能力。常听人说“凭我的直觉”，这就是人对事物的感觉能力。但感觉是否客观、是否正确尚需要验证。在协作学习中，需要有效地理解别人，特别是组领一个团队更需要这种能力，这样才能有效地沟通。同一宿舍的同学可能来自不同的地方，不同的地方有不同的风俗，有不同的语言习惯，所以有时容易引起误会，如果能相互了解，能理解发生的原因，就可以避免不必要的矛盾。

• 感觉技巧。人是有情感的，表情、声音、动作，都能表达一个人的内心活动。如果你能敏锐地感觉到他人的这种外在的表达方式，就能理解他的想法。这是通过日常的观察和接触了解的，特别是共同解决一个问题的过程中比较容易感觉到。

• 职业。这主要指与人打交道的职业，即那些需要互动、需要联系、需要协商的工作，包括需要师生互动的教师工作。

• 思考方式。思考方式与人际关系之间的关系是很密切的。你的信息来自他人的反馈，从他人那里了解到的情况决定了你的想法。遇到问题，如果能发散思考，从不同的方面去思考，看问题就不容易片面。

• 实践活动。要想建立良好的人际关系，就要多实践，多参与各种活动。学会与不同专业背景的人在交流与协作中学习。在小组活动、社交聚会、社团活动、旅游、学习等各种活动中都会遇到人际关系问题，要有意识地在活动中锻炼自己，学会与不同性别、不同专业、不同年级、来自不同地区、不同宿舍的同学发展人际关系。

• 兴趣。人际交往智能强的人，很喜欢团队活动。而团队意识的兴趣是可以培养的。在团队中要善于聆听，尊重别人，不说伤感情的话，能真诚待人。

• 情商(EQ)。EQ是指人对情绪的控制、适应环境的能力。中等智力以上水平的人都有可能在学习事业生活中取得成功。而在一个人的成功因素中，人的非智力因素如动机、抱负等对人的成功起着至关重要的作用。

104岁的中国语言文学家周有光是人际交往智能的典型人物。

经常有人问周有光长寿秘诀，他说，我们想不出道理，可能是我们不生气。遇到不顺利的事情，不要失望。要有涵养，不要拿别人的错误惩罚自己，要能够“卒然临之而不惊，无故加之而不怒”。周有光说：我每天在电视里面看到人家吵架，为了一点不值得计较的事情吵架，那生活就不愉快了。肚量要大不仅是一个环境问题，更是一个思想问题，你受的教育、我受的教育都是叫我们要胸襟宽大，要考虑原谅别人，要考虑到对方。我一直记得我们在青年时学英文的时候读过一个英国学者写的文章，题目是《反对的重要性》。一个社会里面，假如没有反对派这社会就不能发展，一个人假如不碰到反对你的人就不能进步，反对像一面镜子，你可以用来照自己。

以下是增进人际交往智能的一些方法。

• 参加课程团队活动：增强团队意识，培养团队精神。在共同讨论、创作中增进人际交往智能。

• 参加学生社团：培养组织能力。

• 主动与别人沟通。

• 当发生矛盾时，自己多承担责任，试着主动与发生矛盾的同学和好，争取做到胸襟宽大。

• 待人坦诚，有不同意见摆到桌面上，以诚意换真心。

• 多交朋友，多帮助别人。

• 回家主动做家务，主动与长辈沟通。

• 当希望得到别人的帮助没有达成时，应理解别人，不要计较。

• 不要渴求改变别人，而要改变自己。

• 多参加集体活动。

• 利用假期接触社会，了解社会，学会与人相处。

3.8　自我意识智能

自我意识智能(intrapersonal intelligence)，是指能自我认识和有自知之明并据此做出适当行为的能力。这项智能能够认识自己的长处和短处，意识到自己的内在爱好、情绪、意向、脾气和自尊，喜欢独立思考。自我意识智能强的人通常能够维持写日记或睡前反省的习惯；常试图由各种回馈管道了解自己的优缺点；经常静思，并善于用这种知识计划和引导自己的人生。

自我意识智能的典型人物有张立勇，他是一个连高中都没有上完的小伙子，2004年10月10日，自学英语10年、托福考了630分的清华大学食堂农民工张立勇获得首届中国青年学习成才奖，成为全国青年学习成才的榜样。

张立勇的成长是一个神话。民工、神厨、清华、北大、英语、托福……最吸引人的关键词都集中在他身上。这位“英语神厨”是从大山里走出的苦孩子，上大学曾是他的最大梦想，然而家境贫困使他不得不辍学。他曾南下广州打工。因没文凭、不懂英语、不会电脑而带来的尴尬，使他暗下决心自学成才。后来他到清华大学食堂当了一名切菜工。他将自己感兴趣的英语作为突破口，开始了自学。他听说学校有个英语角，就鼓足勇气走进了大学生中间。他把为数不多的工资寄回家一部分，剩下的全部用来购买二手书、二手收音机、二手磁带。为了学英语，他在上班的路上塞着耳机听英语新闻；他缩短吃午饭的时间用来躲在食堂的饭柜后面背诵英语课文；一下班，他便掏出书本自学；中午给学生打饭时他主动与学生用英语对话；他利用教室甚至操场的路灯夜读。功夫不负有心人，张立勇的英语水平提高很快。1997年，他成为清华大学英语协会一名特殊的会员。张立勇申请加入清华大学英语协会有这样一个小故事：因为不是清华大学学生不被接收，他便用英文写申请，而且用毛笔写英文书法。最后英语协会的同学被感动了，说：对你学习的热情和你用毛笔写得这么漂亮的英文，我们感到非常的惊奇。于是破格录取他为英语协会会员。

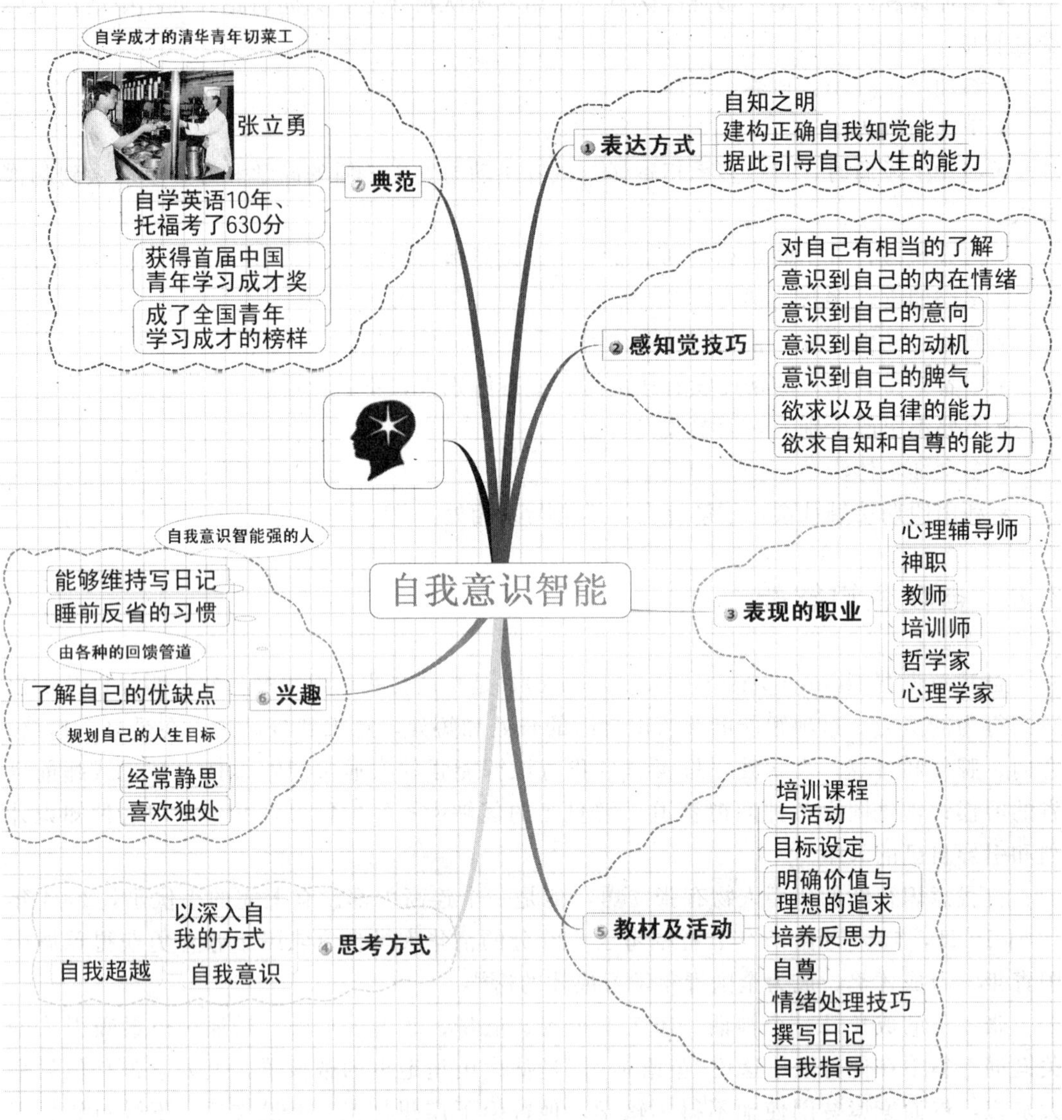

图 3.10　自我意识智能(作者：李林英)

1999 年，他顺利通过大学英语四级考试，紧接着通过了六级考试，2001 年在托福考试中取得了 630 分的好成绩。接着他参加成人高考，考取了北京大学成人教育学院，攻读国际贸易专业。张立勇表现出很强的自主学习能力。在清华大学食堂打工的 8 年中，张立勇在第一线，脏活、累活他主动抢着干，曾多次被评为先进工作者、优秀服务员，技术考核均在二等以上。他现在依然是一名普通的厨师，同时担任着清华大学饮食中心的英语培训教师工作。那些原本连一句英语都不会说的服务员，在他的帮助和带动下大多能进行简单的英语会话了。现在张立勇已成为团中央评选出的全国十大杰出学习青年之一。

但张立勇说，“我现在什么都不是，我就是一个普通的农民的儿子。只不过托福考了 630 分，没什么了不起的”。对于很多学校和报社向他发出工作邀请，让他去做老师、记者，张立勇说，现在的他还处于一个必须学习提高的过程，绝不是他做选择的时候。“如果媒体没有报道我，我也能找到这样的工作，这才叫真正的本事。要吃自己饭，淌自己汗，自己事业自己干，靠天靠地靠祖宗不算是好汉”。

以下是增进自我意识智能的多种方法。

• 经常做自我分析，分析自己的长处该如何发扬，不足应如何改进。

• 学会反思：对做过的事不论是成功的还是失败的都应进行反思。从中悟出道理，事情该如何处理，什么事情应该改进。

• 学习成功人士的事迹。他是怎么成功的？自己应该怎样去努力？

• 培养良好的习惯，改掉不良习惯。

• 培养个人兴趣。

• 树立正确的人生观价值观。

3.9　自然观察智能

自然观察智能(naturalist intelligence)，是指善于观察自然界中的各种事物，对物体进行辨别和分类的能力。这项智能有着强烈的好奇心和求知欲，有着敏锐的观察能力，能了解各种事物的细微差别，在观察自然客观事物时善于比较，有较宽的知识面，能从中提取出有用的规律。

哥白尼是自然观察智能的典型人物，他通过观察天体运动而创立了“日心说”。哥白尼(1473—1543)出生在波兰托伦小城的一个商人家庭里。18 岁时，舅父把他送进了克拉科夫大学，在那里，思想敏锐的哥白尼对天文学和数学发生了极大的兴趣。他钻研了数学，广泛涉猎古代天文学书籍，潜心研究过“地心说”，做了许多笔记和计算，并开始用仪器观测天象，头脑里开始孕育新的天文体系。后来，哥白尼来到意大利留学，在学术气氛十分活跃的帕多瓦大学学习。该校的天文学教授诺法拉对“地心说”表示怀疑，认为宇宙结构可以通过更简单的图式表现出来。在他的思想熏陶下，哥白尼萌发了关于地球自转和地球及行星围绕太阳公转的见解。他长期进行天象观测和研究，在探索真理的强烈冲动下，他写出《天体运行论》，明确地提出所有的行星都是以太阳为中心并绕着太阳进行圆周运动的。《天体运行论》虽然也存在缺点，但它在人类历史上第一次描绘出了太阳系结构的真实图景，揭示了地球围绕太阳转的本质，把颠倒了一千多年的日地关系重新正过来，引发了中世纪宇宙观的彻底革命，沉重打击了封建教会的神权统治。

中国元代杰出天文学家和水利专家郭守敬也是自然观察智能的典型人物。郭守敬(1231—1316)，字若思，邢台人。祖父郭荣精通五经、算数、水利。郭守敬幼承家学，后师从天文学家刘秉忠学习，少年时在数学、水利学和天文学方面受到良好教育。十五六岁时得到一幅有关计时器的“莲花漏”图，“已能尽究其理”。二十岁时就负责指导疏浚家乡的河道和修复淹没多年的石桥。以郭守敬为代表的元代天文学家发明了具有较高科学价值的观星台。

郭守敬的一生，是勇于探索、在科学尤其在水利事业上不断作出突出贡献的一生。郭守敬不仅在天文学和水利工程方面成绩卓著，而且在地理学、数学和机械工程方面也颇有建树。为了纪念他的功绩，人们将月球背面的一座环形山和太阳系一颗国际编号为

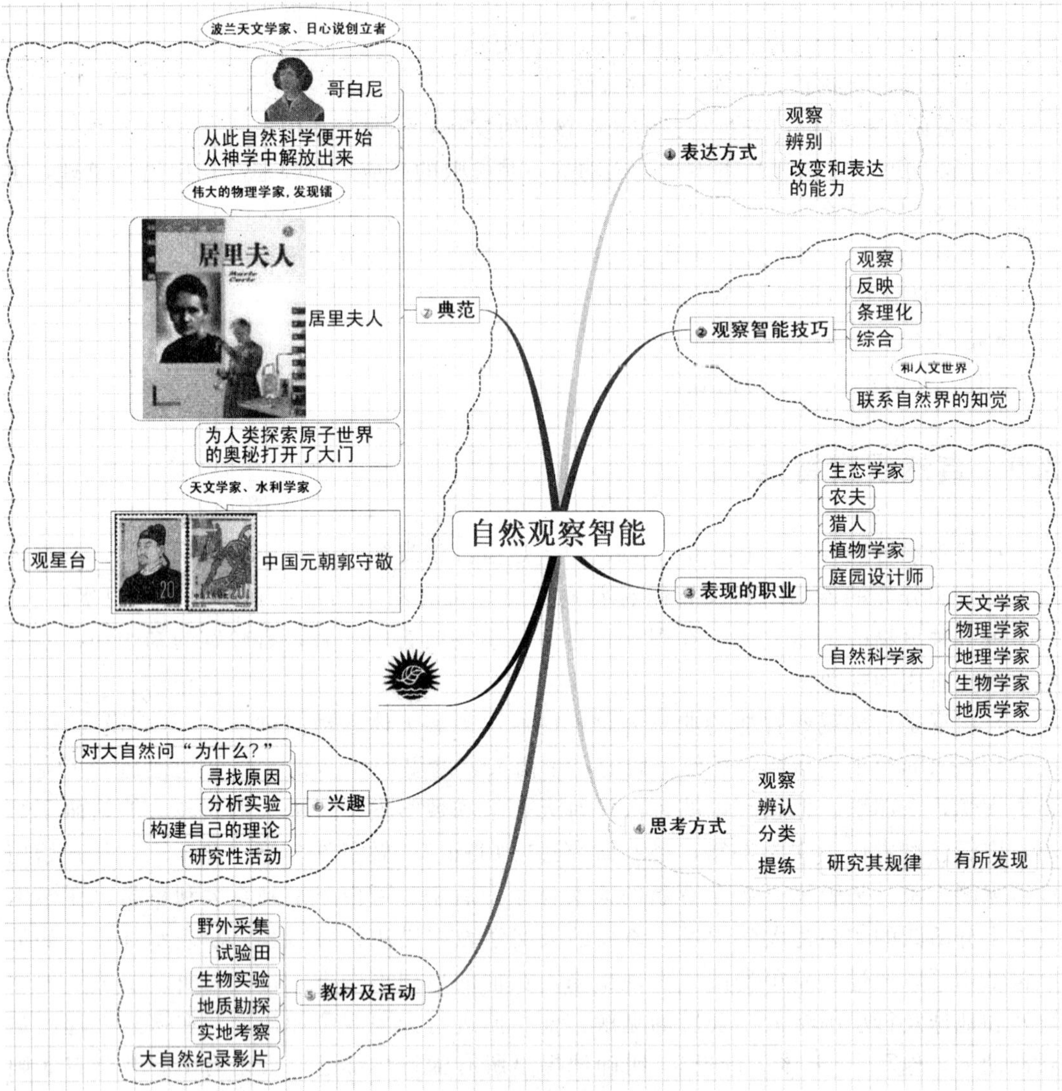

图 3.11　自然观察智能(作者：李林英)

2012 号的小行星，分别命名为“郭守敬环形山”和“郭守敬小行星”。郭守敬在世界科学史上的业绩，已被铭刻在浩瀚的宇宙中！

人们观察自然界的规律并将其服务于人类。行为生态学家观察了蚂蚁搬家的集体效应：单个蚂蚁的智能很低，行为很简单，可是一旦形成群体，“成千上万的蚂蚁可以创造不可思议的生存现实，它们可以非常有效地发现食物，搬运超过它们自身重量数以百倍计的食物”。蚂蚁之间通过行为上的联系，以简单行为的互动发生合作，其规律很简单：“每只蚂蚁跟踪另一只蚂蚁留下的痕迹。然而正是这种大规模的简单行为的群体效应，却能让蚂蚁群体从接近食物的无数条可能的路线中找出最短的通路来。”通过向蚂蚁学习，不少跨国大企业找到了解决运输难题的钥匙。具有观察自然界的能力，研究其规律并有所发现，是许多科学成就的成功的基础。①

下面是增进自然观察智能的一些方法。

- 培养好奇心：注意周围发生的新鲜事物，提高注意力品质。
- 旅游：接触大自然，多观察大自然景观，了解不同城市的风格、差异。
- 理工科的实验：多观察实验中发生了什么，学会分析思考。
- 看电视的动物世界，了解动物的特点，加强对仿生学的学习。

【本章小结】

本章介绍了学习者的个性和加德纳的多元智能理论，结合大学生学习与生活的实际，说明了开发个人潜能的重要性。每个人都有潜在的能力，关键在于学习者要在实践中发现自己的个性，找到自己的兴趣，并培养个人的潜能，学会如何聪明地面对自己的工作与生活。只有尽可能地发挥出个人的才干，才能不断地走向成功。

【思考与练习】

1. 请读者搜索多元智能理论的资料，并分析自己在哪些智能中有潜力，哪些方面的智能可以通过培养而获得？

2. 请用简练的语言向非专业的人士介绍你的专业。

3. 在语言智能方面，你最擅长哪些方面？哪些方面你感到需要加强？怎样加强？请做出计划。

4. 请阅读海伦·凯勒的文章《重见光明三天》，反思你从小到大的学习：你是怎样学习的？你今后应怎样把握你的发展？

5. 你喜欢运动吗？你对动作记忆有怎样的感觉？看过千手观音的舞蹈后，你有怎样的感受，那些聋哑演员是怎样发挥她们的身体/动觉智能的？

6. 有逻辑/数理智能的人心算能力很强，找一个未算过的计算题用心算方式试试，看看你的逻辑/数理智能如何。系统科学提出打破学科壁垒，主张文科与理工科的结合，请问：缺乏相关智能者应怎样弥补？

7. 你和同学之间发生了矛盾，你该怎样去解决？当你遇到一件非常令人恼火的事时，你该怎么办？试用人际交往智能思考。

---

① 尹文刚. 大脑潜能：脑开发的原理与操作. 北京：世界图书出版公司北京公司，2005。

第 4 章　思维导图与开发个人潜能

我意识到自己最擅长的既不是象棋也不是太极，我最擅长的是学习的艺术。

——乔希·维茨金

4.1 思维导图的学习功效

从本质上来说，思维导图就是将你的思维尽可能全面地画下来，在思考问题时，将左脑的逻辑、顺序、条例、文字、数字，以及右脑的图像、想象、颜色、空间、整体等各种因素全部调动起来。这样，不但可以增强思维能力，提升注意力与记忆力，更重要的是，能够启发我们的联想力与创造力。对于普通的学习者来说，运用思维导图训练发散性思维，不仅能够培养出迅速理清思路、抓住重点的能力，而且还能够将这种思维能力运用于改进学习方法、提高学习效率等方面。

运用思维导图，快速理解文章。任何一篇文章都是围绕着一个中心主题而展开的。为了展开主题，作者会选择多种分支进行逐层描述。阅读文章时用思维导图做笔记，类似于我们学课文总结中心思想、概括段落大意，抓住了文章的关键点就抓住了文章的脉络。经常进行思维导图的读书笔记训练，你在阅读时就会很快抓住文章的脉络，掌握其关键要点，正确理解文章的思想内涵。这种读书笔记的方法可以运用于大学生专业教材阅读、考研复习、文献阅读等方面。

运用思维导图，快速写作。写作与阅读是个互逆的过程。与阅读相反的是，写作要根据要求把要表达的主题以及支持主题的各个要点在思维导图上画出来。然后，根据思维导图把所要表达的内容写出来。如果能注意句子、段落之间的衔接与起承转合，你就会写出好文章。这样，你在写作时也可以很快地扩展主题，顺理成章地完成写作任务。

运用思维导图，训练发散性思维。发散性思维，又称扩散性思维、辐射性思维、求异思维。它是一种从不同的方向、途径和角度去设想，探求多种答案，最终使问题获得圆满解决的思维方法。发散性思维的特点是：充分发挥人的想象力，突破原有的知识圈，从一点向四面八方想开去，并通过知识、观念的重新组合，寻找更新更多的设想、答案或方法。一词多组、一事多写、一题多解或设想多种路子去探寻改革方案都是发散性思维活动。思维导图作为激发右脑思维的图式工具，是学习者进行发散性思维训练的有效途径，因此被广泛地运用于学校教育、职场培训、个人学习的思维训练中。

4.2 思维导图与个人潜能开发

大学生通常具有较强的自主学习积极性，引导大学生将思维导图运用于学习者的个人潜能开发，激发学习者不断运用五项学习技能，挖掘并提升学习者的多元智能，从而帮助学习者寻找合适的个性化学习方法，是本书所倡导的学习理念。我们在“导学”“学习论”“思维导图与学习”等课程中设计并实践了若干有代表性的思维导图创作项目，这些实践项目都是围绕着学习者的个人潜能开发而设计的。

4.2.1 运用思维导图寻找个性化学习方法

根据学习者学习风格的个性差异，可以找到适合其发展的方向。比如老师发现一位同学有主持的才能，便让她主持学生的演讲汇报，而她也喜欢主持学生文艺晚会，进而发现自己对主持感兴趣。她想当老师，因此在学校期间就主动了解当老师需要怎样的素质，比如写作、演说、为人处世、与人沟通，有机会她就抓住，毕业后她真的如愿以偿当了老师。

2006年中央电视台在“暑假七天乐”栏目介绍成功就业的大学生，其中有一名河北大学的学生白燕生。入学时班主任问他喜欢什么，他说他喜欢说唱，班主任便让他准备一个在新生晚会上表演的节目。他朗诵了一首鲁迅的诗，很有感情，随后被学校广播电台聘用。他自己很想以后能到电视台当主持，但当主持要有很好的声音，而他的声音还不够好。于是他从一年级起就大清早去河边练嗓子，练了四年，毕业时他的嗓子终于练出来了。他毕业后真的如愿以偿到河南电视台做了主持人。

讲述残疾人自立、自强的电视剧《花井有声》中饰演南飞的青年演员本身就是一个失去双臂却会游泳的残疾人，他没有双手辅助平衡，但他到了水里却像鱼得水一样游得飞快，他没有手无法握笔，但他用嘴含毛笔写字却能写得一手好书法。一个失去双臂的人，靠内驱力，靠意志，充分发挥左、右脑的作用，充分利用其他的身体功能，用嘴含笔，用脚拨电话，他的身体的协调能力胜过常人，这种协调能力是经过反复刻苦的训练和坚强的意志获得的。

人天生有惰性，能依赖就依赖。身体健康的人拥有优越的身体条件，如果不去训练、不去发挥就可能比不过经过训练获得一技之长的残疾人，然而身体健康的人一旦觉悟，主动接受挑战，一定可以做得更出色!

学习者要发现自己的兴趣和能力。能力是通过训练发现的，一旦发现自己的特长，就可以更好地发挥自身的优势。

学习者只有找到自己的学习个性、找出适合自己的学习方法，才能高效地学习。以下项目将思维导图与寻找个性化学习方法结合起来，以帮助学习者激活并开发个人的学习潜能。

【项目1】请结合多元智能理论反思你的学习方法。要求：完成一篇学习方法反思日记，并用思维导图规划你的学习方法改进措施。(加德纳的多元智能理论是个性化学习方法的理论基础，如能深入地理解和运用，则可成为学习者的智慧)

林启超同学是五邑大学选修第二届“学习论课”程和“导学”课程及第三届“导学”课程的计算机专业的学生，他结合实际学习《学习科学与技术》一书中的“学习的类型与学习者的个性差异”章节，挖掘自己的视觉记忆的潜能。

根据自己的特性找到自己的学习方法

(林启超)

不知道大家是否还记得上次我在草地上表演长拳，那时我打得很不好，草草了事。我是武术班的高手，这并不是乱吹的，也就是说我的正常水平完全不是那个样子。尽管武术我学得比较好，但是其实我的基本功很差：并腿弯腰时我的手摸不到地；一字马或者十字马我都做不出来；踢腿也踢不高；我也不强壮。

虽然也经常偷懒，但我学得很好，也很轻松。因为这就是我的特点，身体协调性好是我的长处，不断发掘自身潜能是我的基本想法。李老师推荐我看的《学习科学与技术》一书中的“学习的类型与学习者的个性差异”一章，写得非常好。学习的方法应该是按照自己的个性去编排，而不是去照搬模式。我这里只讲讲我所感兴趣的几点。

从感知觉方面分析，学习者主要有视觉型，听力型和动觉型三种。当我看到这里时我很高兴，因为我很明显就是一个地地道道的视觉型的人，我以前也跟别人说过，我觉得我的眼睛就好像一台录像机似的，别人做出的体育动作我基本看一两次就可以把它看懂和记住。书中是这样说的：“视觉型学习者善于通过接受视觉刺激而学习，喜欢通过图片、录像等各种视觉刺激手段来接受信息和表达信息。”

认识我的朋友都知道我看过很多电影，而很少看书，但是我明显不是一个粗鲁的人，我的日常习惯以及修养有一大半都来源于电影。从电影里我可以看出作者和导演的思想，因此我觉得看电影能学到很多东西。书里还提到“视觉型的人一般都很自信，而且具有很强的自制力，学习有计划和自主性，有时还具有创造性。”“视觉型学习者往往容易过于自信……”这里说的跟我的情况十分吻合。初一时我的体育十分差，跑步比女孩还要慢，初二时我的体育成绩开始直线上升，尽管我没有体育生他们强壮，但是体育生学习动作的速度没有几个比我快，凡是教过我的体育老师都会注意到我，从高中开始我就发觉自己有时会过于自信，当然我也会注意让自己变谦虚一点。小时候看“龙珠”漫画时龟仙人说的“天外有天，人外有人”这句话我一直牢记在心中。

书里还说“动手能力的培养是这类学习者要注意的一个方面。”看到这里我感到有点惊讶，因为我也喜欢动手做东西。但是想了一下后就觉得它说的是对的，因为“动手实践”这个行为实际是我在大二第一学期时强加给自己的。我知道自己是一个很喜欢发呆的人，总是想得多而做得少，因此我决定要改变自己。现在我很喜欢实践，因为我觉得自己动手做一次的效果比看十遍书还要好。视觉型的人的劣势就是“倾向于冲动，冒险，容易过分主观”。我的性情比较冲动，尽管我能克制住自己，但在很多场合中我都会把我的冲动表露无遗。

综上所述，想要设计一个适合自己的学习方法，首先就要了解清楚自己的特点，多一点反躬自问或者看一下这方面的书。就如《学习科学与技术》中所说的：“学习者应学会找到适合自己个性的高效的学习方法。学会审视自己的学习，分析自己在学习方面的独特之处和有待改进之处，客观地看待自己的优点和不足之处，认识自己最有希望、最有发展潜力的发展领域及发展上的限制，学会扬长避短或扬长‘补短’，对薄弱之处加以改造、完善。这必将使自己在生存与发展的空间上掌握主动权，最终真正获得属于自己的东西，提高学习活动的成效，提高学习、工作、生活的质量。”“如何将这两方面的内容①整合起来，则是更复杂，却又是更现实、更实用的理论和实践技能。需要每个学习者用毕生的经历和智慧去探索。而对于大学生来说，尤其需要开展这方面的研究，培养这方面的能力和智慧。正如本单元开篇所述，最高的学习既要符合学习对象的特征，又要符合学习者的个性特征，对这两者的把握就成为提高学习效率的前提和提高学习能力的诀窍。”细细读这一段我有了更深刻的体会。

随着就业形势的严峻，很多学生已经意识到学习的重要，好学生已不满足于单纯基于老师授课的方式进行学习，他们希望参与教学，希望学到更多的东西。项目 2 的设计有利于学生从教学的角度思考个性化的学习方法。

【项目 2】提出对课堂教学改革的建议。请搜集同学意见，并反思大学期间某门课程教学的方法与特点，完成一幅有关课程教学基本构想的思维导图作品，并附上 300 字左右的

① 指学习类型和学习者的个体差异。编者注。

文字说明。

杜永创同学的《“学习论”课堂改革的基本构思》的思维导图(图 4.1)是其中较好的案例。“学习论”课程实行课程实践改革吸引学生参与备课活动，就是老师受到学生创造性思维的建议而推行的(课程实践指南见本书的第 1 章)。

杜永创同学说：学习论带给我一种全新的思考方法，让我的思想从此脱胎换骨！而思维导图则是给我这种新思想插上腾飞的翅膀，让它迅速展翅高飞！

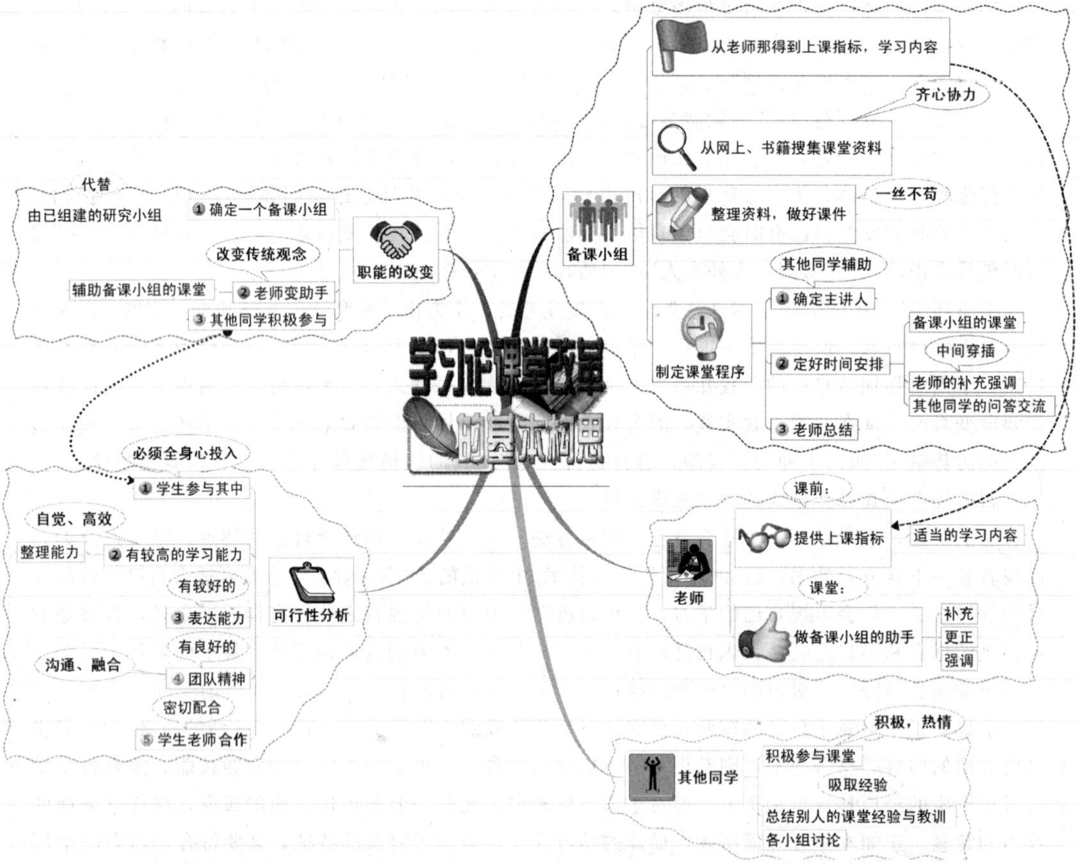

图 4.1 “学习论”课堂改革的基本构思（作者：杜永创）

【项目 3】思维导图与多元智能训练。选择多元智能中你感兴趣的一种智能，进行文献查阅，搜集故事资料(包括图片)，写心得体会，并创作思维导图，以说明如何提高自己在这方面的智能。

在湛江师范学院 2009～2010 年度第一学期的“学习论”课程中，第五元素小组结合日常兴趣和已看过不少军事题材电影的实际，提出了“中外战争电影比较”的选题。来自中文、数学、制药、历史和物理等专业的 7 位成员，从个人背景出发，分别负责资料搜集与筛选、电影评论、论文写作、汇报课件制作等工作。最终成果以电子杂志形式展示，图文声像并茂，对中外军事题材电影从故事性、战争场面、人物刻画、戏剧性、影片结尾等角度进行了对比，形象而生动的表达，使观者对中外军事战争电影的异同有了较好的了解，并留下了深刻的印象。如图 4.2 所示的“中外战争电影比较”思维导图展示了这个主题电子杂志的主要内容。

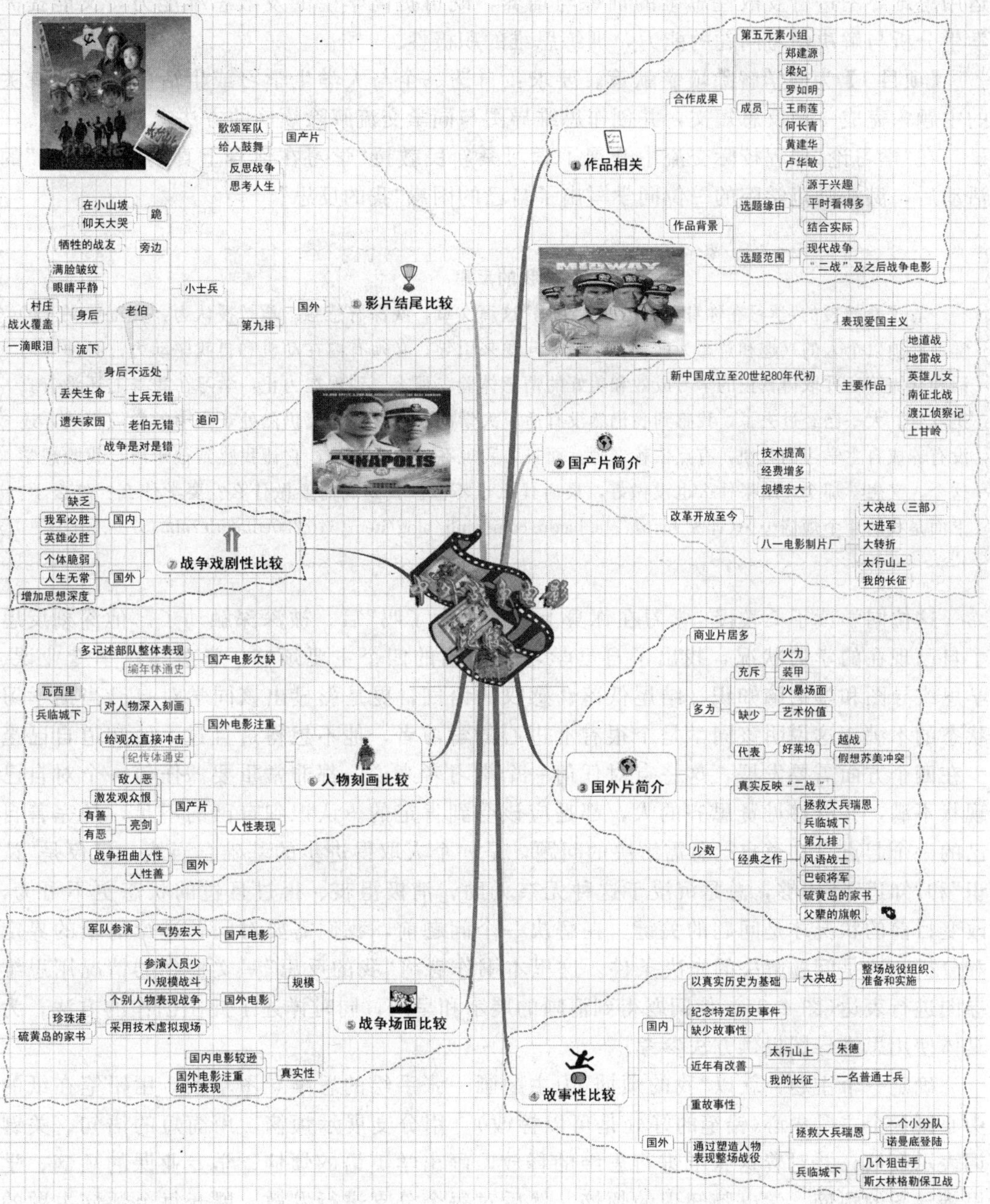

图 4.2　中外战争电影比较（作者：“第五元素”团队）

4.2.2　运用思维导图解决学习问题

著名的心理学家吉尔福特指出：“人的创造力主要依靠发散思维，它是创造思维的主要部分。”发散思维对问题从不同角度进行探索，从不同层面进行分析，从正反两极进行比较，因而视野开阔，思维活跃，可以产生出大量的独特的新思想。在教学中有意识地运用思维导图进行发散性思维的训练与培养，既可提高学生的发散思维能力，又能提高学生分析与解决学习问题的能力，训练思维的积极性。

【项目 1】为同学解除烦恼献策。要求：自选一个与大学生学习或生活中的烦恼有关的主题，完成一篇反思短文，并创作思维导图与同学交流解除烦恼的方法。

在“学习论”课程校际交流中开展了学习桑新民教授“学习在你身上真的发生了吗”的活动后，湛江师范学院的一位同学写出了自己的困惑“我的反思”。

我的反思

看了桑教授的“学习在你身上真的发生了吗”这篇文章，我深有感触。桑教授认为：真正意义上的学习必须以个人的兴趣和意愿为前提；必须以问题来引导；必须有内在动机和自我驱动力；必须有对话和交流等，并取得真正的学习成效和美好的情感体验。那么，到现在为止，学习在我身上还没有真正发生。大一已经过去了，我感到我仍然没有适应大学的学习模式，我仍然处于高中的学习模式，还没有养成自主学习的习惯，有点依赖老师。而且，我现在有 4 个烦恼，它让我感到很矛盾。我既想学这个，又想学那个，结果什么也没做好，最后什么也不懂。我到底需要做什么？要学什么？怎么学？下面是我的 4 个烦恼……（详见 http://hi.baidu.com/qinlj/blog/item/64fc220edfa65fe7ab6457d8.html）

这位同学读了桑教授“学习在你身上真的发生了吗”后，被深深触动了。他深刻反思了自己现在的学习状况，找出了自己学习中面临的四个主要烦恼：学英语、学专业课、学思维导图和学电脑知识。结尾低落、感叹的语气，更是彰显出该同学对自己当前学习状态的不满。这说明该同学是个很有上进心的学习者，他不想得过且过，他知道自己至少在四个方面需要发展，这一点对任何一个学习者来说，都非常重要。任何一个对自己现状不满，并能够见贤思齐的人，都是应该受到肯定的。认识到自己的不足，是完善自己的一个起点，知道自己急需解决的问题，是一个人取得进步的基础。当然，仅仅是“认识”和“知道”还不够，总是沉浸于这种无奈无助、消极沮丧、得过且过的状态更不可为，改变目前的状况才是问题的关键。在解决一个问题前，我们需要对问题进行清晰的界定和分析，这是问题解决的先决条件。这里本书作者将“我的反思”一文提到的情况用思维导图进行表达(图 4.3)，使问题得到清晰的展示和呈现，同时详述了此图创作的方法，为具体使用思维导图提供方法参考。

确定一个主题，就以“我的烦恼”为主题画一张手绘的思维导图草图，用铅笔在纸的中心画一个主题中心(铅笔的好处是可以擦改)。用分支展示烦恼，用简短的语句、关键词表示烦恼，并对着这张纸进行思维的释放，画出学英语的烦恼、学专业课的烦恼、学思维导图的烦恼、学电脑知识的烦恼，然后对每个分支进行发散，展开每个烦恼主题的具体内容，这样可以看清楚自己所想的，促进深入思考。

文字的方式是线性逻辑的思考方式，文章的最后感叹“烦”，但没有发散去想，而关键是怎样消除烦恼。用图的方式画出后，可以产生联想，随意增加分支。现在再加一个分支“怎样消除烦恼”，用五项学习技术来分析，因此有 5 个子分支：①找目标。首先要解决你上大学的目标是什么，你想做怎样的人。②运用自主学习技术，培养自主学习的能

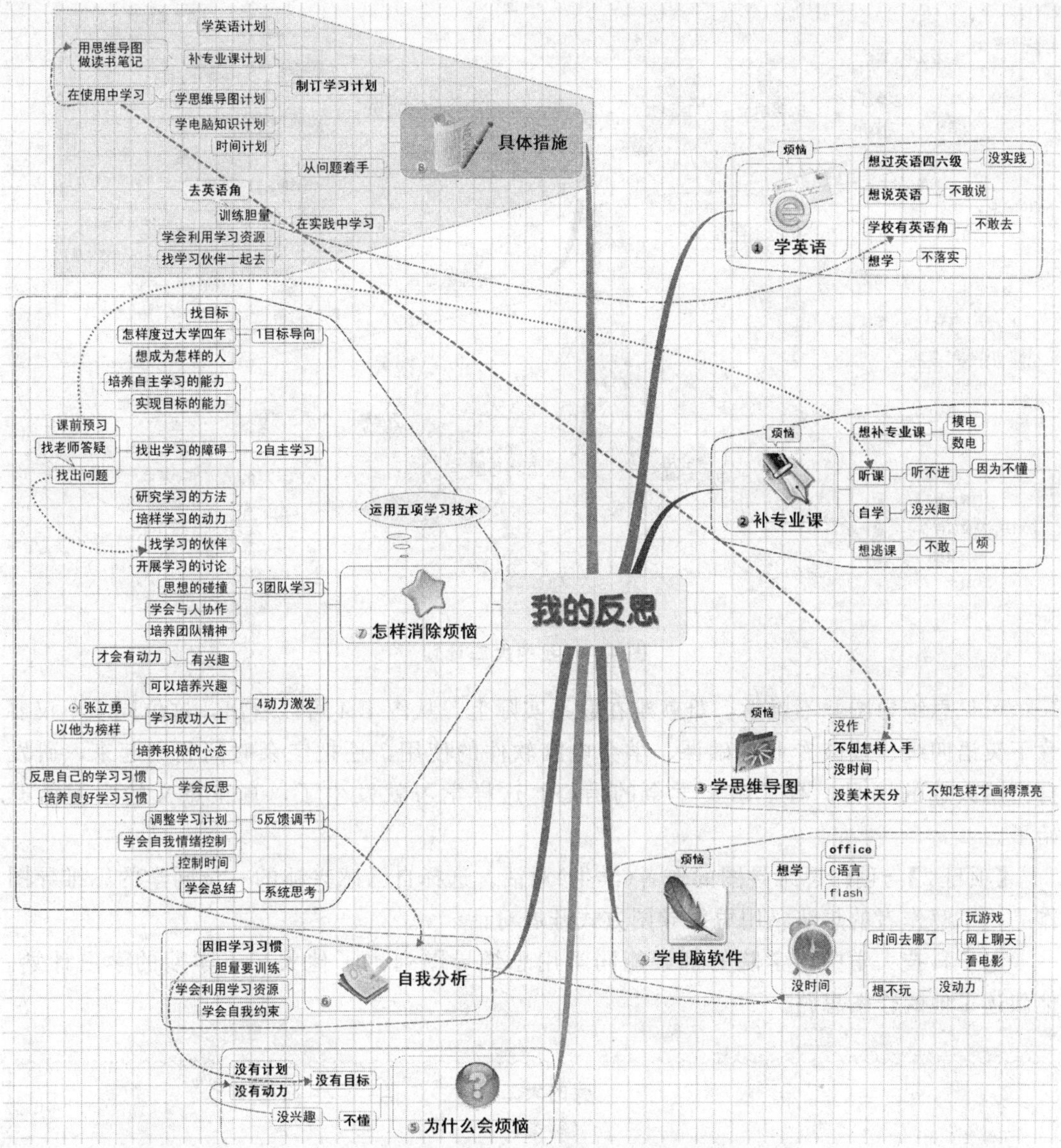

图 4.3　我的反思(作者：李林英)

力。要解决学英语的烦恼，就要明确学英语的目的，找出学习的障碍，找到适当的学习方法，只有自己想学才会有动力，要去想怎样过英语四六级，然后做出自己的学习计划。③团队学习，找学习伙伴。有学习的知心朋友，对促进学习大有好处。④动力激发。有兴趣才会有动力，兴趣是可以培养的，只要能对自己的学习负责并想办法解决一个问题，兴趣就会增加。学习成功人士，心中有学习的榜样，可以激发学习动力。⑤反馈调节。学会反思自己的学习，培养良好的学习习惯，自主学习的能力自然也会随之提高。

图 4.4 是这位同学针对自己的烦恼列出的大二的学习计划，教师点评说，这份为解除烦恼而作的思维导图计划清晰地列出了大二的学习计划，针对自己在学习上的薄弱环节制订了具体努力的措施，非常好。只要坚持并落实在行动上，原本的烦恼一定会变成快乐。

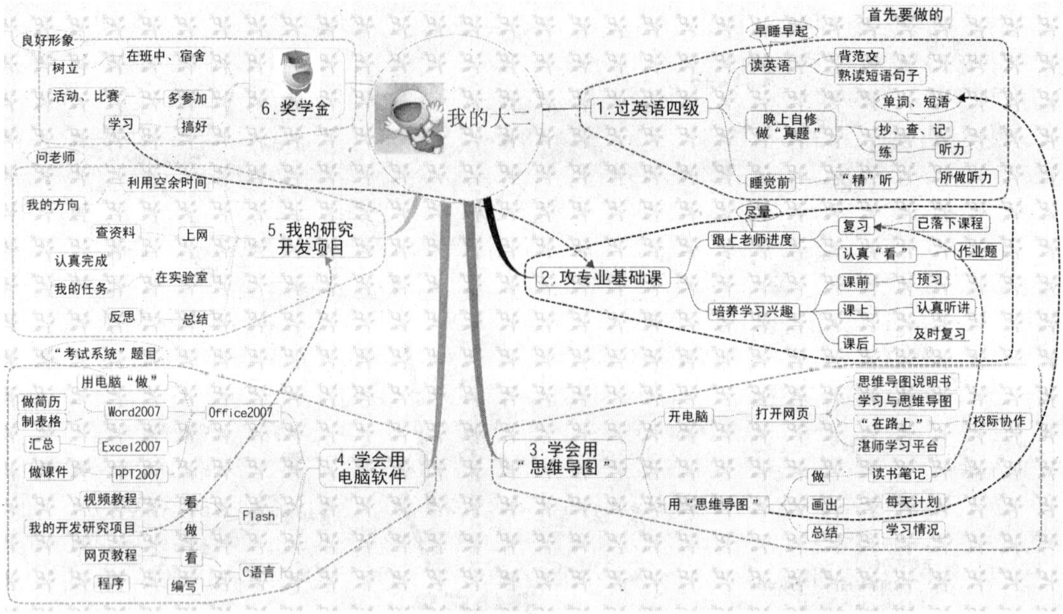

图 4.4　我的大二计划

可见思维导图并不难学，难就难在联系实际上。从图 4.4 可以看出，这位同学不仅要拿下英语四级、攻破专业基础课、学会电脑软件的使用，还把空余时间利用起来，研发自己感兴趣的项目，有了拿奖学金的信心。这样学习就发生了，真正意义的学习就开始了。

【项目 2】与创作思维导图的作者(学生)对话。选择自己感兴趣的一位同学的思维导图作品，了解作者的想法，用思维导图方式开展对话。

电子科技大学中山学院的郝崇能同学用思维导图列出了他大二下学期的学习计划。他叙述了他的作图思路。

我的大二下

(郝崇能)

这张思维导图(图 4.5)在结构方面，分别用学习、生活、锻炼、心情、拓展这五个分支来体现；在色彩方面，我用了一些比较明快的颜色来表达我的想法；在作图原则方面，我坚持尽量用图像表达信息。图中各个分支如下。

学习这一分支是这张图的重心。分支构思的过程就是联想的过程，类似头脑风暴。比如，说到大学学习我会想到我的专业知识、专业软件。软件让我联想到 PS 和 3D，而如何学好这两个软件呢？我又联想到多学、多练、多问，自学又可以通过问老师、问同学及视频来进行。理论知识(木桶效应体现)学习需要一个过程；而过程让我想到基础；基础让我想到自学、工具、专心；自学让我联想到图书馆自修室、宿舍、教室等场所；工具则让我想到书本、互联网等；专心让我联想到课上、课后我主动学习的场景。自身修养(书法的仁字体现)如何能达到呢？我联想的就是一个先天，一个后天；后天是一个人学习能力的体现，从而又让我联想到个人的阅历；而阅历又让我想到要多交流、参加展览、听讲座等。友情让我想到爱情。上面的联想是我个人的想法，大家可能有别的更贴近主题的

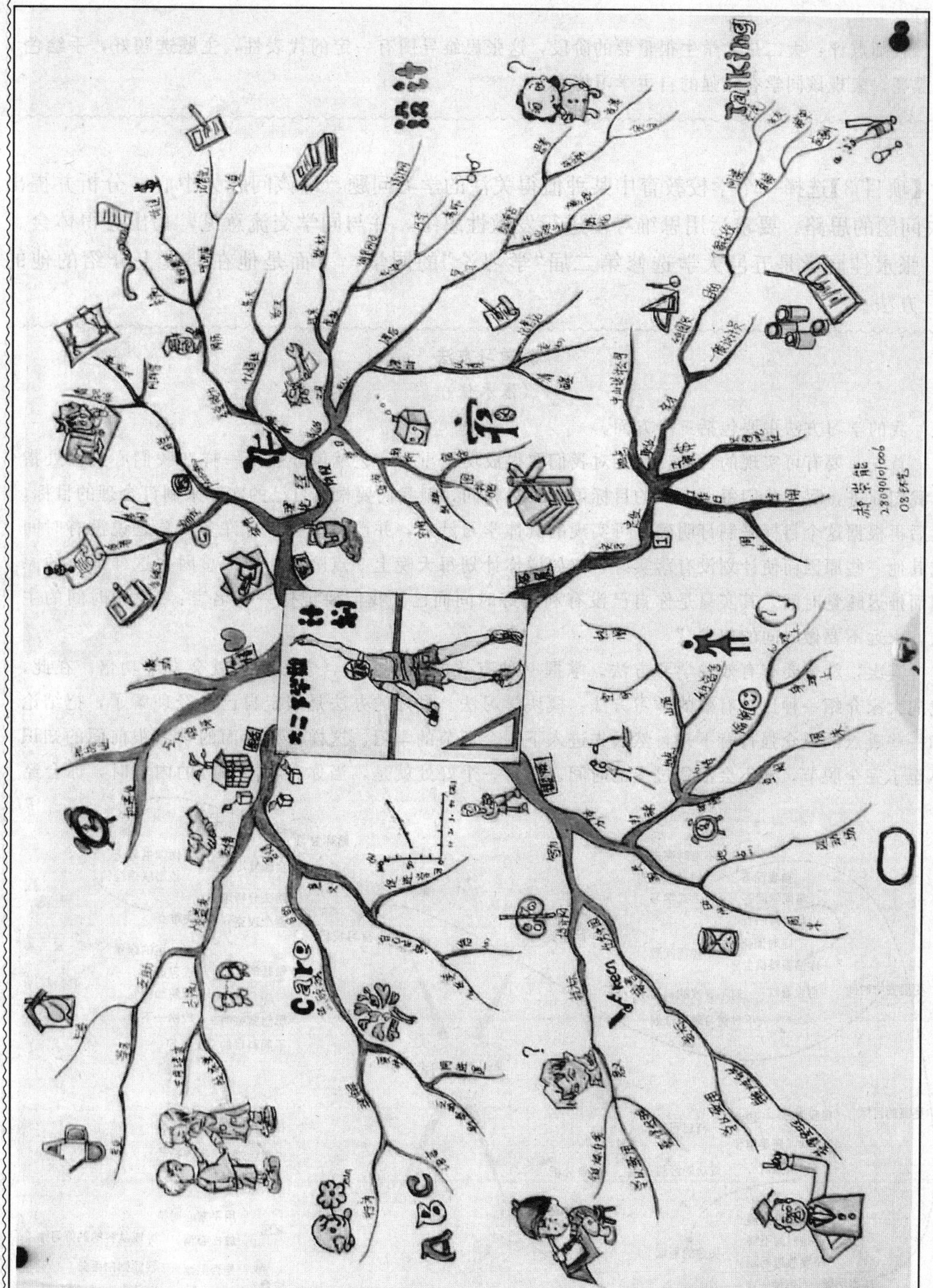

图4.5　我的大二下（作者：郝崇能）

想法。还有就是尽可能地用图像代替文字。思维导图就是大家思维联想的工具，宗旨是最高效地学习。

教师点评：大二是大学生很重要的阶段，这张思维导图有一定的代表性，主题选题好，手绘色彩漂亮，表现该同学有较强的自主学习能力。

【项目 3】选择一个学校教育中某种值得关注的学习问题，以该问题为中心，分析并提出解决问题的思路。要求运用思维导图进行发散性思维，并与同学交流意见，写出心得体会。

张永佳同学是五邑大学选修第二届“学习论”的同学，下面是他在课堂上介绍的他的学习方法。

谈学习方法

（张永佳）

我的学习方法主要包括三个方面。

首先，要有可实现的目标。目标对我们取得成功很重要，它就像导航灯一样在我们心灵深处指引我们前进，尽管我们每一个人的目标可能不尽相同，但我们要根据自己的实际来制订合理的目标，然后再根据这个目标来制订明确、可实现的具体学习计划，并严格执行。有许多人总是说没有时间或其他一些原因而使计划没有落实好，比如说你计划每天晚上 9 点睡觉，但却总因为这样那样的原因而推迟睡觉时间。其实只是你自己没有利用好时间而已。我们要记住一句名言：“要做时间的主人，永远不要做时间的奴隶。”

其次，就是要有有效的学习方法。掌握一种有效的学习方法，学习效果就会事半功倍。在此，我向大家介绍一种比较有效的学习方法：模块学习法。最好的办法是假定自己已经理解了，把结论和一些重点的概念强行背下来，然后先进入下一个环节的学习。这样使得后面的学习跟前面的知识不至于完全脱节，又不会浪费过多的时间。还有一个好处就是，当你在学习后续的内容时，你会经

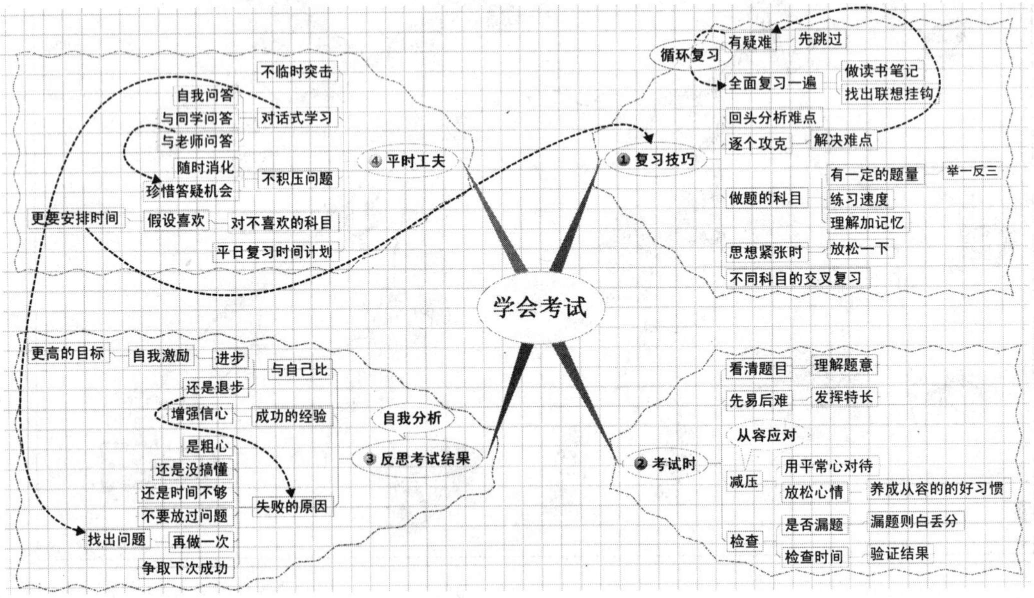

图 4.6　学会考试(作者：李林英)

常对前面不能理解的东西有一种恍然大悟的感觉。该方法是提高自信心的有力武器之一。一定要前后联系：碰到与前面的模块有类似的知识点和方法时，一定要前后联系起来，找出不同点与共同点，反复练习，反复理解记忆。除此之外还有很多有效的学习方法，每个人要根据个人的需要和目标，合理安排好时间，订出确实可实现的计划。

最后，一般来讲，我们的考试成绩应该是和自己付出的汗水成正比的。谈到考试，必须掌握一定的考试方法，考试的成败一方面取决于对知识的掌握程度，另一方面取决于考试方法。我们要保持好的心态来对待考试，对待成绩，把考试当做一场轻松的小测试，在这场小测试中，我们要学会放弃，为大局着想，时刻保持头脑清晰。

在学习过程中，许多人会遇到这样的情况：一些既是重点又是难点的知识点，怎么都不能吃透，无法进一步地深入学习。有些人就采取放弃的态度，直接跳过这一关键环节，进入下一个环节的学习。有些人比较执著，花费了大量的时间和精力来啃这个硬骨头，但如果长时间仍不能啃下来，不但不合算，反而会大大打击自己的自信心。

【项目 4】选择一个学习、研究或实践项目进行构想与规划。要求：运用思维导图进行创造性思维，并进行初步的项目实践，写出心得体会。

在写作前用思维导图理清思路是个好方法，这里展示海南师范大学的何钰婷同学《如果云知道》小说创作提纲与读者分享。

《如果云知道》小说创作思维导图学习心得

（何钰婷）

思维导图，又叫心智图，是表达发射性思维的有效的图形思维工具，是一种革命性的思维工具，简单却又极其有效。利用思维导图能够清晰地体现一个问题的多个层面，以及每一个层面的不同内容。思维导图以丰富多彩的表达方式，体现了线性、面型、立体式多个元素之间的关系，重点突出，内容全面，有特色，大大地提高了学习和工作的效率。

思维导图极大地激发我们的右脑。因为我们在创作导图的时候还使用颜色、形状和想象力。科学研究发现人的大脑是由两部分组成的。左脑负责逻辑、词汇、数字，而右脑负责形象思维、直觉、创造力和想象力。托尼·巴赞说："传统的记笔记方法使用了大脑的一小部分，因为它主要使用的是逻辑和直线型的模式。"所以，图像的使用加深了我们的记忆，因为使用者可以把关键词和颜色、图案联系起来，这样就使用了我们的视觉感官。

比如，写文章的时候利用思维导图列提纲做规划，不仅省时间、方便，而且其逻辑性强，连接紧凑、严密，写起来不会混乱。学习使用思维导图，无论是在学习还是生活中都有很大的用处，可锻炼思维，提高办事的效率。

如果所学的是一门课时很长的课程，可以画一张很大的大师级思维导图，反映主要的章节、课题、理论和有关这个课程内容的主要人物及事件。每次读书或者有了心得和感想，再把新想法加入到大师级思维导图里面去，这样就可以把内在知识不断增长的网络用外部镜像表达出来，既方便又全面。在以后的学习和生活中，要习惯用思维导图来计划和记录，这是一个绝佳的好方法，特别是对于我们学文科的人来说。

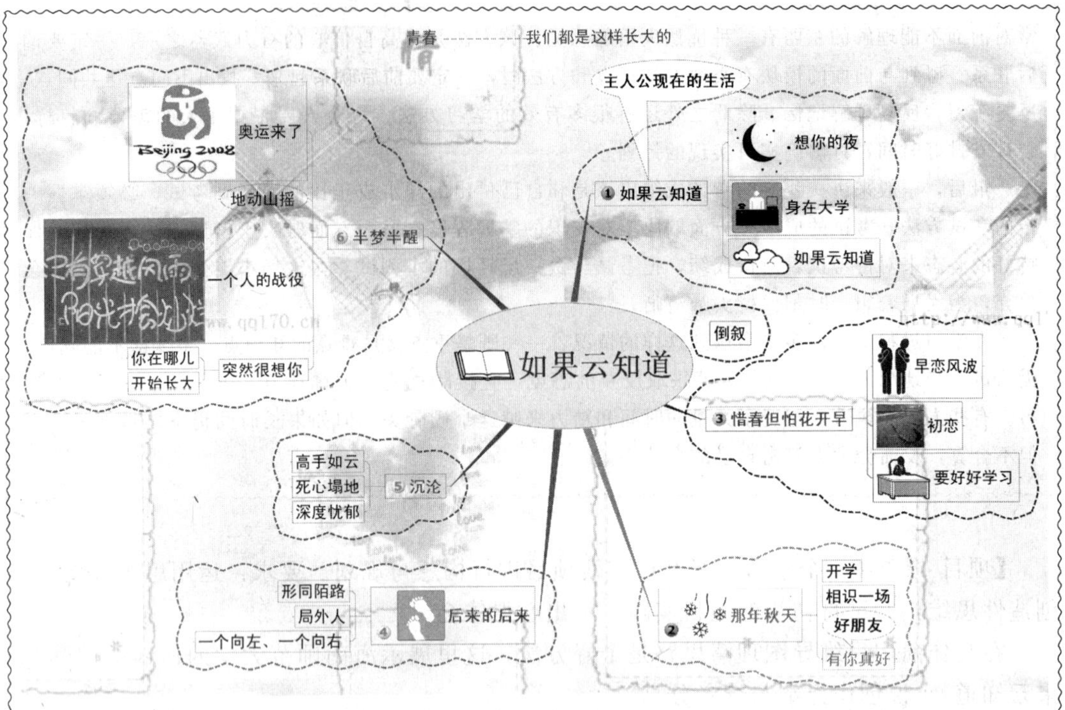

图 4.7　小说《如果云知道》创作提纲（作者：何钰婷）

4.3　如何开发个人潜能

为了引起学习者的学习兴趣，本书在基础篇引入了思维导图的教学方法，又用思维导图的方式引入了大学生的五项学习技术和加德纳的多元智能，这其间有着许多的关联，如果能深入地理解和运用，则可成为学习者的智慧。

图 4.8 是如何开发个人潜能的思维导图。

五项学习技术是从大学生学习变革的实践中总结出来的学习经验，其与八大智能是相关联的，比如团队学习技术与人际交往智能密切相关，培养团队精神与建立良好的人际关系是一致的；反馈调节技术讲的是学习者具备自我反省的能力，与自我意识智能密切相关，两者都强调客观地分析自我、认识自我；而自我意识智能与自主学习技术又彼此相关，能客观认识自我的人会主动培养自主学习的能力，因而必然有较强的自主学习的能力；自主学习技术与其他的智能也都有关联。

在学习中，思想专注会令学习者进入深入的学习。学习时集中注意力的深入思考，可以把潜意识中那些看不见的但极具创造力的部分挖掘出来。注意力的集中也需要训练，通过专攻某个学习主题，在限定的时间内集中思考某个问题，可以把一个本来不清楚的问题想透，甚至产生一种思想的突破，这正是自主学习能力的提升。

五项学习技术中的自主学习技术强调独立思考、灵活的学习方法、追求一题多解、举一反三。反馈调节技术强调学习者的反思，反思自己已做过的事，从中吸取经验教训，

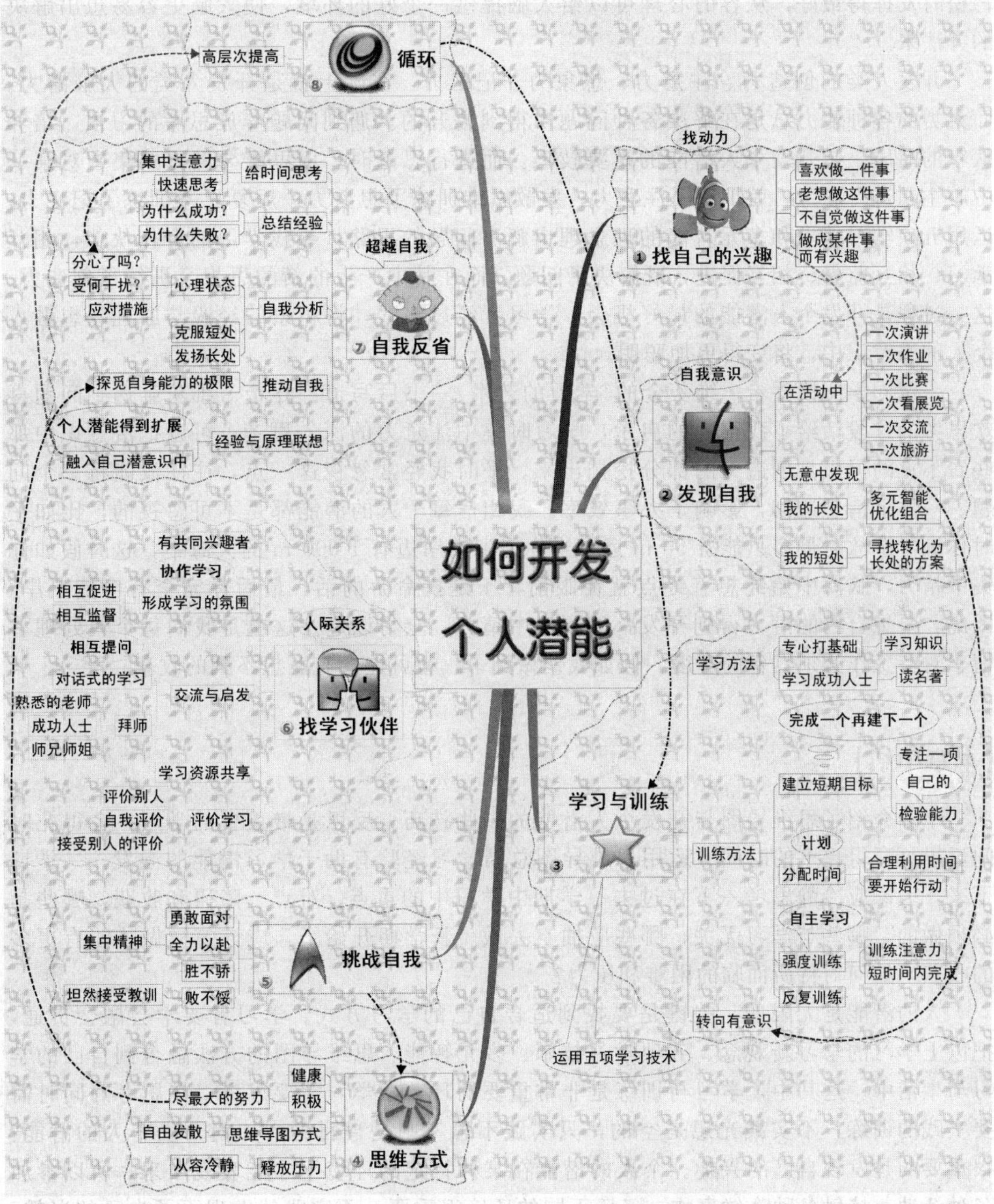

图 4.8　如何开发个人潜能(作者：李林英)

下次再遇到就会比较容易应对，从而学会自我调控。世界总是在变，学习者应随这些变化促进自己前进。乔希·维茨金有这样一段话：“如果发自内心深处灵活的从容成了习性，那么生活、艺术和学习将变得丰富多彩，而这种丰富多彩能带给你不断的惊喜和愉悦。”生活中总会遇到意想不到的事，对什么事情都不要惊慌，冷静地面对遇到的事情，凡事要往积极方面想，要想到一切总有办法解决，心里积极的、阳光的暗示会使你充满走出困境的信心和动力。有的同学一上考场就胆怯，就是缺乏从容品质的训练，大脑在轻松时发挥得最好，从容的心理可以给大脑提供一个好的环境，使大脑更容易想出解决的办法来。

开发人类的创造力、注意力、想象力、记忆力，实际上就是开发人类的大脑潜力。而人类的各种能力总是在解决各种问题中得到提升的。遇到问题养成思考的习惯，培养从容的品质，是开发个人潜能的重要技巧。而进行思考时，用思维导图方式集中对某一中心主题进行思考，就训练了注意力；发散思维训练了想象力；反复思考训练了记忆力；运用五项学习技术和多元智能的理念理出解决问题的思路，寻找学习的合作伙伴，相互学习、相互监督、相互促进，既解决了问题，而在其中产生的新的思想又训练了创造力。这一过程是开发个人潜能的最好机会。学习者经过实践，将积累的经验与原理联想融入个人的潜意识中，将变得更加聪明。

一位同学阅读乔希·维茨金的《学习的艺术》一书后写道：乔希·维茨金遇到问题喜欢思考的这段话给了我很大的启示，学习时集中注意力的深入思考，可以把潜意识中那些看不见的但极具创造力的部分挖掘出来。平时我经常忽视这一点，往往没能将一个问题、一件事情想透彻，影响了办事效率。我相信每个人的潜能都是不可忽视的，比如平时你练习游泳时最多只能游 50 m 远，当你掉到离岸边有 1 000 m 的大海中，这时假如你集中精力，脑海中始终想着终点就在眼前，于是拼命游的话，最后你完全有可能上岸。因此，要想自己的潜力得到开发，就要集中精力，全力以赴。这也是我们每个人处理事情、对待工作必须具备的态度，假如我们做到了，很可能会有意想不到的收获。

【本章小结】

本章介绍了思维导图与开发个人潜能的一些技巧。反思是最重要的学习，舍得花时间反思可赢得更多的时间。运用思维导图总结学习经验有助于学习潜能的激发。一学期下来，大家应冷静思考一下在过去一学期中学习中的重点、难点、障碍和收获，哪些是必须做的，哪些与学习无关，哪些应抽空去做。新学期开始了，应该怎样做才能有更多的收获，如何对待所面临的困难和压力？

人的潜能是无限的，关键是要找到适合自己的学习方式。学习者要学会融会贯通，把以上学习的学习新观念、五项学习技术、多元智能、思维导图的方法融合到自己的学习与生活中。这其中，学习与训练是非常重要的环节，学习需要思考，在思考的同时需要实践的训练，不实践光想是空的，只实践不思考则是盲目的。如何开发个人的潜能？很重要的是发现自己的兴趣。个人的潜能在某种特定的环境下才能表现出来，所以参加各种活动、接触各种新鲜事物、经历不同的环境很重要，不实践就发现不了自己的兴趣。在实践中训练，在训练中你会更加深入地了解自己，发现自己的兴趣，发现自己的特长，在自我能力提高的过程中建立信心，形成更具体的奋斗目标，养成良好的学习习惯，真正找到适合自己的学习方法。

只有将成功的经验融于自己的潜意识中，才能真正挖掘个人的潜能，成为高效的学习者。

【思考与练习】

1. 学用思维导图做总结：先用半小时思考总结的内容，然后快速写出总结的主要分支，写出每个分支的内容，训练快速思考、集中精神、快速写作的能力。

2. 用思维导图训练发散性思维：结合大学生学习生活的实际，对一次暑期团队活动进行部署，用思维导图发散思考这次活动会涉及的问题，做好充分的准备。

3. 学用思维导图做大学生的反思日记：做对了什么？有什么不足？下次如何做得更好？

4. 学用思维导图分析个人最感兴趣的一件事：如何培养个人的兴趣、发挥个人的特长？

5. 请结合个人实际分析图 4.8“如何开发个人潜能”的思维导图，谈谈你的看法：从中学到了什么？如何开发个人的潜能？

第二篇

创新篇

Part 2 Creation

《大学》有言“大学之道，在明明德，在亲民，在止于至善”，意思是大学的宗旨在于弘扬光明正大的品德，在于使人弃旧图新，在于使人达到最完善的境界。大学作为专门培养人、使受教育者得到全面发展的机构，直接为社会输送有用的人才，因此，教育者要解决在其实施教育的过程中出现的各类问题。大学生初长成人，要及时树立起为自己学习负责的观念，一开始就为大学学习生活做好规划，充分利用珍贵的大学时光，成为自己未来的设计者。每个人都有追求成功的欲望，何为成功？成功即达到了个人目标，如设计出一个复杂的计算机系统、写出一部优秀的长篇小说或毕业时找到一份理想的工作……成功和个人发展密切相关，个人发展正是建立在一个又一个成功的基础上。成功和个人发展并非一蹴而就的事情，但“苟日新，日日新”，如能做到每天朝着目标进步一点点，成功则呈必然之势。在向目标迈进的漫长的路途中，我们要遵从计划展开行动，必要时作出适当调整，并有策略、有信心地面对不时出现的各种难题，成为个人发展的主管和个人未来的创造者。

思维导图以其连接左右半脑、综合形象思维和理性思维的思考方式，在写读书笔记、做交流、做演讲、做演示、进行规划和构思等方面有着得天独厚的作用。思维导图这一优秀的思维工具，对教育者来说，可辅助其解决教育问题；对于大学生来说，可辅助其解决学习生活中的问题，帮助其达到各个目标，实现个人完善和发展。如能将思维导图有效地在大学中推广和应用，大学教学、大学生的学习和生活将受益匪浅，应用得好，甚至可以“翻天覆地”。

本篇共有两章内容。

第 5 章“思维导图与大学生创新学习”包括：“大学学习和生活规划”是大学生运用思维导图在制订大学规划、考研究生、时间管理等方面的成果；“个人多元智能”是大学生运用思维导图在反思学习方法、提高人际沟通能力、用思维导图演讲等方面的成果；“在课程学习中运用思维导图”介绍了思维导图读书笔记在大学生课程复习中的作用；“在创业计划中运用思维导图”介绍了学生们最为关心的内容——一个创业计划思维导图”；“思维导图与大学生的成长”介绍了五邑大学何伟东同学和他的团队应用思维导图创造了大学生暑假城市生存挑战的奇迹。

第 6 章是思维导图在教学上的创新应用，紧扣大学生学习的主旋律课程学习展开讨论，详细阐述了思维导图与研究性学习、思维导图在大学生的多门课程学习中的作用，以及师生如何在学习中利用思维导图。

第 5 章　思维导图与大学生创新学习

学会自主学习、学会与不同专业背景的人在交流与协作中学习、学会运用现代信息技术高效地学习、学会在研究和创造中学习，这些学习能力是在信息社会中的基本生存能力。

——桑新民

为了适应未来的竞争，将来有更多的就业优势，需要培养学生创造性的学习能力，将所学的新观念、新思维、新技术运用到自己的学习与生活实践中。在“学习论”课程校际交流中涌现了很多富有创意的优秀的思维导图作品，本章精选了一些大学生感兴趣的主题作品做展示。这些作品附有老师的点评，可以作为评价性学习的素材。

5.1 大学学习和生活规划

5.1.1 在大学规划中运用思维导图

刚进大一的学生，从高考的紧张状态中一下子放松下来，如果没有目标，就会失去许多的机会。盲目地参加过多的活动，放松了学习，也会造成不必要的损失。同学们要懂得对自己负责，对学习形成自己的见解，并珍惜学习资源。

五邑大学的陆霞同学运用思维导图对自己的大学生涯进行了详细规划(图 5.1)。

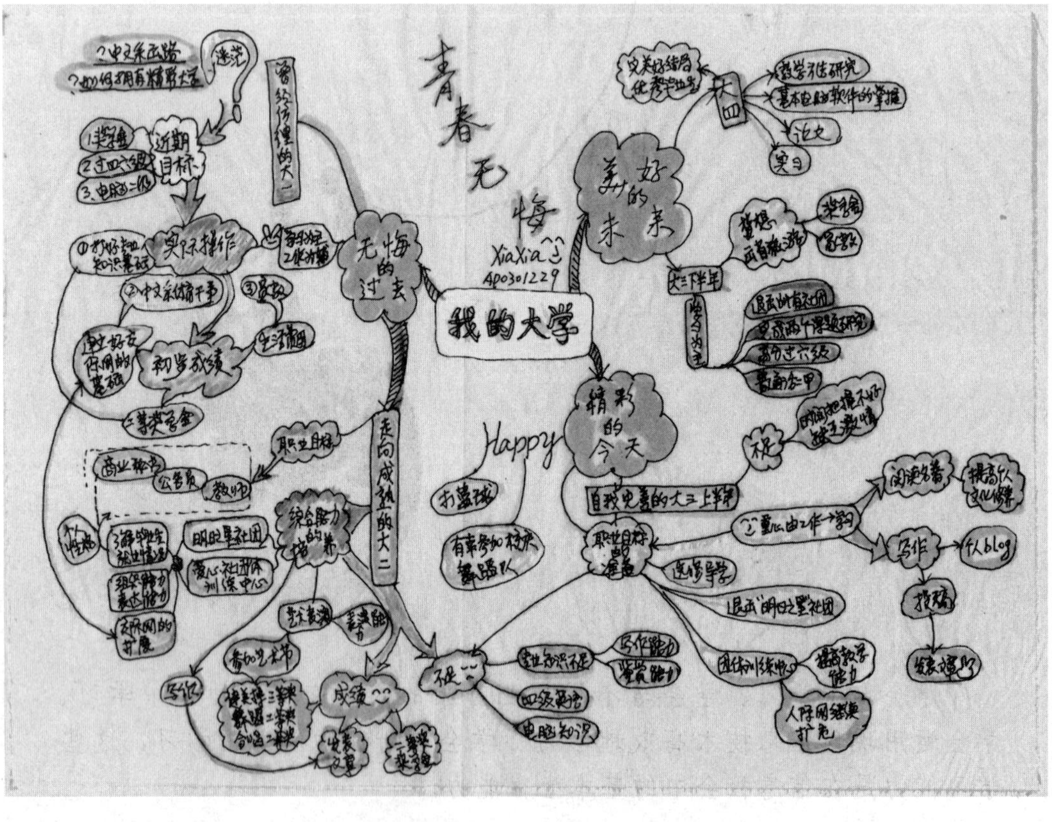

图 5.1　青春无悔——我的大学(作者：陆霞)

教师点评：这张手绘思维导图很有纪念意义，是五邑大学首届学生思维导图展的第一张大学计划的思维导图。陆霞同学的《青春无悔——我的大学》的思维导图，主题非常好，每个大学生都有自己的大学梦，如果从一年级就懂得规划，懂得珍惜，那么大学四年的收获是可想而知的。陆霞同学选修了“导学”课，当时她已是大三，她的富有想象的

《青春无悔——我的大学》思维导图在首届思维导图展中打开了许多同学的思路，在她的思维导图的启发下，涌现出很多好的相关主题的思维导图。当时，她已确定了自己的职业方向——教师，所以她利用各种机会提高自己的指导能力，写教案，积极演讲，做家教，组织筹备活动。在展览中，她热心的讲解打动了许多同学(图 5.2)。她希望大四能争取成为优秀大学毕业生，结果真的实现了自己的愿望，如今她已加入了教师的行列。

图 5.2　陆霞同学在首届思维导图展中热心地讲解

郑州轻工业学院的刘海洋同学也运用思维导图对自己的大学生涯进行了规划(图 5.3、图 5.4)。

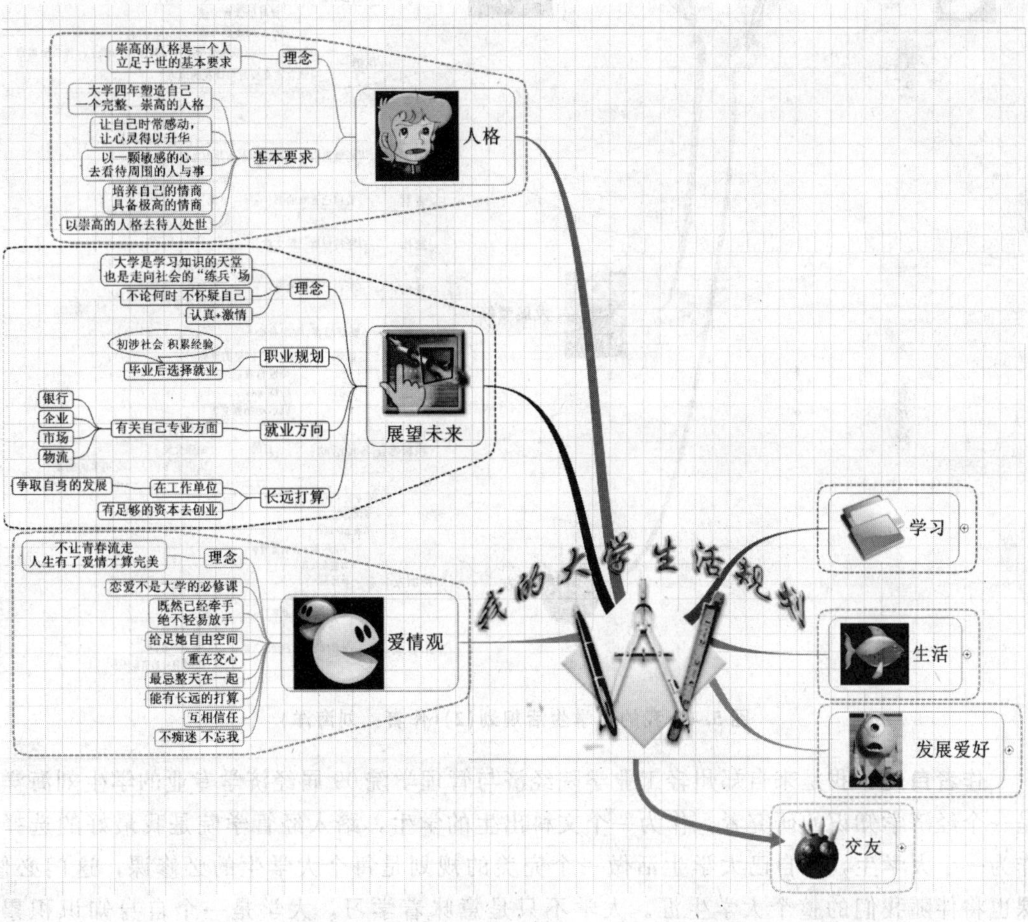

图 5.3　我的大学生活规划(1)(作者：刘海洋)

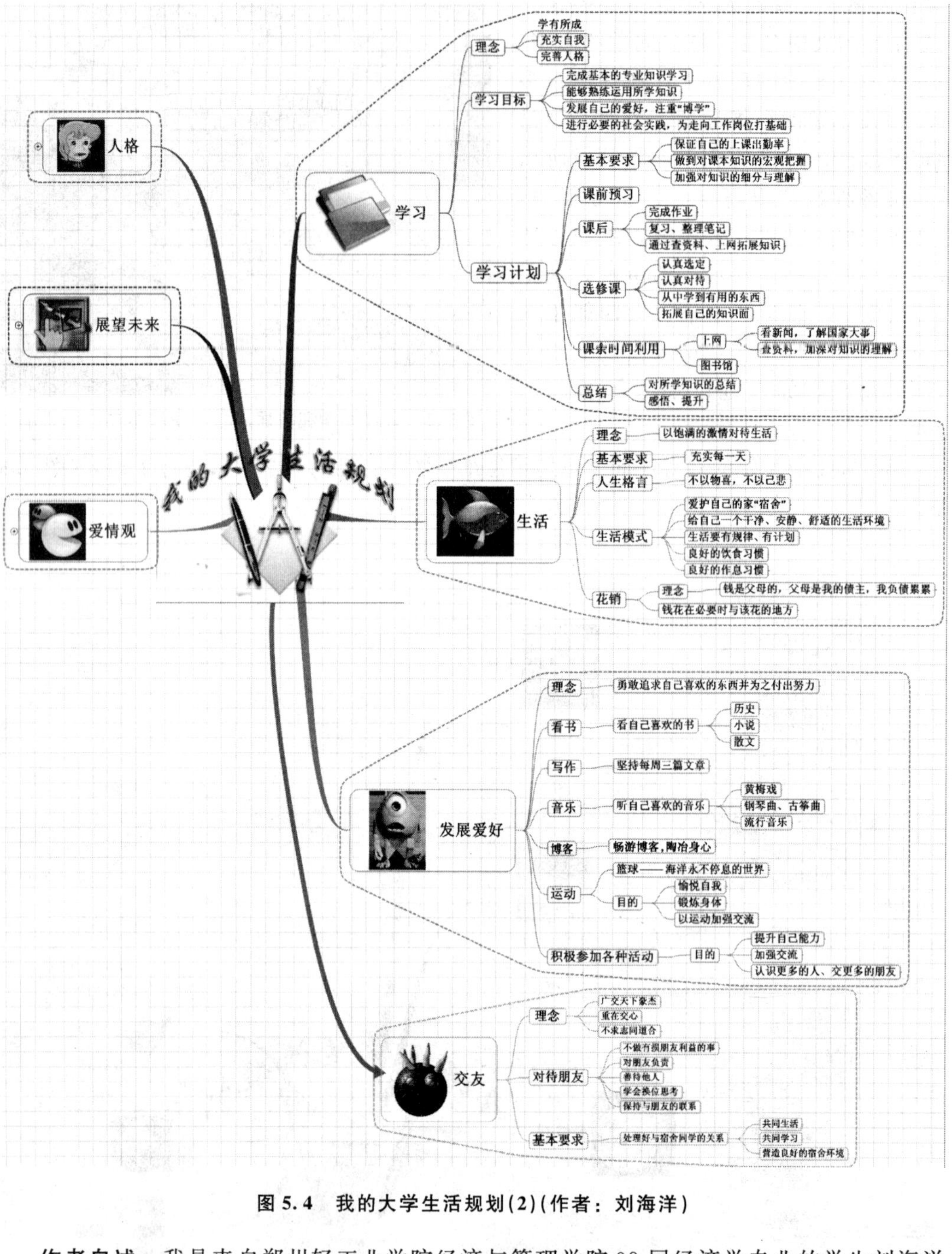

图 5.4　我的大学生活规划(2)(作者：刘海洋)

作者自述：我是来自郑州轻工业学院经济与管理学院09届经济学专业的学生刘海洋，是一个经济学知识的研究者。作为一个文科出生的学生，踏入经管学院是我最好的选择，作为一个大学生，对自己大学生活做一个完美的规划是每个大学生的必修课，这门必修课也将伴随我们的整个大学生涯。大学不只是意味着学习，大学是一个自身知识积累、自身素质提高以及社会交际能力得到锻炼的最佳时期，是学生时代向社会时代的过渡期与“练兵”期。因此，对自己的大学生活有一个合理的、科学的、完整的规划是非常必要的，这样才能更好地指引自己的学习与生活，让自己的大学生活趋于完美，少留遗憾。我的大学生活规划是以思维导图的形式呈现的，思维导图是一种集思维完整性、发散性、缜密性于一体的思维工具，是一把思维利器，值得学习与运用。我相信，我会以自己的规划为目标，让大学生活充实、精彩。

教师点评：刘海洋同学的大学生活规划思维导图作品分支全面，发散详尽，对自己的学习、生活、爱好、发展认识深刻，所规划内容紧密联系自身实际细致考虑，充满朝气，充满对未来理想追求的远大抱负，希望该同学以自己的规划为目标，不断激励自己，充实、完善自我。

5.1.2　在考研学习中运用思维导图

考取研究生已经成为许多同学大学学习的目标之一。考取研究生的过程对一些同学而言非常艰辛，南京大学的杨金勇同学用思维导图总结了他的经验(图 5.5～图 5.9)，并用文字阐释了各幅图的内涵。

- 理性选择考研：自我意识自我超越(图 5.5)。

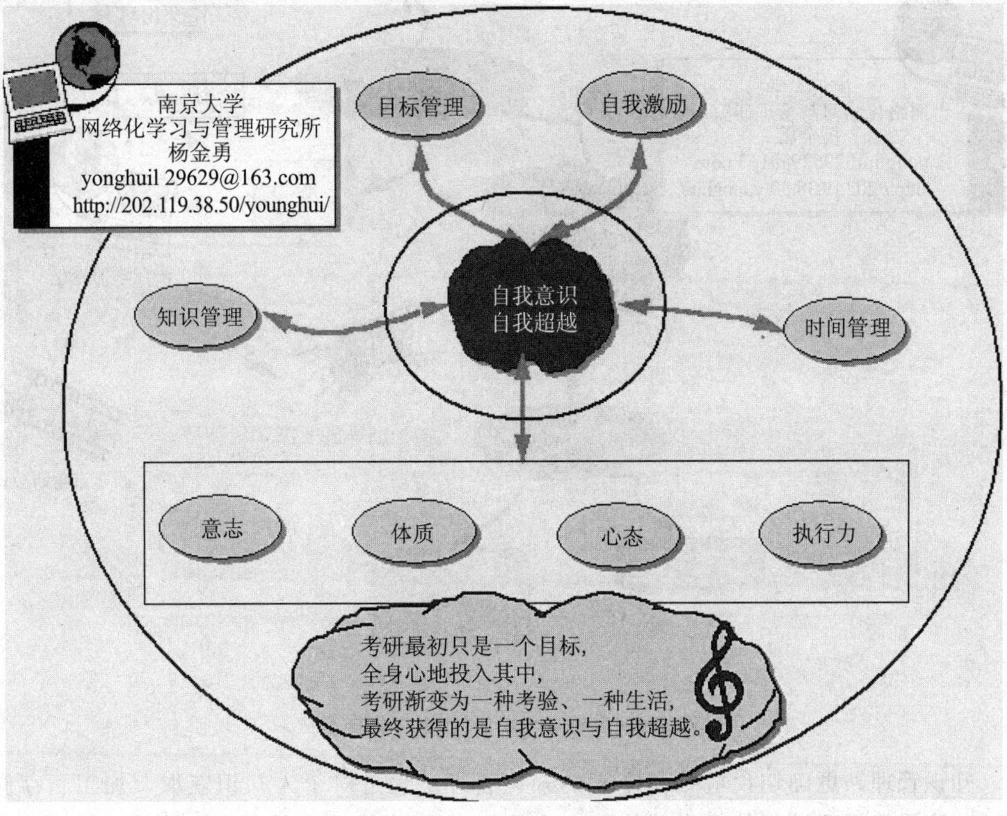

图 5.5　理性选择考研：自我意识与自我超越(作者：杨金勇)

做任何事情，只有脚踏实地地认真对待，才会体验深刻！考研也是如此。考研过程如同翻越高山，它考验挑战者的坚强意志；考研过程如同与时间赛跑，它考验挑战者的心理与体力；考研过程如同经营事业，它需要挑战者 200％的执行能力加良好的自我调节能力。

意志、体质、心态、执行力是考研者获得成功的基本素质，这些在考研过程中不断内化为个人的优秀品质。考研者在修炼基本素质的同时，需要建立一套符合自身认知特点的自学方法体系。我的自学方法体系可归纳为相互联系的四项修炼：目标管理、自我激励、知识管理、时间管理。

考研从最初的目标渐变为一种考验、一种生活体验。我在考研过程中也经历了跌宕起伏的认知求索，真正地感受了知识整合的饥渴与难耐，多次建构知识意义之后的高峰体验使我惊喜发现世界原来可以是这样的！对自我本质的不断认识过程，对过去自我理解的不断评价过程，对现在自我管理的不断反思过程，对未来自我规划的不断设计过程，这就是考研收获的不断自我意识与自我超越过程！这些至今仍在激励我。

- 考研资料准备(图 5.6)。

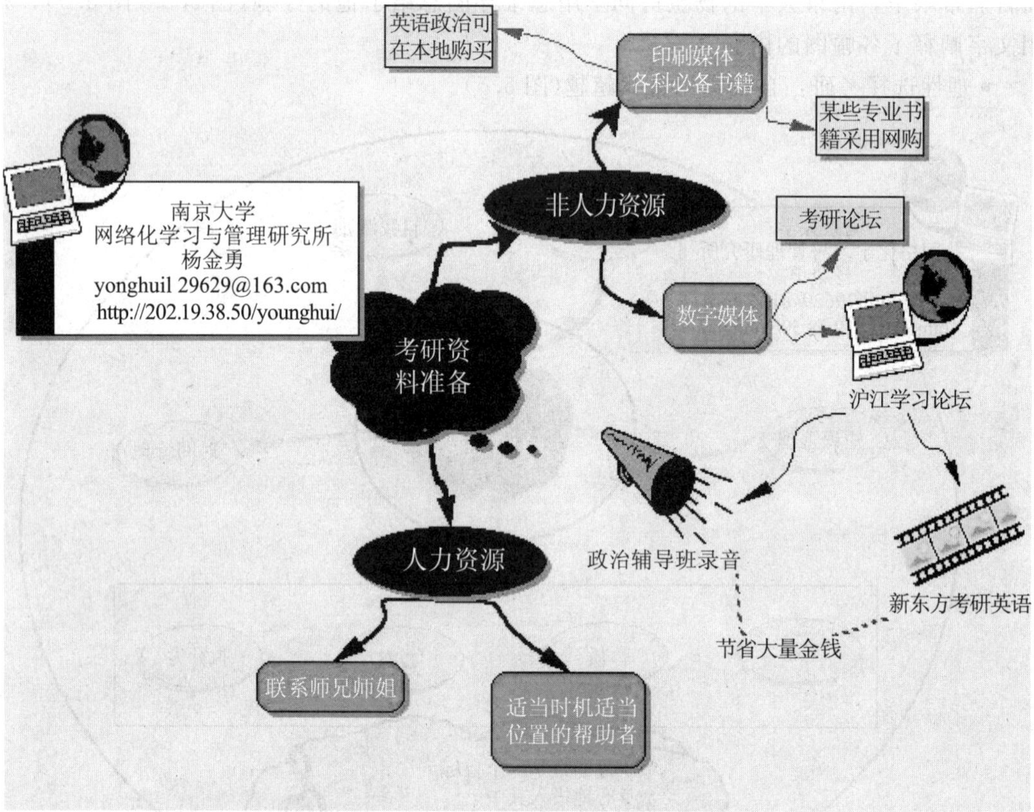

图 5.6　考研资料准备(作者：杨金勇)

知识管理，更确切说应该是个人的知识管理，它是对个人知识获取、加工、存储、表达、应用等管理过程的概念化表达，这些知识主要来源于个人认知过程、创新过程，个人知识管理的能力与个人的学习能力密切相关，管理二字强调了自我认识、自我设计的方法与智慧！

考研信息与资料是获取知识的重要来源，包括人力资源和非人力资源两个方面。人力资源帮助自己从他人处得来有价值的信息，包括录取信息、师资信息、就业信息、信心鼓励、价值观等。非人力资源包括印刷媒体和数字媒体两种信息、知识存在的形式。印刷媒体方面主要是规划备考所需的教材，尤其是专业课教材，这一方面可发动人力资源帮助获取，一方面可通过书籍类电子商务系统进行网络购买。当前数字化的信息资源非常丰富，如果能挖到宝贝，可以节省大量金钱，不过前提是，我们要具备良好的信息素养。

最后值得注意的是，人力资源与非人力资源是相互联系的，两者在一些资源的获取上没有明确的界限。

• 目标管理(图 5.7)。

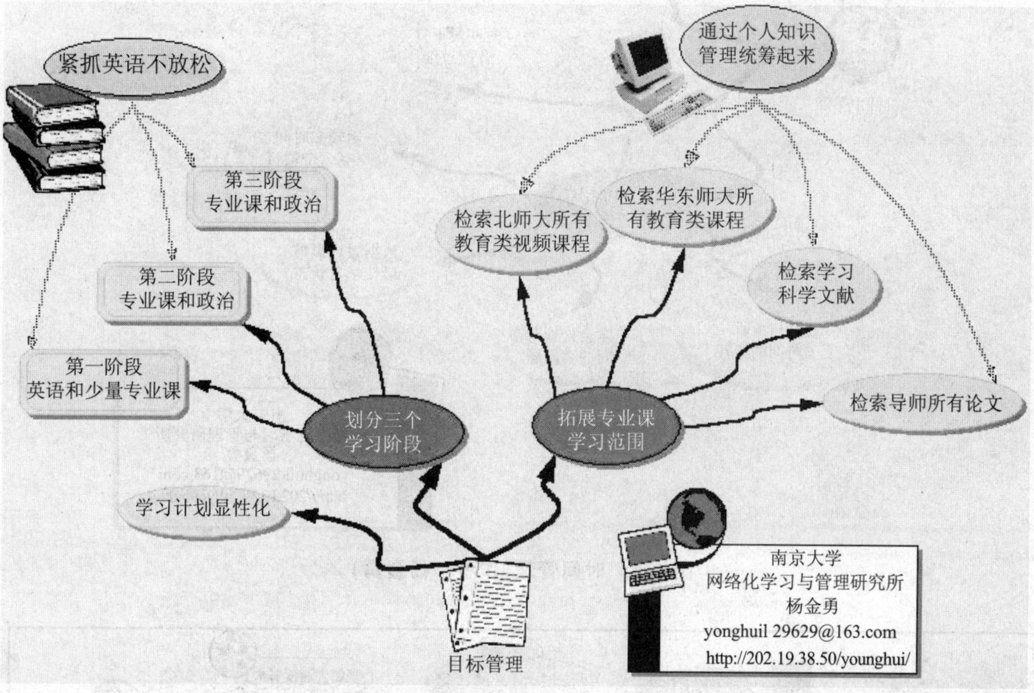

图 5.7　目标管理(作者：杨金勇)

目标制订是个性化的，要根据考研专业的性质、学习时间、个人的认知特征等因素综合考虑，几个建议：目标分阶段，主次要分明，计划显性化，明确执行力。

• 时间管理(图 5.8)。

时间管理与其他四项修炼密切相关，这也是考研成败的关键因素。考研期间一定要处理好时间的有效性分配问题，当考研渐变为一种生活状态时，便是最好的竞技状态，这个时候最忌讳与考研无关事情影响心理。

• 知识管理(图 5.9)。

考研过程最紧迫、最重要的任务是备考知识的深度加工和内化，这需要个人用知识管理的经验和方法应对。我所报考的专业性质(教育技术学)决定了学习的特征是：牢固掌握本专业相关的、大量的基本概念与基本原理。学习形式为：通读理解教材，制作学习笔记(建议最好是电子版的，方便不断改进)，制作思维导图。有了以上三点即可进入超循环的学习过程：交叉的思维方式和知识视角，运用理论分析，解读实际问题，把握专

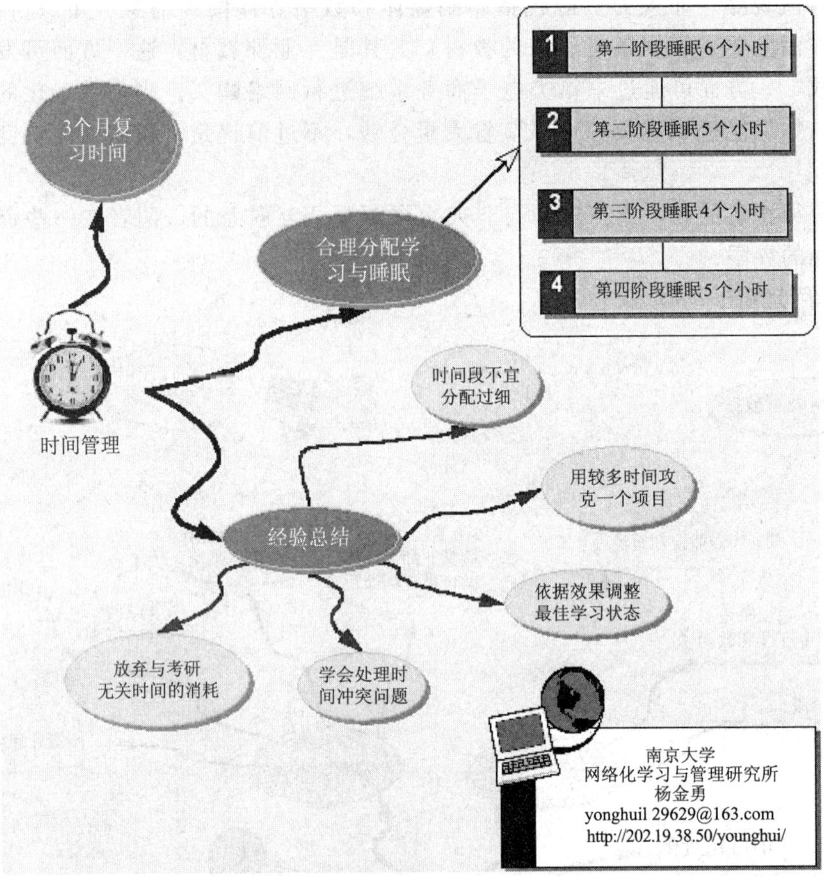

图 5.8　时间管理(作者：杨金勇)

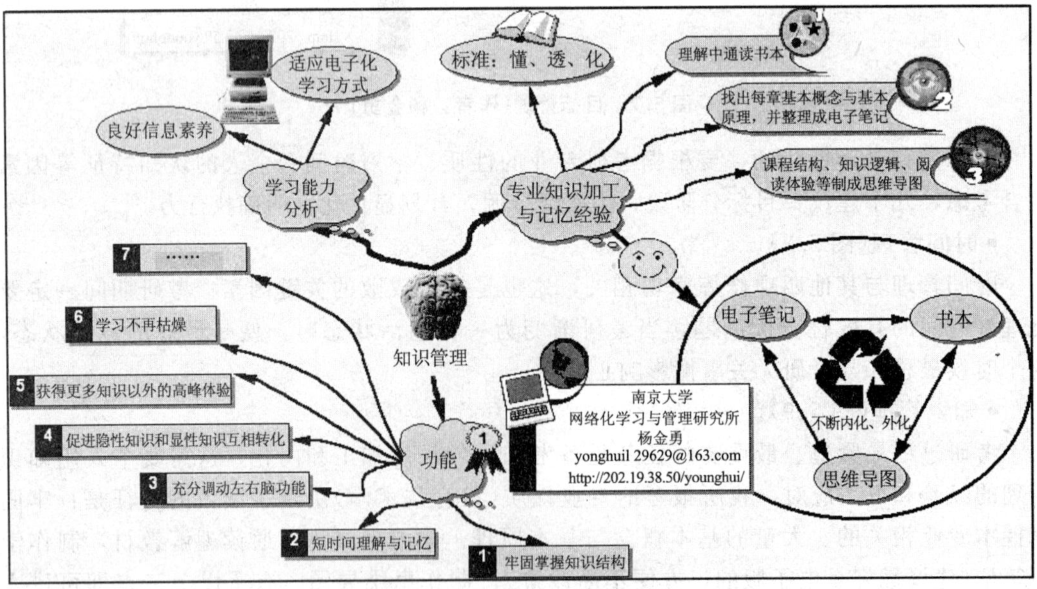

图 5.9　知识管理(作者：杨金勇)

业发展前沿。在有限时间里(3 个月)，应对这种学习最好的策略就是建立一套符合自身认知特点的学习方法体系，这里强调两点：了解自我认知风格；根据习惯和偏好，利用认知工具提高学习效率和学习技术水平。

我自己的超循环学习经验是：从全局，快速建立知识网络体系；从局部，快速理解与记忆知识点及相互联系。形成超循环学习的必要前提是书本、电子笔记、思维导图(信息量逐级简化，知识个性化程度逐级增加)。这反映了大脑认知与记忆知识的规律，从准备到进入超循环这一阶段，学习的过程是手脑并用，多媒体、多角度、立体化的感知过程。

进入超循环阶段，学习的过程即实现了“把书读薄再读厚”的高效率学习过程。知识加工与记忆的效果可以用“懂、透、化”三个境界来进行形成性自我评价。懂，理解基本概念、基本原理的含义，建构起较为清晰的知识体系。透，熟练掌握基本概念、基本原理，达到融会贯通、游刃有余的境界，进一步丰富知识建构的意义，并能以自己理解的方式，用理论知识解释、反省、沉思实际问题。化，乃最高境界，这个时候产生质的变化的是认识问题、分析问题、解决问题的思路、眼界，从某种意义上说是对自我本质认识的超越过程，是自我潜能与外在现实世界的对话过程。

教师点评：同学们对考研的思维导图很有兴趣，从首届学生思维导图展就有不少同学关注。因为很多同学都有考研的愿望，他们想知道怎样计划更符合实际。南京大学“学习论”博士研究生导学团队的杨金勇同学在考研时就用思维导图辅助复习功课。为了满足想考研的同学的要求，我们特地邀请杨金勇同学用思维导图总结他的考研经验。他的经验受到很多同学的欢迎。

5.1.3　用思维导图加强时间管理

时间管理是同学们非常感兴趣的主题，时间就是生命，时间就是财富，时间管理是人一生的主题。

五邑大学的符庆沛等同学以“一周的时间管理”为题，用思维导图梳理了时间管理的技巧，巧妙地安排了生活、工作与学习事务(图 5.10)。

作者自述：今年我们已经是大二的学生，本专业的课程也从这个学期开始涉及了，我们将如何处理新时期生活、工作与学习的关系呢？是保留大一时的悠闲状态，还是从此奋发图强呢？每个人都有自己的目标，要完成长期的目标首先要计划短期目标，那么我们的“一周的时间管理”算是短期目标中的短期目标吧。我们之中有些佼佼者已经是社团干部，有些已经下定决心准备考研，那我们该如何把握好一周的时间管理呢？而这将是我们步步为营、走向共赢的出发点吧。

试问，在忙忙碌碌中，你是否卓有成效？终日忙碌必有回报吗？懂得如何管理时间，才能事半功倍。学会了时间管理规划，即使身处忙碌高压中，你依然能使工作井然有序、生活悠然自得、学习得心应手。

这次团队学习中，我对各位队员所作的个人《一周的时间管理》思维导图进行对比发现，我们之中有些队员无私为公，除了上课，就置身于社团工作，他们也觉得很累，似乎毫无个人的自主时间可言；而有些队员无所事事，每天得过且过，出现了享乐主义、

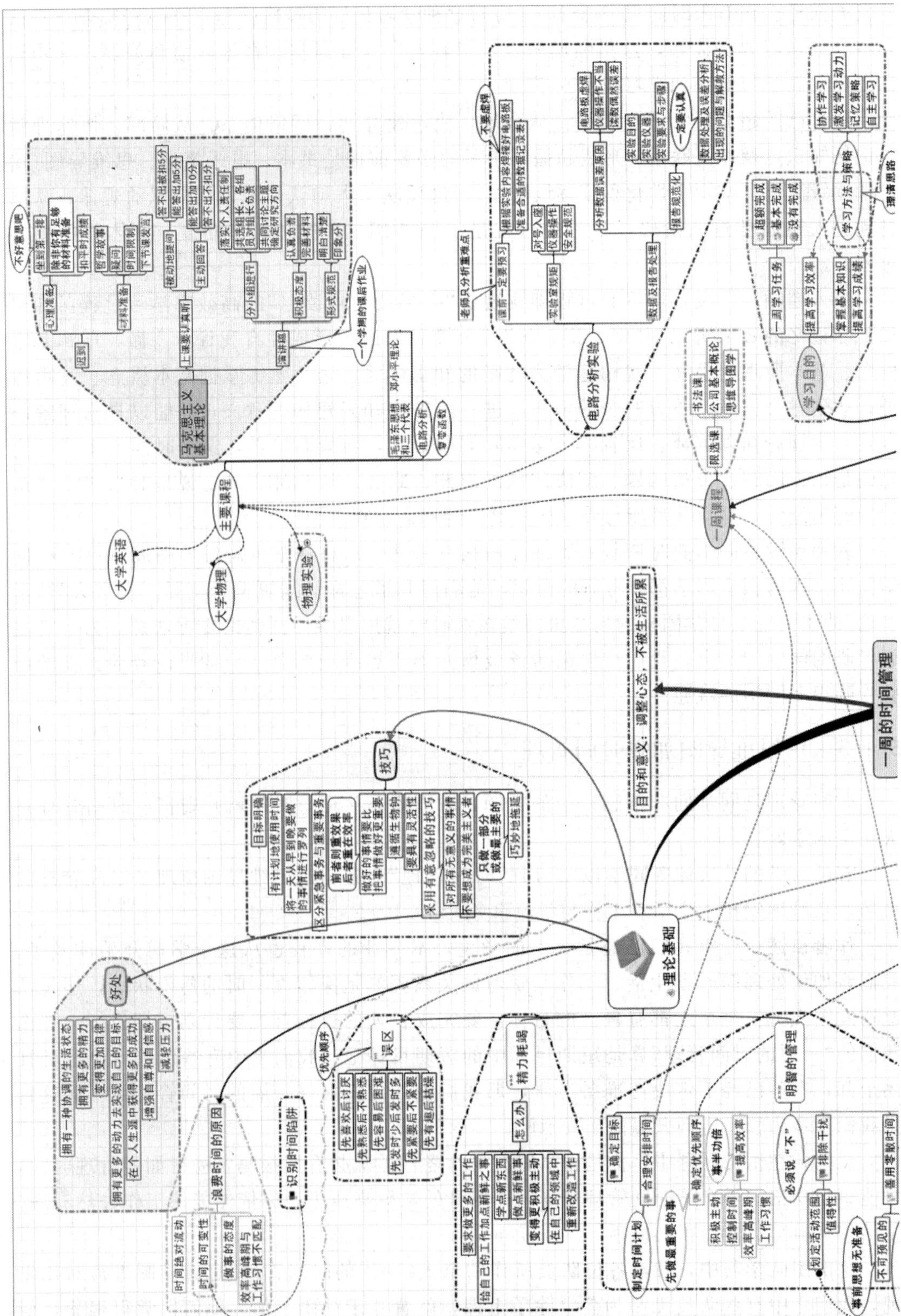
一周的时间管理
理论基础
目的和意义：调整心态，不被生活所累
技巧
目标明确
有计划地使用时间
将一天从早到晚要做的事情进行罗列
区分紧急事务与重要事务
前者刻不容缓 后者重在效率
做好的事情要比把事情做好更重要
遵循生物钟
要具有灵活性
采用有意忽略的技巧
对所有无意义的事情
不要想成为完美主义者
只做一部分 或做最主要的
巧妙地拖延
好处
拥有一种协调的生活状态
拥有更多的精力
变得更加自律
拥有更多的动力去实现自己的目标
在个人生涯中获得更多的成功
增强自尊和自信感
减轻压力
浪费时间的原因
时间绝对流动
时间的可变性
做事的态度
效率高峰期与工作习惯不匹配
识别时间陷阱
误区
优先顺序
先喜欢后讨厌
先熟悉后不熟悉
先容易后困难
先发时少后发时多
先紧要后不紧要
先有趣后枯燥
精力耗竭
怎么办
要求做更多的工作
给自己的工作加点新鲜之事
学点新东西
做点新鲜事
变得更积极主动
在自己的领域中
重新改造工作
明智的管理
制定时间计划
确定目标
合理安排时间
先做最重要的事
确定优先顺序
事半功倍
提高效率
积极主动
控制时间
效率高峰期
工作习惯
必须说"不"
排除干扰
划定活动范围
值得性
善用零散时间
事前想无准备
不可预见的
主要课程
大学英语
大学物理
物理实验
马克思主义基本理论
迟到
心理准备
坐到第一排
材料准备
扣平时成绩
疑问
时间限制
下节课发言
上课要认真听
被动地提问
主动回答
分小组进行
落实个人责任
演讲题
积极态度
认真负责
完善材料
形式规范
明白清楚
印象分
一个学期的课后作业
不好意思吧
毛泽东思想、邓小平理论和三个代表
电路分析
电路分析实验
课前一定要预习
老师只分析重难点
准备合适的数据记录表
不要虚焊
实验室规矩
对号入座
仪器操作
安全规范
电路板虚焊
仪器操作不当
读数偶然误差
报告规范化
实验目的
实验仪器
实验要求与步骤
一定要认真
数据处理及误差分析
出现的问题与解决方法
一周课程
限选课
书法课
公司基本概论
思维导图学
学习目的
一周学习任务
超额完成
基本完成
没有完成
提高学习效率
掌握基本知识
提高学习成绩
学习方法与策略
协作学习
激发学习动力
记忆策略
自主学习
理清思路

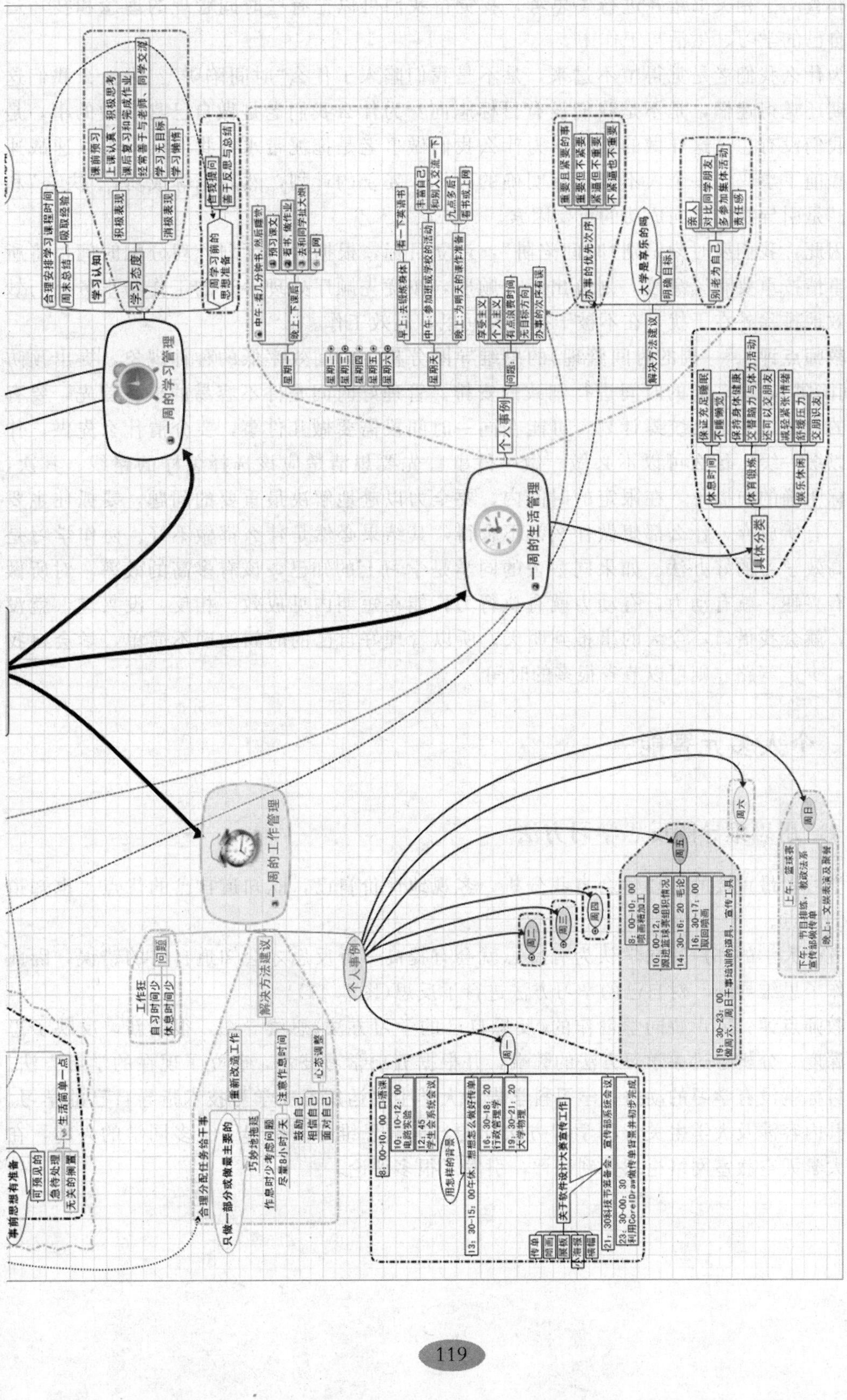

图5.10　一周的时间管理（作者：符庆沛、邓远梅、陈嘉伟、阮仁彬、石小锋、黄志通）

个人主义。虽然他们各得其所，但总体来看，有些缺乏集体生活的积极性。针对这些现象，我查阅了相关书籍并进行了思考，我觉得我们可以把有些时间管理的理念和技巧运用到自己的学习、生活与工作中。

为什么我们老是觉得忙不过来，是不是我们陷入了什么“时间陷阱”？为什么我们这个时期还觉得迷惘，是不是我们没有目标志向？为什么我们老是做自己喜欢做的事，是不是我们没有想过这样做的后果？为什么我们做事老是拖泥带水，我们就不可以速战速决、提前了事吗？一个人不能仅有明确的目标、妥善的计划，然后坐等成功，“决心”和“坚持”是引导我们走向成功的重要因素。

因此，我们要时刻识别“时间陷阱”，订立目标，根据时间计划合理分配时间，将所做的事情按重要和紧急度，划分出优先顺序，按优先顺序处理手边的工作与事务。巧妙而有效地排除外在干扰，在不被干扰的时间里，高效工作。

教师点评：《一周的时间管理》的思维导图分析了时间效率低的种种现象，提出预防“时间陷阱”，对一周的时间进行细致的安排。管理好时间是件不容易的事。首先，要有明确的目标，要学会统筹计划，可能在同一时间段需要做几件事，要分清什么先做，什么可以缓一缓，什么可以不必做。做一件事首先要想清楚应该选择怎样的路线。其次，在目标明确的前提下，在限定的时间内，要全力以赴地解决最重要的问题，要抓住主要矛盾，有所放弃，什么都想做什么都不舍得，其结果必然是什么都做不好。协作学习是省时高效学习的好办法。如果同宿舍的同学是学习上的知己，该有多高的效率。对所做的事有兴趣，就有动力，有动力就有执行力，能在短期内见成效。相反，没兴趣，就没动力，就会找借口，今天的事推到明天。所以管理好自己的时间的确不简单，学会自我反省，少走弯路，则可以节省很多的时间。

5.2 个人多元智能

5.2.1 用思维导图反思学习方法

学习者最重要的是要学会自我分析，客观地评价自己，既知道自己的优点，也知道自己的缺点。

五邑大学的邱卢娇同学认为有反思就会有提高，有反思才会知道自己的错误，因此她创作了思维导图，对自己的学习方法进行了反思(图 5.11)。

教师点评：邱卢娇同学创作的《反思自己的学习方法》思维导图，很创新，反映了思考的深度。分析了过去学习方法的弊端，并根据五项学习技术，确立了现在的学习方法。没有目标就没有学习的动力；学习科学告诉大学生要运用五项学习技术指导自己的学习。由于其内容涉及大学生关心的学习方法问题，这幅思维导图引起了很多同学的兴趣，在南京大学天空教室网络论坛受到好评，引发了很多评论。

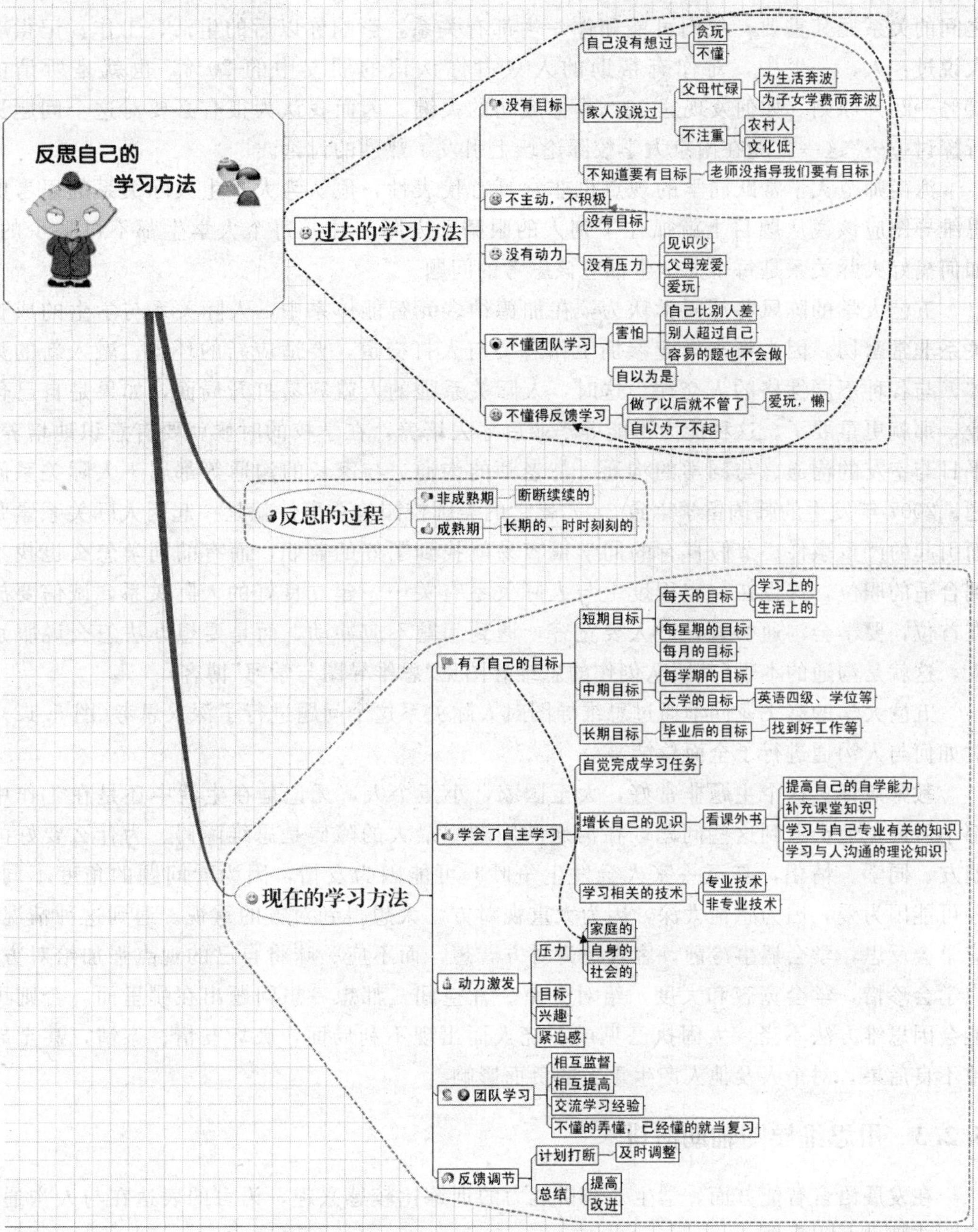

图 5.11　反思自己的学习方法(作者：邱卢娇)

5.2.2　用思维导图提高人际沟通能力

在学习论校际协作学习中，人际关系的思维导图主题是同学们很关注的题材。

五邑大学的黄冠平同学就曾创作了人际关系的思维导图(见“思维导图与学习”博客)，他说，“在现实中遇到了这方面的问题，比如：为什么和某些人的关系很难搞好？怎样和老师搞好关系？怎样对待陌生人，是热情对待还是视而不见？在大学里，和同学、室友之间的关系尤其重要，他们可能和你一生都有关系，影响你以后的生活、工作。记得有人说过：人，一生中，对你有帮助的人只占你认识的朋友中的 20%，也就是所谓的 80%—20%原则。如何发现这 20%是你成功的关键。因而我认为很有必要对这个问题进行探讨……"这一主题在南京大学校际论坛上引发了热烈的讨论。

海南师范大学常跃同学的观点也非常具有代表性，他认为大学生人际关系的思考的思维导图应该说从题目上就抓住了别人的眼睛。人际交往是每个大学生都不可缺少的，如何搞好人际关系是每个大学生都应该思考的问题。

五邑大学的陈凤葵等同学认为，在加德纳多元智能体系中，人际关系与学生的成长关系非常密切，因为将来毕业参加工作总要与人打交道，要适应新的环境，融入新的集体，与各种不同性格的人交往。这时，人际关系强的人就容易打开局面，如果是自己创业，那就更重要了。这种能力不能等毕业后才去培养，在学校的时候就要有意识地培养：平日与室友的沟通、与同学的沟通、与老师的沟通、与家长的沟通等都属于人际关系问题。2007 年发生的韩国留学生致 33 人死亡的美国校园枪杀事件就是一起因人际关系紧张而引起的严重事件。节假日有的同学很容易就找到了好的兼职，而有的同学怎么也找不到合适的职位，这也在一定程度上与人际关系有关……建立良好的人际关系，诚信要放在首位，要学会沟通协调，对人要宽容，遇到问题不应冲动，而是要想办法怎么说服别人，这就是沟通的本事(其团队创作的思维导图见"思维导图与学习"博客)。

五邑大学的赵飞龙同学通过思维导图对人际关系这个问题进行了深入思考(图 5.12)，对如何与人沟通进行了全面总结。

教师点评：这个主题非常好，大至国家，小至个人，无论是在生活中还是在工作中都不可避免地会遇到这些问题。在沟通的问题中最大的障碍是思维障碍。为什么要好的朋友、同学、情侣，甚至一家人会发生争吵？可能因为友情，因为看问题的角度不同，还可能因为爱，因为感情太深，因为太重视对方，太想得到对方的重视。遇到这种情况，应学会反思，学会遇事冷静，客观地为对方着想，而不应一味将自己的观点强加给对方；应学会珍惜，学会宽容和大度，给对方留一片空间，都想一想问题出在哪里面。否则可能会因思维方法不当、太固执己见或不饶人而出现不利局面，破坏友情、亲情，甚至导致不良后果，对个人及他人产生重大的负面影响。

5.2.3 用思维导图辅助演讲

在发展语言智能方面，学生对演讲能力的训练比较感兴趣，语言的表达在与人沟通、就业应聘中尤为重要。

表达和沟通的能力是非常重要的。正如原微软公司副总裁、微软中国研究院院长，原 Google 中国区总裁，著名信息产业执行官和计算机科学研究者李开复先生在给中国学生的第一封信中提到的，不论你做出了怎样优秀的工作成绩，不会表达，无法让更多的人去理解和分享，那就几乎等于白做。所以，在学习阶段，应当尽量学会与各阶层的人交往和沟通，主动表达自己对各种事物的看法和意见，甚至在公众场合发表演讲，锻炼自己的表达能力。在表达自己思想的过程中，非语言表达方式如人的仪表、举止、语气、

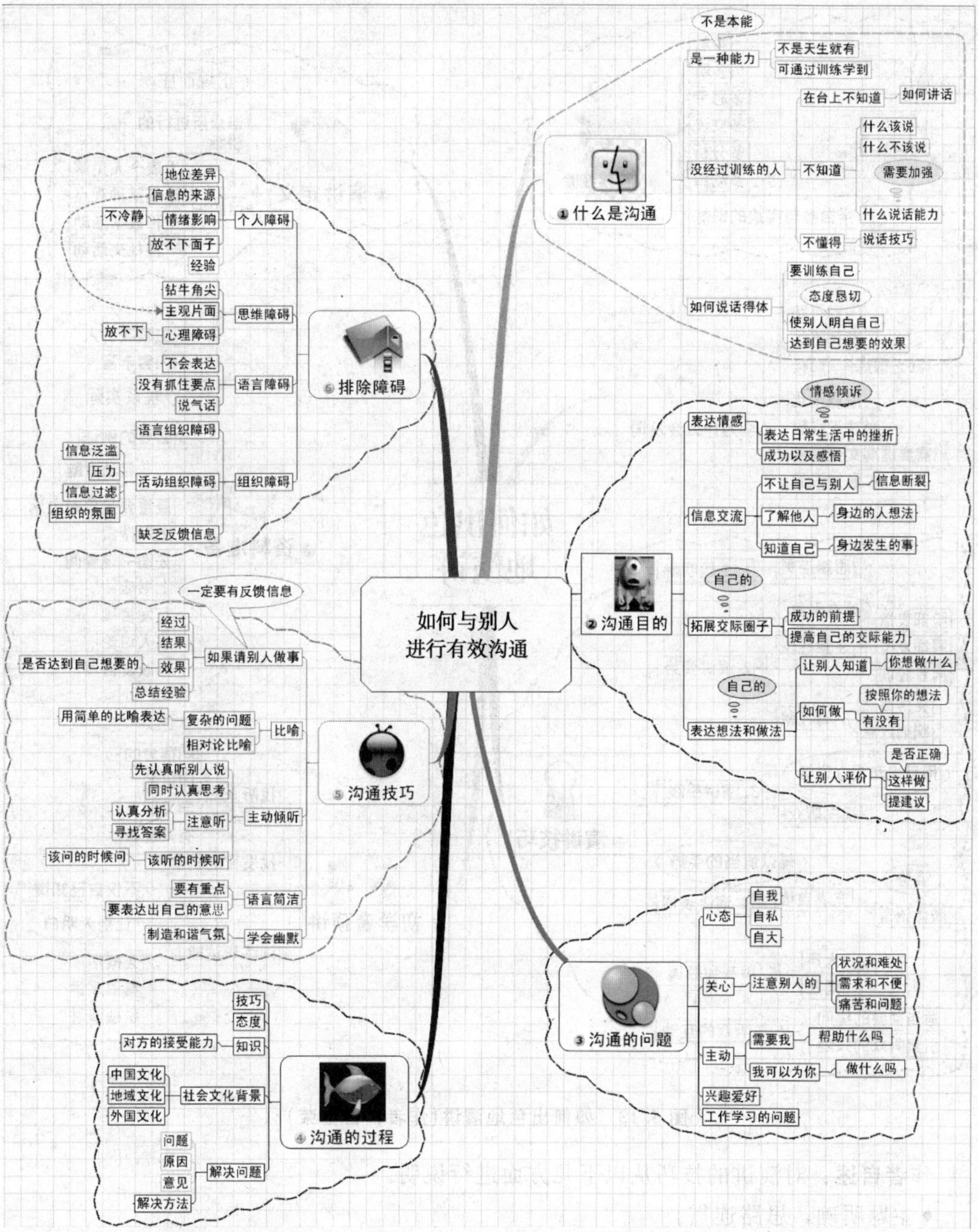

图 5.12　如何与别人进行有效沟通(作者：赵飞龙)

声调和表情等很重要。因为从这些方面，人们可以更直观、更形象地判断你的为人、你做事的能力，看出你的性格个性，从而获得十分重要的“第一印象”。

五邑大学的曾金荣同学就“如何出色地演讲”绘制了一幅思维导图(图 5.13)，他提出要明确演讲的定位，要积极进行资料的准备，要进行预讲，要积累演讲的技巧和经验。

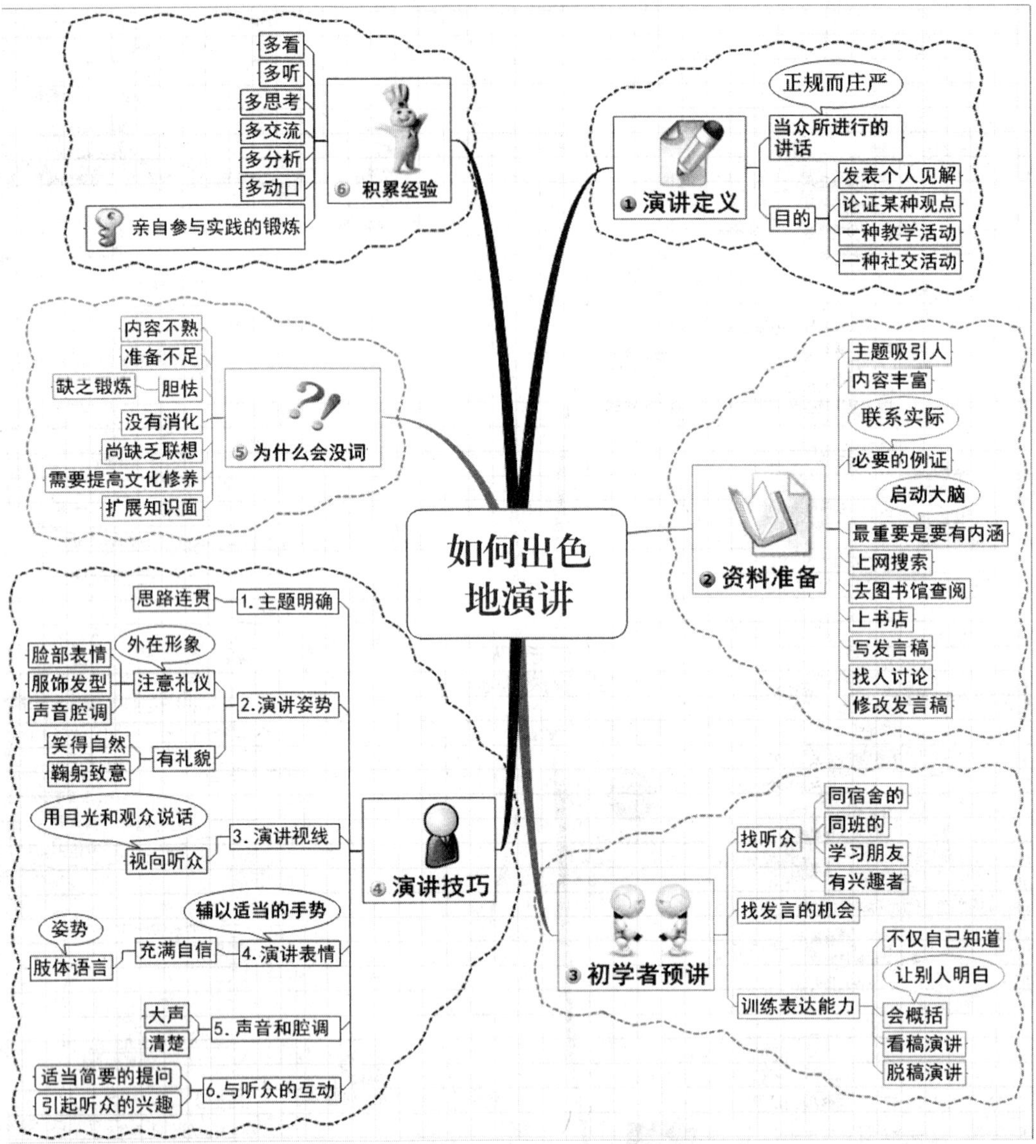

图 5.13　如何出色地演讲(作者：曾金荣)

作者自述：对演讲的技巧从以下几方面进行说明。

- 主题明确，思路连贯。
- 演讲的姿势：在表情或动作上，应是当喜则喜，当悲则悲，不要面沉似水或表情失当。应当站着演讲，辅以适当的手势，但不要指手画脚地挥来挥去。
- 演讲时的视线：演讲是在大众面前说话，亦即意味着必须忍受众目睽睽。尤其当你走到话筒前、立在大家面前的那一瞬间，来自观众的视线有时甚至会让你觉得“刺痛”。但你不能漠视他们的眼光，说话时不能避开他们的视线，应该主动通过眼神与他们进行交流。
- 演讲的表情：演讲时，脸部表情无论好坏都会给听众留下极其深刻的印象。紧张、疲劳、喜悦、焦虑等情绪都会清楚地表露在脸上，这是很难由个人的意志来控制的。演讲的内容即使再精彩，如果表情畏畏缩缩、缺乏自信，演讲就会欠缺说服力。

• 声音和腔调：声音和腔调乃是与生俱来的，不可能一朝一夕间有所改善，但音质与措词对于整个演讲影响很大，比如声音低沉会让人有威严沉着的感觉，尤其重要的是要让听众清楚地听见自己的声音。即便是音质不好的人，如果能够秉持自己的主张与信念，依旧可以吸引听众的热切关注。

• 与听众互动：成功的演讲要与听众互动、交流情感。演讲有时会没词，这个问题不容忽视。除了准备充足之外，还需要长期注意提高自己的文化修养，博学多识的人总是口若悬河、滔滔不绝的。同时还要多积累经验和方法，从心理学的角度，能够在众人面前从容自如地展示自己是有方法的，但这需要锻炼。当有演讲机会时，抓住它，多一份锻炼多一份成功。演讲的信心来源于实践的锻炼，任何一个成功的演讲家都经过了无数演讲的锻炼。萧伯纳有句话：我是这样克服羞怯和恐惧的——我一个劲儿让自己去出丑，直到习以为常。我体会到，任何事你不去亲自做，就永远不知道怎样做，更不知道怎样才能做到最好。

教师点评：《如何出色地演讲》的思维导图较好地表达了出色演讲所需要的准备。演讲要求的是一种表达能力，与人交流、课堂发言、回答问题、论文答辩、社团活动等都少不了演讲，这些都是锻炼的机会，只要大胆多锻炼、多讲、多实践，演讲能力是可以提高的。

5.3　在课程学习中运用思维导图

5.3.1　运用思维导图做读书笔记

养成做读书笔记的习惯，有助于大脑的记忆，特别是用思维导图做读书笔记，很有好处。

李开复先生自 1990 年受联合国邀请来华演讲，就开始了与中国大学生的近距离接触。之后，他一直关心中国广大青年学生的成长，曾联合海外优秀华人学者帮助中国广大青年学生成长和学习。他热心于为中国学生提供多方面的帮助成长的资源，交流成长的经历和心得，探讨人生规划和发展。关于成长的经历和心得、人生规划和发展，他给中国大学生写了七封信。

• 给中国学生的第一封信：从诚信谈起。
• 给中国学生的第二封信：从优秀到卓越。
• 给中国学生的第三封信：成功、自信、快乐。
• 给中国学生的第四封信：大学四年应该这么度过。
• 给中国学生的第五封信：你有选择的权利。
• 给中国学生的第六封信：选择的智慧。
• 给中国学生的第七封信：21 世纪最需要的 7 种人才。

李开复先生的每一封信的观点都和学习科学与技术的观点完全吻合，建议同学们花点时间阅读。由于每封信都很长，为了加深印象，可以边读边做思维导图笔记。

本书作者在教学过程中，让学生用思维导图笔记的方式阅读李开复先生给中国学生的信，分析其中哪些内容是与五项学习技术和八大智能的精神相符的，回答“读书时有兴趣吗，有动力吗，有没有读不进的时候，原因是什么”等问题。图 5.14、图 5.15 是本书作者阅读李开复先生《给中国大学生的第一封信：从诚信谈起》《给中国学生的第七封信：21 世纪最需要的 7 种人才》后作的思维导图，以启发学生。

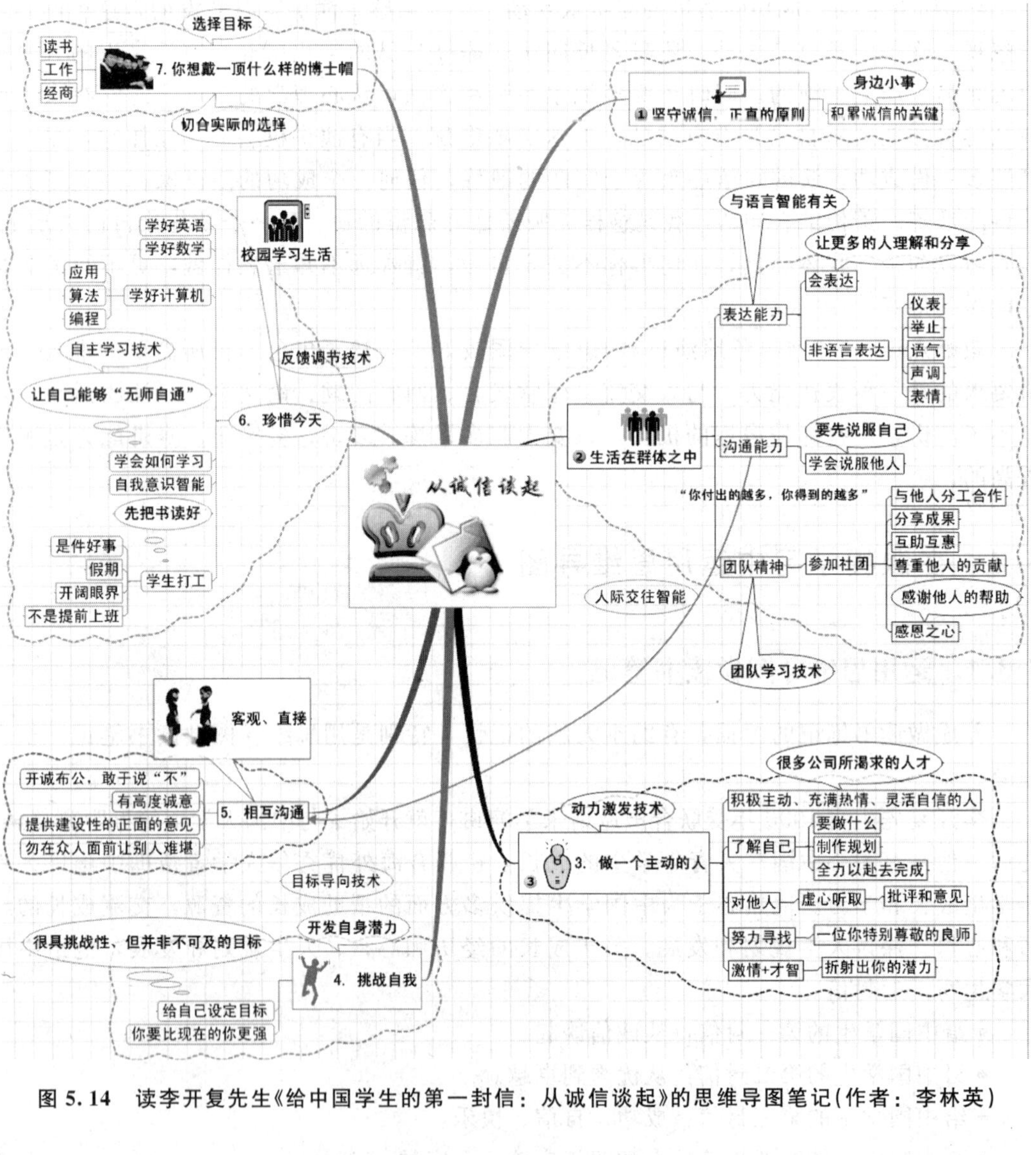

图 5.14 读李开复先生《给中国学生的第一封信：从诚信谈起》的思维导图笔记(作者：李林英)

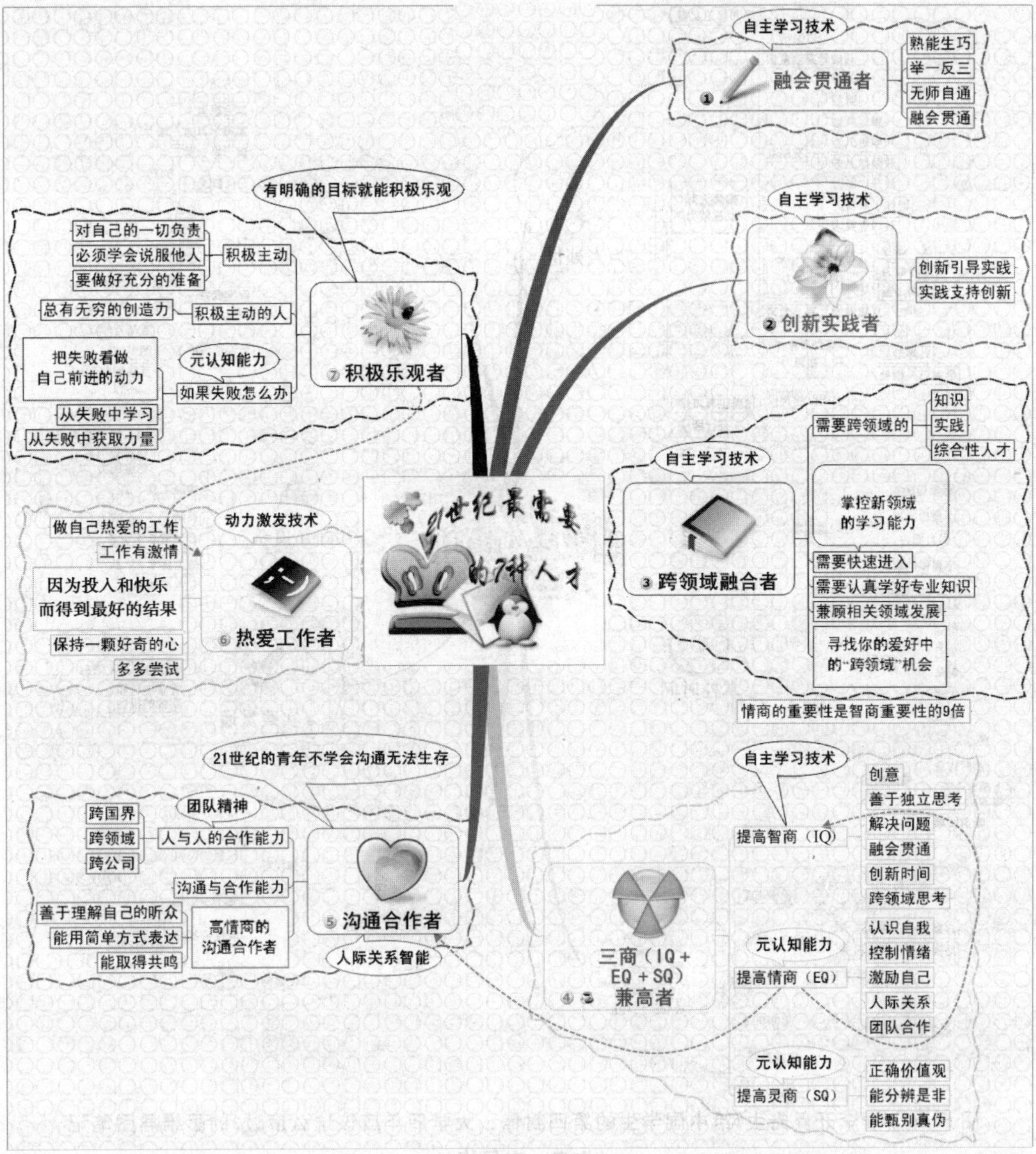

图 5.15　读李开复先生《给中国学生的第七封信：21 世纪最需要的 7 种人才》的思维导图笔记(作者：李林英)

学生在阅读李开复先生的这些信后，也绘出了很多有深度、有思想的思维导图作品，如图 5.16、图 5.17 所示。

图 5.16 是五邑大学的李凤梅同学绘制的阅读李开复先生《给中国学生的第四封信：大学四年应该这么度过》的思维导图笔记。李凤梅同学认为，每个人的人生观、价值观都是各异的，而每个大学生也都有自己的生活方式和生活态度。有的同学一入校就给自己规划了人生，有的同学浑浑噩噩直到毕业，只能以“对什么都没有的忍耐和适应……”这一所谓最大的收获来对自己大学四年做总结。因此，李开复先生希望通过这封信来警醒一些放任自己、虚度光阴、找不到正确的学习方向的学生。为了在学习中享受到最大的快乐，为了在毕业时找到自己最喜爱的工作，每一个刚进入大学校园的人都应当掌握七项

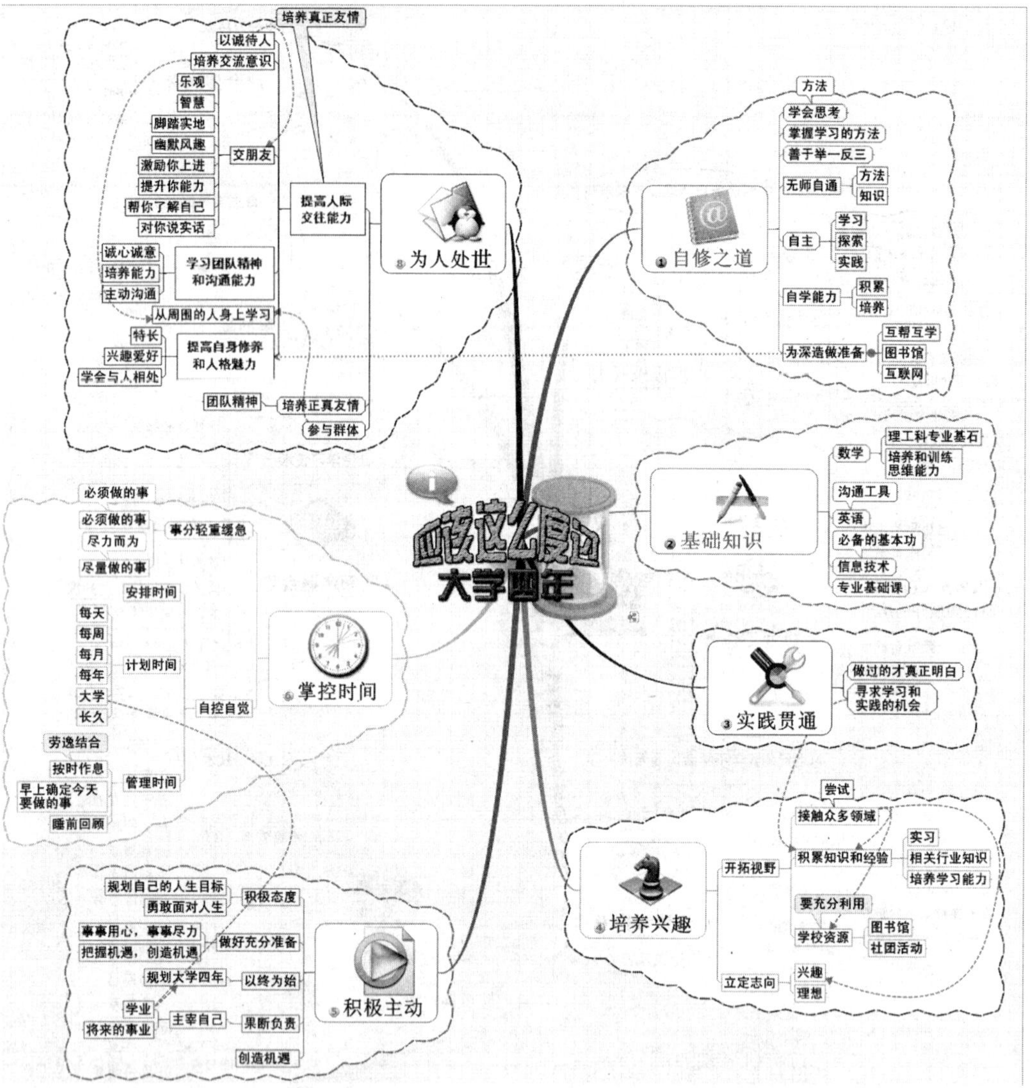

图 5.16　读李开复先生《给中国学生的第四封信：大学四年应该这么度过》的思维导图笔记（作者：李凤梅）

学习：自修之道、基础知识、实践贯通、培养兴趣、积极主动、掌控时间、为人处世。

图 5.17 是五邑大学的王少华同学阅读李开复先生《给中国学生的第二封信：从优秀到卓越》的思维导图笔记。

5.3.2　在复习计划中运用思维导图

考试是每个学生都会经历的，要想取得优异的成绩，考前的复习非常重要。用思维导图制订复习计划，能够使紧张的时间得到合理安排，同时使目标明确，重点突出，使复习计划有条不紊地执行。图 5.18 是五邑大学的叶宗幸同学用思维导图做的期末复习计划，图中针对不同学科列出了不同的复习方法，对广大同学进行期末备考具有普遍的参

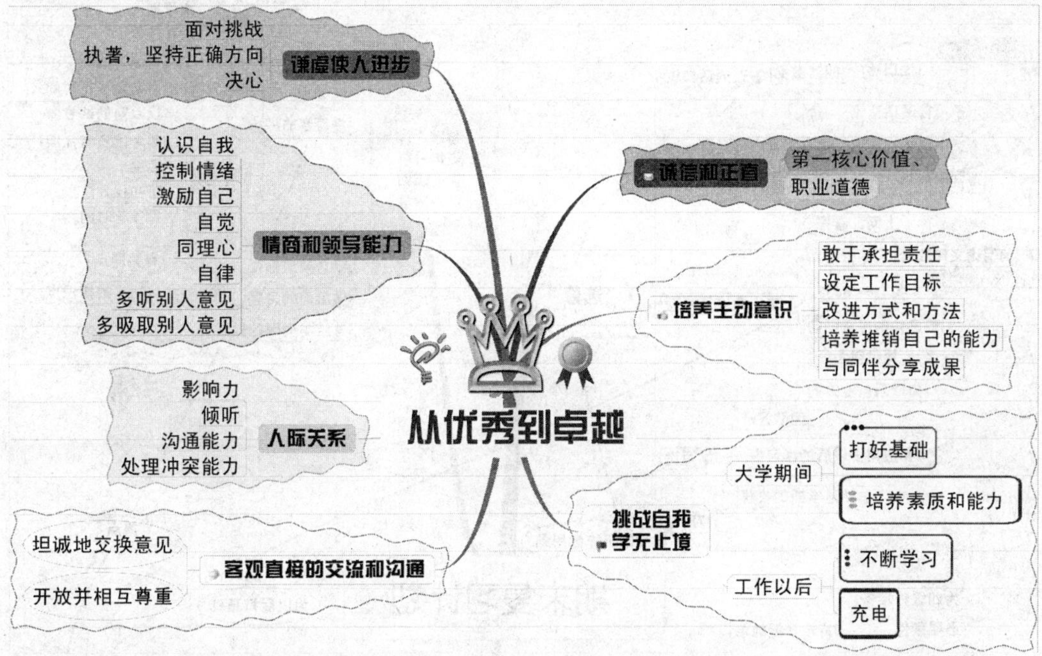

图 5.17　读李开复先生《给中国学生的第二封信：从优秀到卓越》的思维导图笔记(作者：王少华)

考价值。

作者自述：期末将至，课程实践进入了白热化的阶段，我各科的复习也正在有条不紊地进行，我从中不断总结、不断梳理知识，以巩固这学期的学习。图 5.18 是我各门课程的期末复习计划。

首先是物理、电路分析、复变函数、离散数学的复习，对于这些理科课程，做题是必不可少的一环。在做题之前，我首先浏览一遍书本的内容，找出重要的章节，记住关键的知识点，记熟公式。这个学期的物理课重在理论，我要弄懂那些原理，例如，波动的原因、波的干涉、波的衍射、明纹和暗纹产生的原理等。那些计算的题目，基本上代入公式就可以，因此，我们要做到看到题目就能够联想到相应的知识点以及相应的解法。电路分析由于 16 周就要考试，所以花在它上面的时间要比其他科多一些，基本上已经复习完了，现在要做的就是找前三年的试卷来做做，看哪些知识点已经掌握并会运用了，哪些知识点还没有掌握。三要素法、网孔分析法、节点分析法、戴维南、诺顿等效这些知识点是必考的，一定要十分透彻才行。复变函数和离散数学离考试还有几周，所以花在它们上面的时间相对就少些，只复习了前两章，但已经发现自己在这两门课程上存在很多的问题。由于这两门课程是陌生的科目，自己还没有找到行之有效的学习方法，所以即将到来的两个星期要多花些时间。

对于英语，自己花的时间已经很多了，单词已基本背完，课文在早读的时候已经读了很多遍，每篇的内容都比较熟悉了，课后的习题也做了一遍并核对了答案。接下来的两个星期，只要每天花一点时间记住各种题目的考点就可以了。口语考试将在 17 周举行，

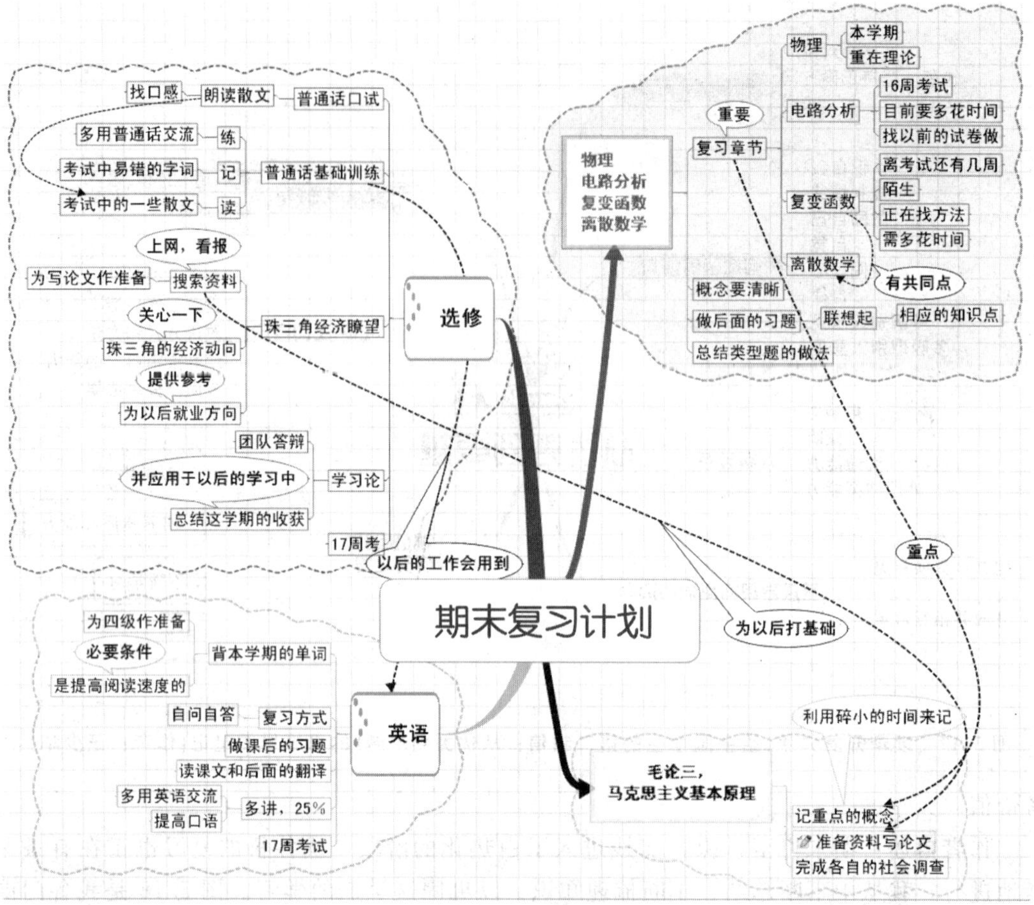

图 5.18　期末复习计划(作者：叶宗幸)

现在也正在复习，有时间的话应想一些对话，自问自答，想一些老师可能会问的问题进行练习，比如自我介绍、家乡介绍这些。

对于“毛泽东思想、邓小平理论、三个代表”和“马克思主义基本原理”，已经利用一些琐碎的时间记住了一些重点，很多概念也弄懂了。关于课程论文，也已经进行了调查，上网搜集了资料，已有了雏形，整理一下就可以了。

选修课中，“普通话”在17周考试，考试形式是口试和朗读散文，这段时间都在读那些散文，找到了一些口感。关于“珠三角经济瞭望”，也搜索了一些资料，了解了珠三角经济的一些动向。“学习论”这门课到了团队答辩阶段，团队分派给我的任务是调查鹤山的旅游文化，通过向同学询问和上网搜索，已经找到了相应的资料。

以上就是我的课程实践经过和成果，相信继续下去，期末考试的复习应该会比较成功的。

5.3.3　运用思维导图做读书计划

用思维导图做读书计划，可以发散出许多在写计划书时没有注意到、没有想到的细节。海南师范大学的吴丹用思维导图制订了一个阅读计划(图5.19)。

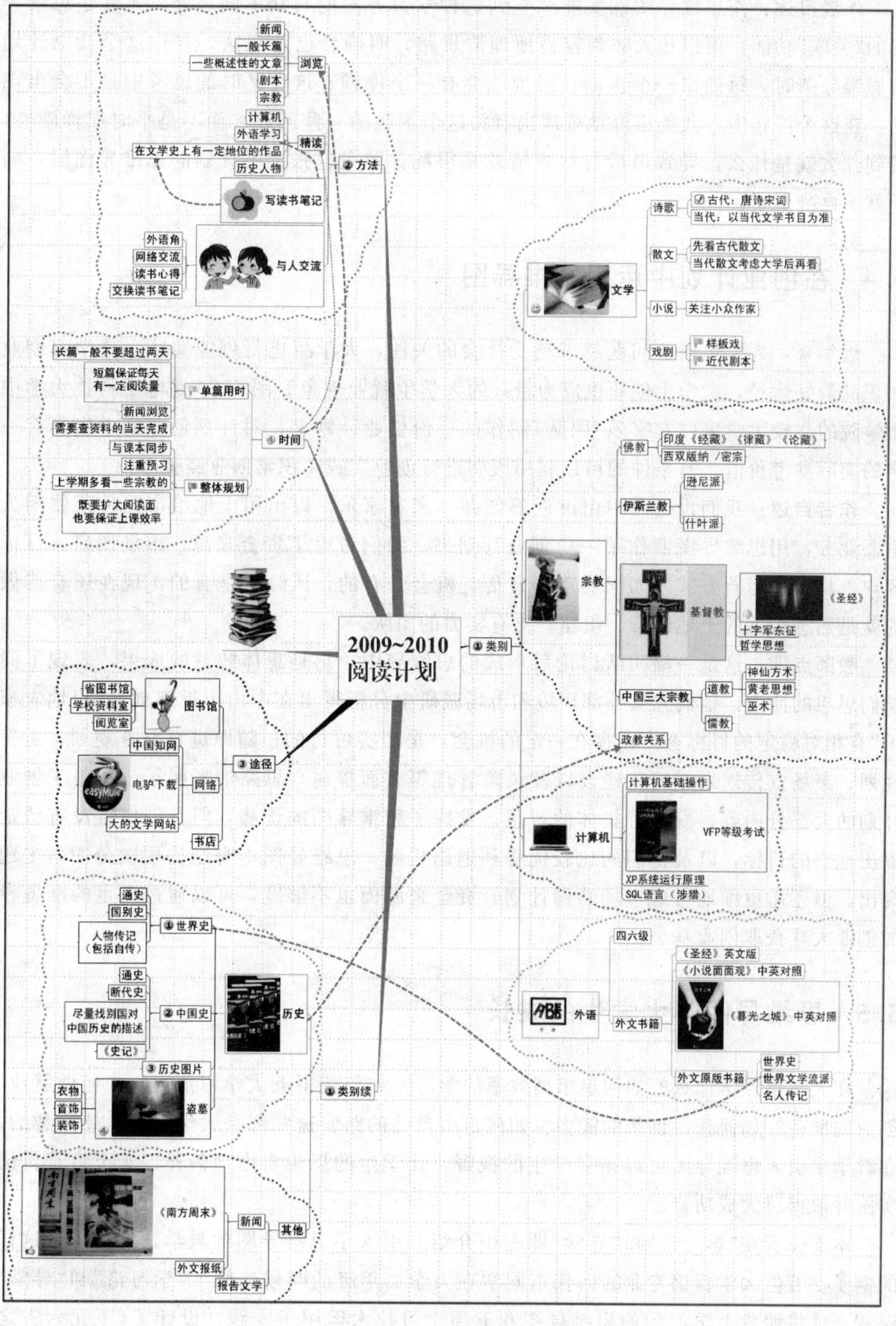

图 5.19　阅读计划(作者：吴丹)

作者自述： 作思维导图确实能感觉到这种学习方法的与众不同之处，尤其是思维导图的“关联”功能，可以让人非常容易地理清思路，明确自己的想法。在作这个读书计划的思维导图时，每列出一个主题，思维就会有一个停顿，这在平时的思考中是不会出现的。在这个停顿中，我能很好地整理出有关这个主题的一些问题，而不是平时那样随性，想到什么就是什么，导致最后有些事情总是很乱。做完这张读书计划的思维导图时，脑子就不再凌乱了。

5.4 在创业计划中运用思维导图

近年来，大学生创业问题越来越受社会的关注，大学生进行创业实践，是学习创业知识的最好途径，大学生创业也成为新兴的大学生就业现象。图 5.20 是电子科技大学中山学院的在校大学生(“农家乐”团队)制作的一份创业计划书，对计划创业的学生具有一定的实际参考价值，有条件的可以利用假期进行创业实践，积累创业经验。

作者自述： 我们设想在中山市近郊创办一家农家乐，以出租土地给市民种菜休闲为主要业务，用思维导图制作了一份创业计划书。我们考虑了资金来源、市场调研、目标客户、将来的运营方式、如何做市场宣传。机会是有的，风险也是有的，现在还有待做的就是熟悉相关的土地政策、组建一支有实力的团队。

教师点评： 这是一幅团队讨论后形成的思维导图，它是集体智慧的成果，表现了同学们思想的活力。他们先从外部环境和市场调研中分析得出在中山市近郊创办“租地农家乐”有相对稳定的目标客户，存在一定的机会，是切实可行的；随即进行财务规划、运营规划、市场宣传规划、团队建设以及风险管理等方面探讨，思路清晰明了，覆盖了创业计划的大部分内容，凝聚了集体的智慧，发挥了思维导图的优势，但是创作者没有清楚提出他们的目标，以及他们的比较优势和退出机制。思维导图本身结构层次分明，主题突出，但还需更细地考虑市场营销计划，资金来源面也不够宽，可以通过充足的准备参加创业大赛获取创业基金。

5.5 思维导图与大学生的成长

在大学重点学什么？如何追求高效率的学习？如何获得五大学习能力？如何做就业、创业的准备？如何获得创新的能力？如何走出自己的路？这些都是大学生非常感兴趣的。在教学中引入思维导图可以拓展学生的视野，让学生的思想自由地徜徉，甚至将其付诸实施并取得巨大成功。

本文作者在“学习论”和“导学”课程中介绍并引入了思维导图的教学，就产生了这样的例子。五邑大学营销专业的何伟东同学在大学二年级的时候选修了“学习论”和“导学”课程，他将课堂上学习到的思维导图和五项学习技术运用于实践，设计了《千元六省之旅》思维导图，并将其付诸实施，真的在暑假组织三人小组团队按事先设计的思维导图计

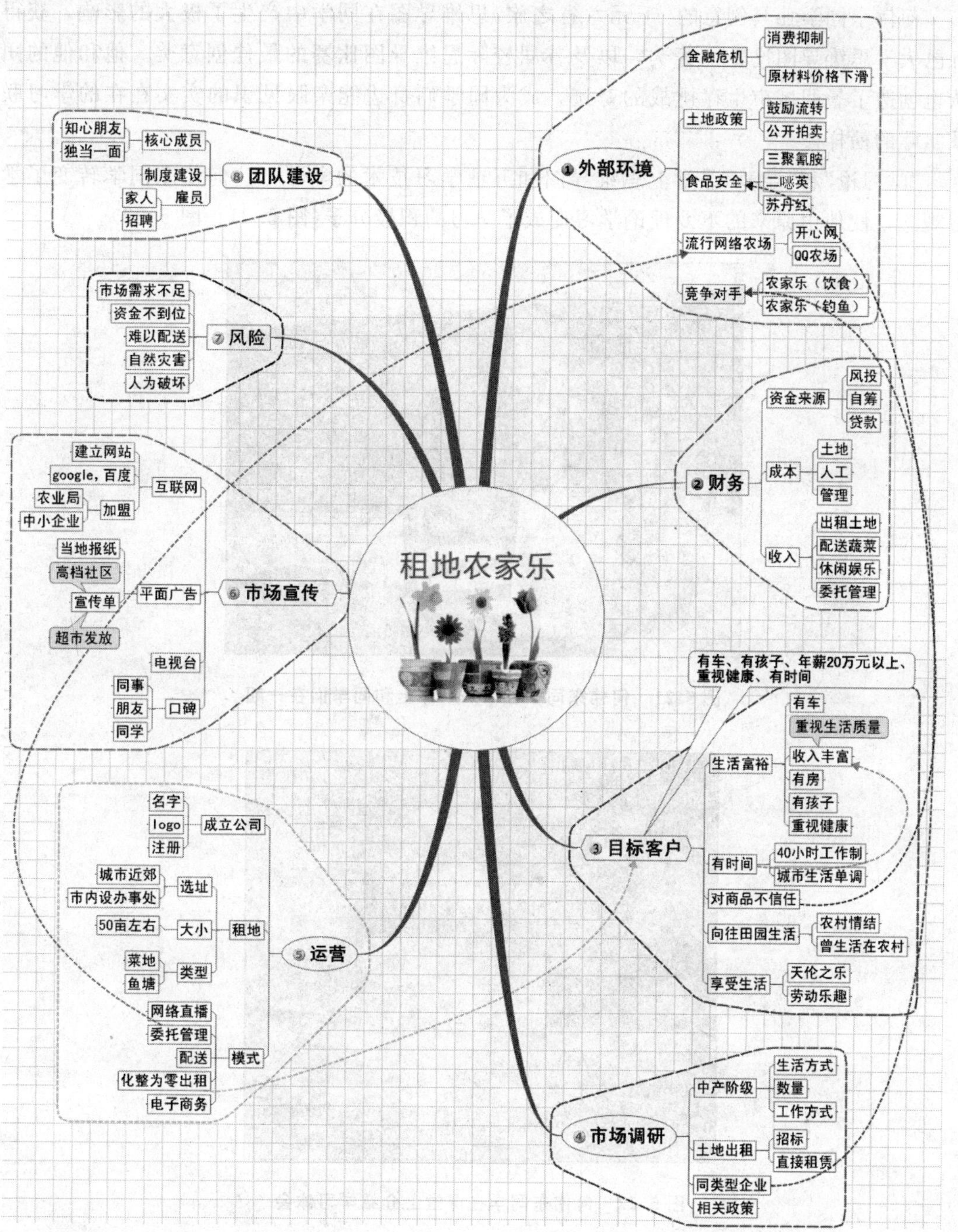

图 5.20　租地农家乐创业计划(作者："农家乐"团队)

划周游了六个省。他们为了节省开支只买硬座车票，在等车时干脆露宿车站，吃得很节省，玩的地方能走路就不坐车，虽然吃了不少苦，但学会了面对困难，第一次按自己设计出来的思维导图计划完成了一个梦想——每人用一千元周游了六个省。最终每人花费940 多元，没有超支。

何伟东同学独具创意的《千元六省之旅》思维导图在同学中产生了极大的影响，获得五邑大学思维导图比赛一等奖，以及首届校际思维导图比赛的最佳创意奖。他和他的团队也创造了暑假城市生存挑战的奇迹，成为同学们身边能亲眼见识的实实在在的学习联系实际的榜样。

“学习论”和“导学”课堂上思维导图和五项学习技术的学习，让何伟东同学转变了学习观念，使他由原来的不爱理论学习变成了学习的积极分子(图 5.21、图 5.22)。

图 5.21　何伟东同学在“导学”课上和同学们在一起

图 5.22　何伟东同学在课堂上介绍学习体会

之后，何伟东同学更是将“学习论”和“导学”课堂上学习的思维导图和五项学习技术全面地融入自己的学习和生活中。大学三年级暑假，何伟东同学再次运用思维导图作规划并组团(与五邑大学的叶谨宁同学、李观正同学及广东建设职业技术学院的刘永爱同学组成“西部之旅”团队)完成了每人 2 300 元的(广西、云南、西藏、青海、甘肃、陕西、四川、重庆)西部八省(市)游，亲身实践“五项学习技术”。回来后，他们还举办了“思维导图与学生西部之行”展览。他们的行动震撼了许多老师和同学，在校际网络平台上引发了热烈讨论，并被《江门日报》等媒体和网站热烈报道，产生了广泛的社会影响。

图 5.23 为“千元六省之之旅”的广告图。图 5.24 为“西部之旅”之主题思维导图。图 5.25 为“千元六省之旅”的总结性思维导图。图 5.26、图 5.27、图 5.28 为“西部之旅”的总结性思维导图。

图 5.23 “千元六省之旅”的广告图(作者：何伟东)

图 5.24 “西部之旅”之主题思维导图(作者：何伟东)

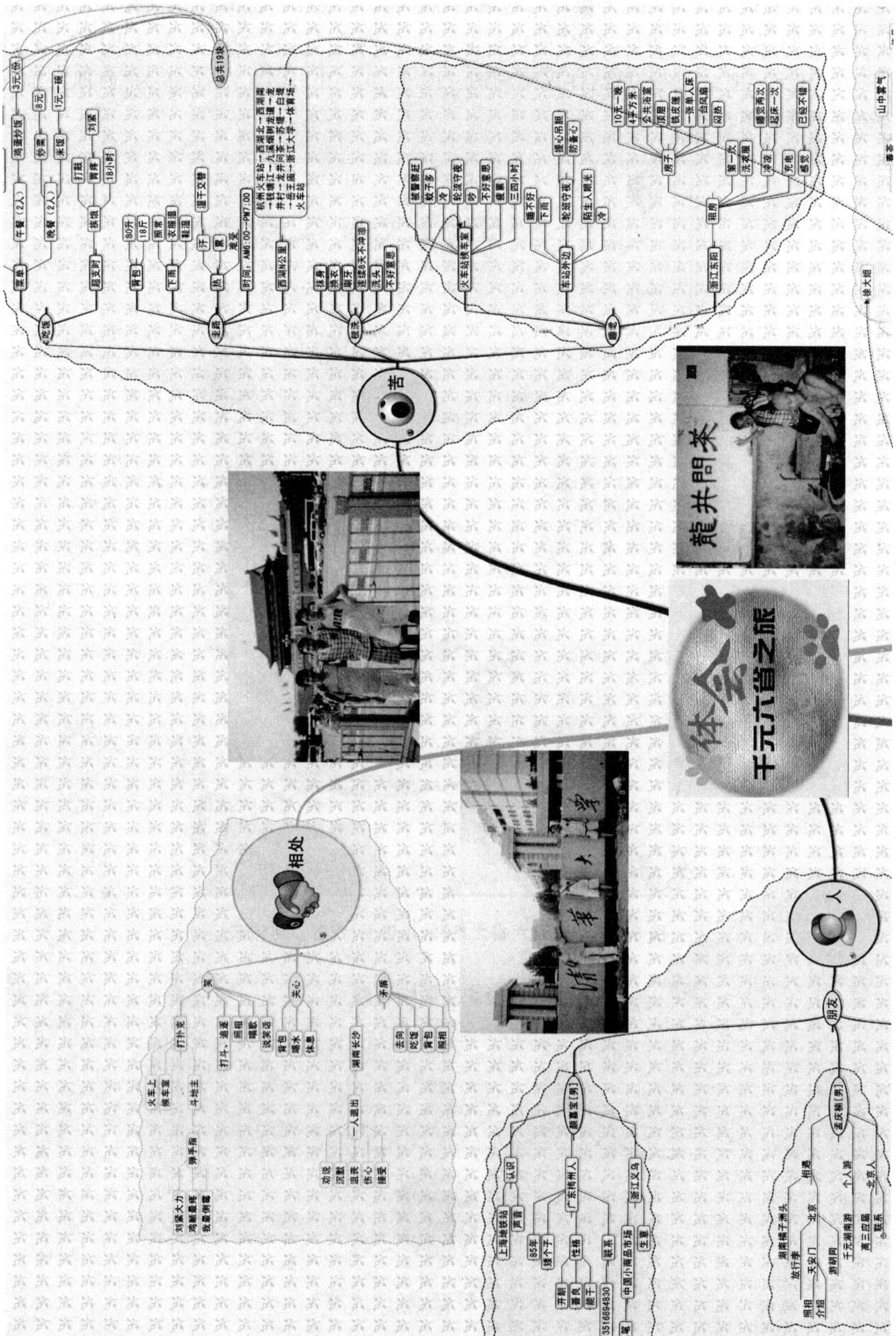
体会
千元六省之旅
吉
相处
人
龍井問茶

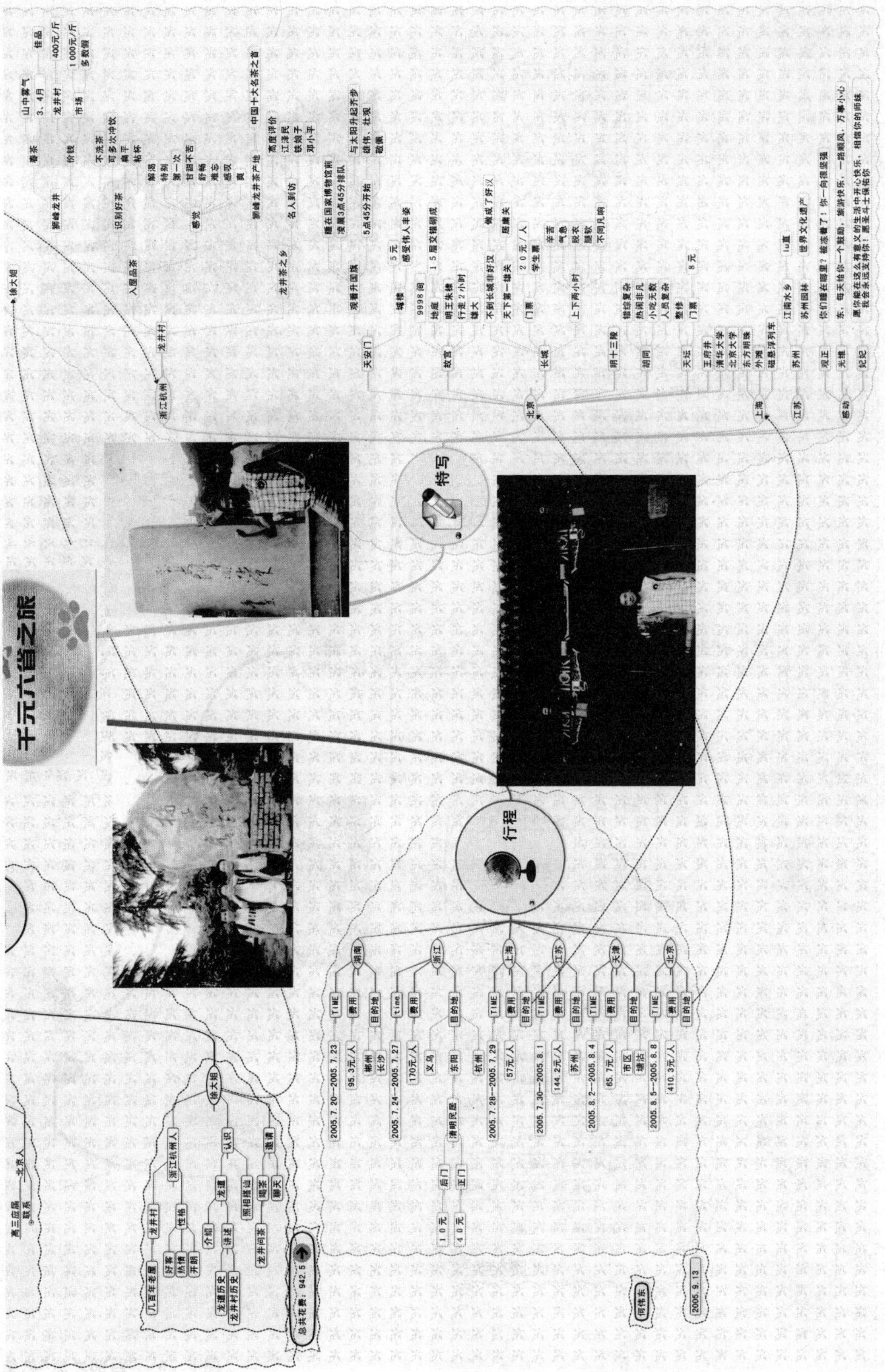

图5.25　“千元六省之旅”总结性思维导图（作者：何伟东）

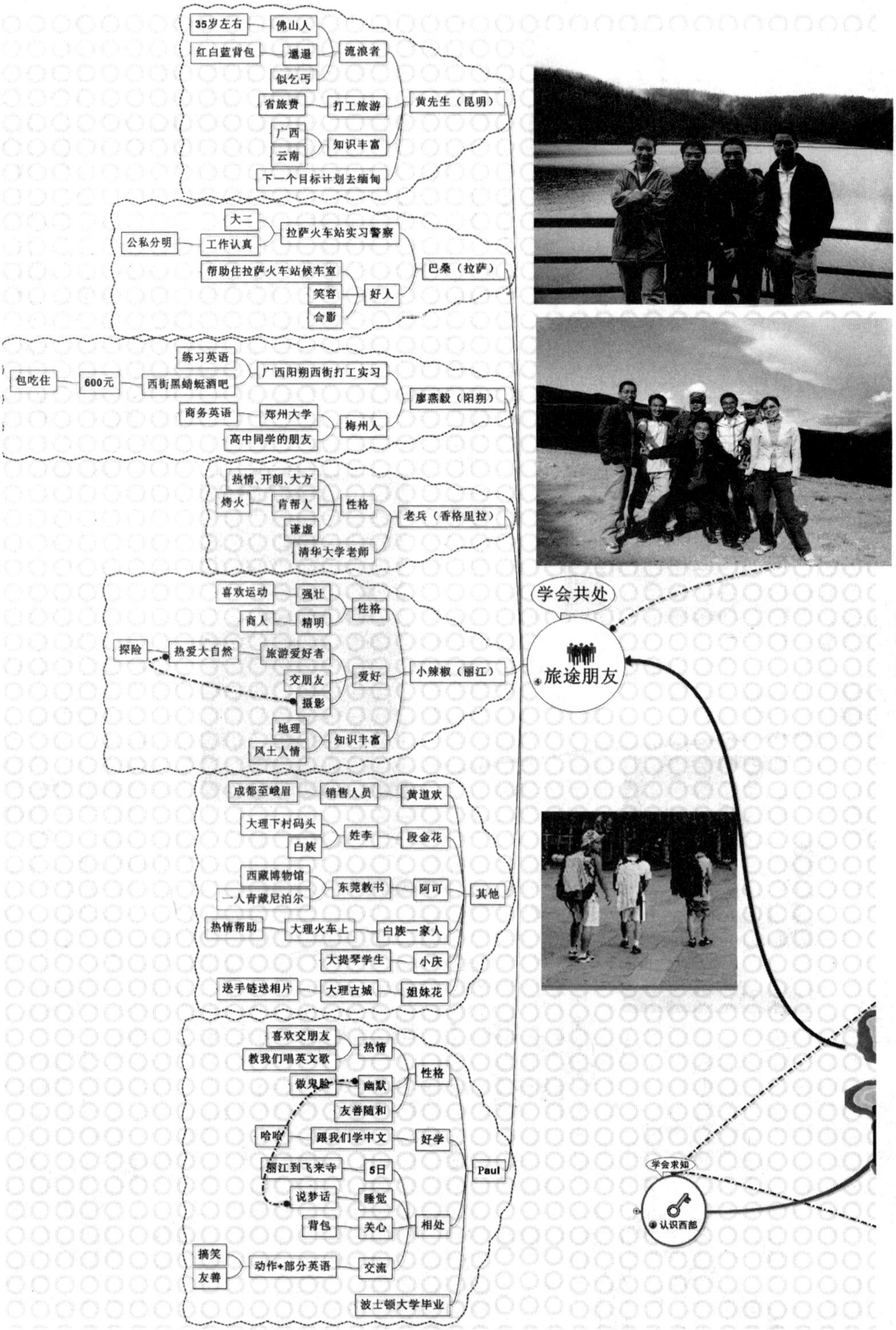

图 5.26 “西部之旅”总结之

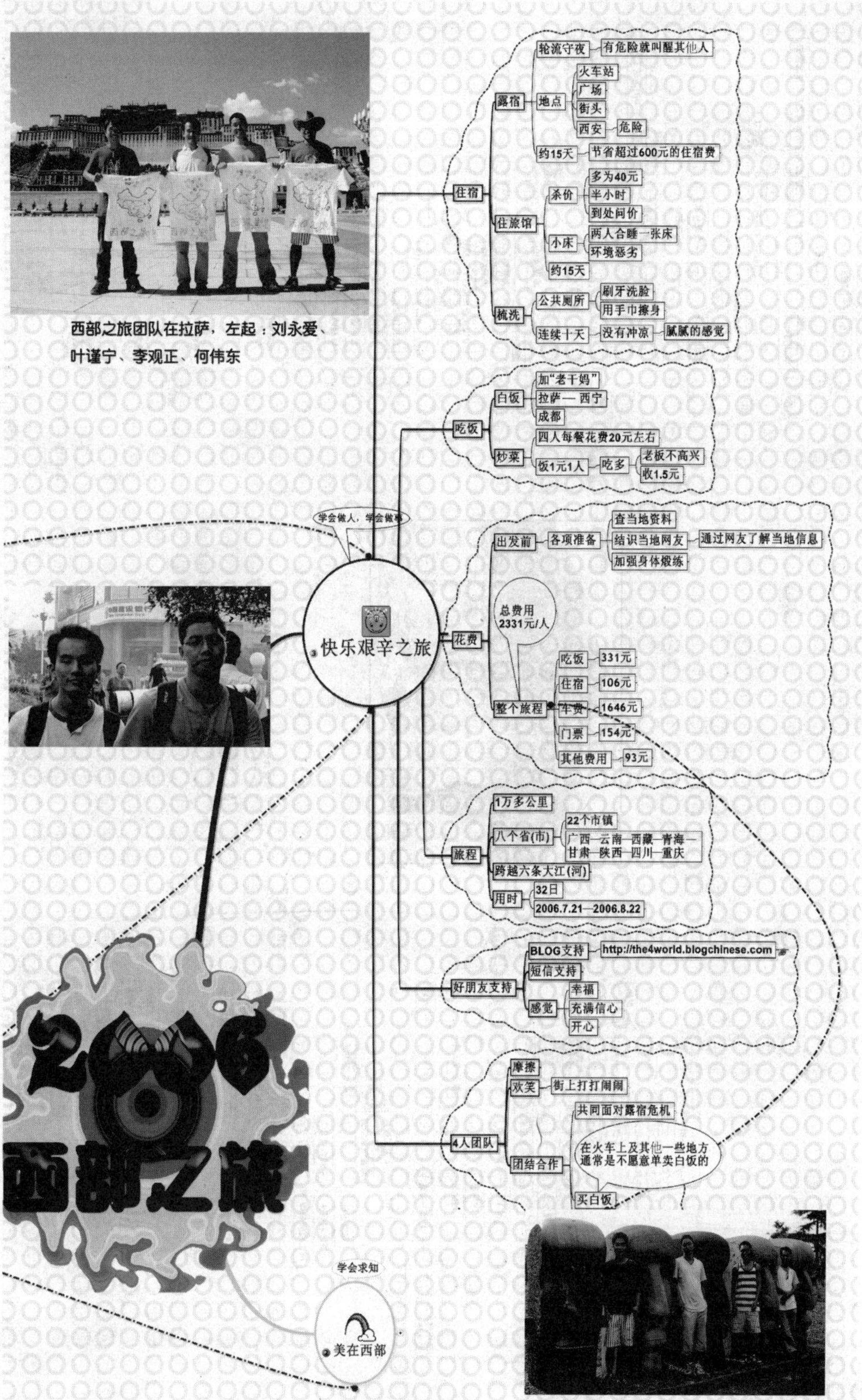
西部之旅团队在拉萨，左起：刘永爱、
叶谨宁、李观正、何伟东
快乐艰辛之旅
学会做人，学会做事
住宿
露宿
轮流守夜
有危险就叫醒其他人
地点
火车站
广场
街头
西安
危险
约15天
节省超过600元的住宿费
住旅馆
杀价
多为40元
半小时
到处问价
小床
两人合睡一张床
环境恶劣
约15天
梳洗
公共厕所
刷牙洗脸
用手巾擦身
连续十天
没有冲凉
腻腻的感觉
吃饭
白饭
加"老干妈"
拉萨— 西宁
成都
炒菜
四人每餐花费20元左右
饭1元1人
吃多
老板不高兴
收1.5元
花费
出发前
各项准备
查当地资料
结识当地网友
通过网友了解当地信息
加强身体锻炼
总费用
2331元/人
整个旅程
吃饭
331元
住宿
106元
车费
1646元
门票
154元
其他费用
93元
旅程
1万多公里
八个省(市)
22个市镇
广西—云南—西藏—青海—
甘肃—陕西—四川—重庆
跨越六条大江(河)
用时
32日
2006.7.21—2006.8.22
好朋友支持
BLOG支持
http://the4world.blogchinese.com
短信支持
感觉
幸福
充满信心
开心
4人团队
摩擦
欢笑
街上打打闹闹
团结合作
共同面对露宿危机
在火车上及其他一些地方
通常是不愿意单卖白饭的
买白饭
西部之旅
学会求知
美在西部

思维导图(一)(作者：何伟东)

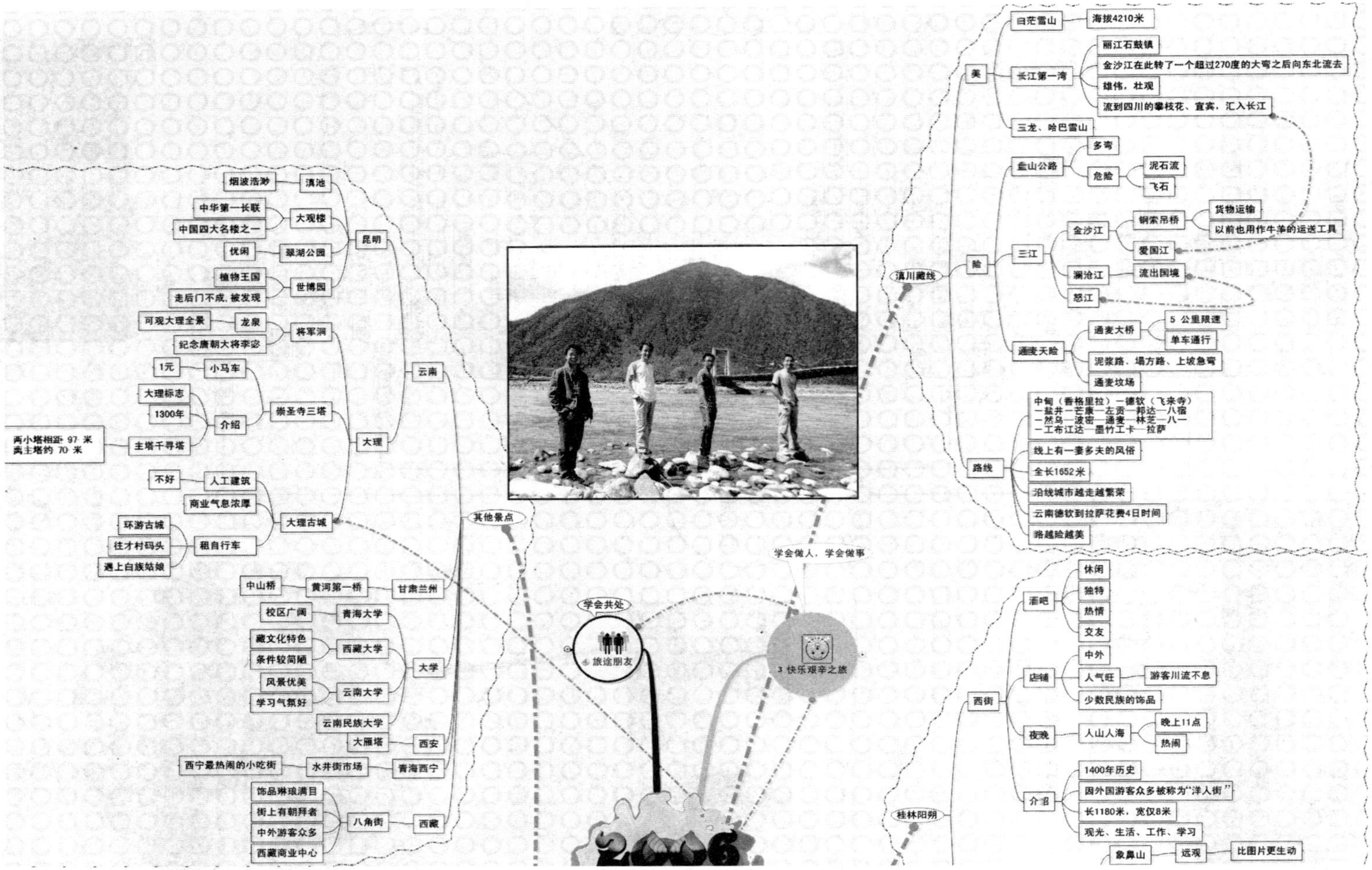
3 快乐艰辛之旅
滇川藏线
美
白茫雪山
海拔4210米
长江第一湾
丽江石鼓镇
金沙江在此转了一个超过270度的大弯之后向东北流去
雄伟，壮观
流到四川的攀枝花、宜宾，汇入长江
三龙、哈巴雪山
险
盘山公路
多弯
危险
泥石流
飞石
三江
金沙江
钢索吊桥
货物运输
以前也用作牛羊的运送工具
爱国江
澜沧江
流出国境
怒江
通麦天险
通麦大桥
5 公里限速
单车通行
泥浆路、塌方路、上坡急弯
通麦坟场
路线
中甸（香格里拉）—德钦（飞来寺）
—盐井—芒康—左贡—邦达—八宿
—然乌—波密—通麦—林芝—八一
—工布江达—墨竹工卡—拉萨
线上有一妻多夫的风俗
全长1652米
沿线城市越走越繁荣
云南德钦到拉萨花费4日时间
路越险越美
学会做人，学会做事
学会共处
旅途朋友
桂林阳朔
西街
酒吧
休闲
独特
热情
交友
店铺
中外
人气旺
游客川流不息
少数民族的饰品
夜晚
人山人海
晚上11点
热闹
介绍
1400年历史
因外国游客众多被称为“洋人街”
长1180米，宽仅8米
观光、生活、工作、学习
象鼻山
远观
比图片更生动
其他景点
云南
昆明
滇池
烟波浩渺
大观楼
中华第一长联
中国四大名楼之一
翠湖公园
优闲
世博园
植物王国
走后门不成，被发现
大理
将军洞
龙泉
可观大理全景
纪念唐朝大将李宓
崇圣寺三塔
小马车
1元
介绍
大理标志
1300年
主塔千寻塔
两小塔相距 97 米
离主塔约 70 米
大理古城
人工建筑
不好
商业气息浓厚
租自行车
环游古城
往才村码头
遇上白族姑娘
甘肃兰州
黄河第一桥
中山桥
大学
青海大学
校区广阔
西藏大学
藏文化特色
条件较简陋
云南大学
风景优美
学习气氛好
云南民族大学
西安
大雁塔
青海西宁
水井街市场
西宁最热闹的小吃街
西藏
八角街
饰品琳琅满目
街上有朝拜者
中外游客众多
西藏商业中心

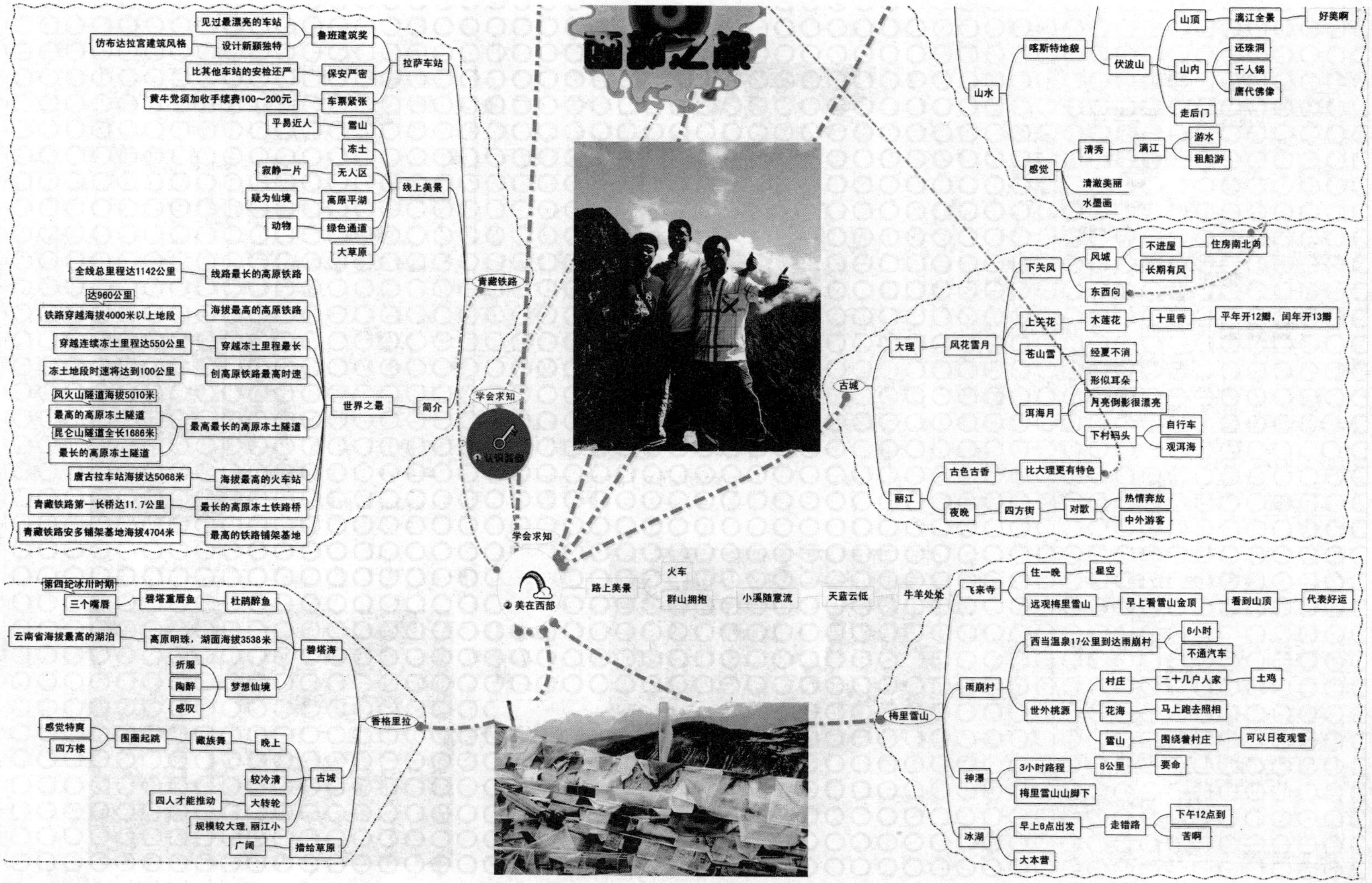

图5.27　“西部之旅”总结之思维导图（二）（作者：何伟东）

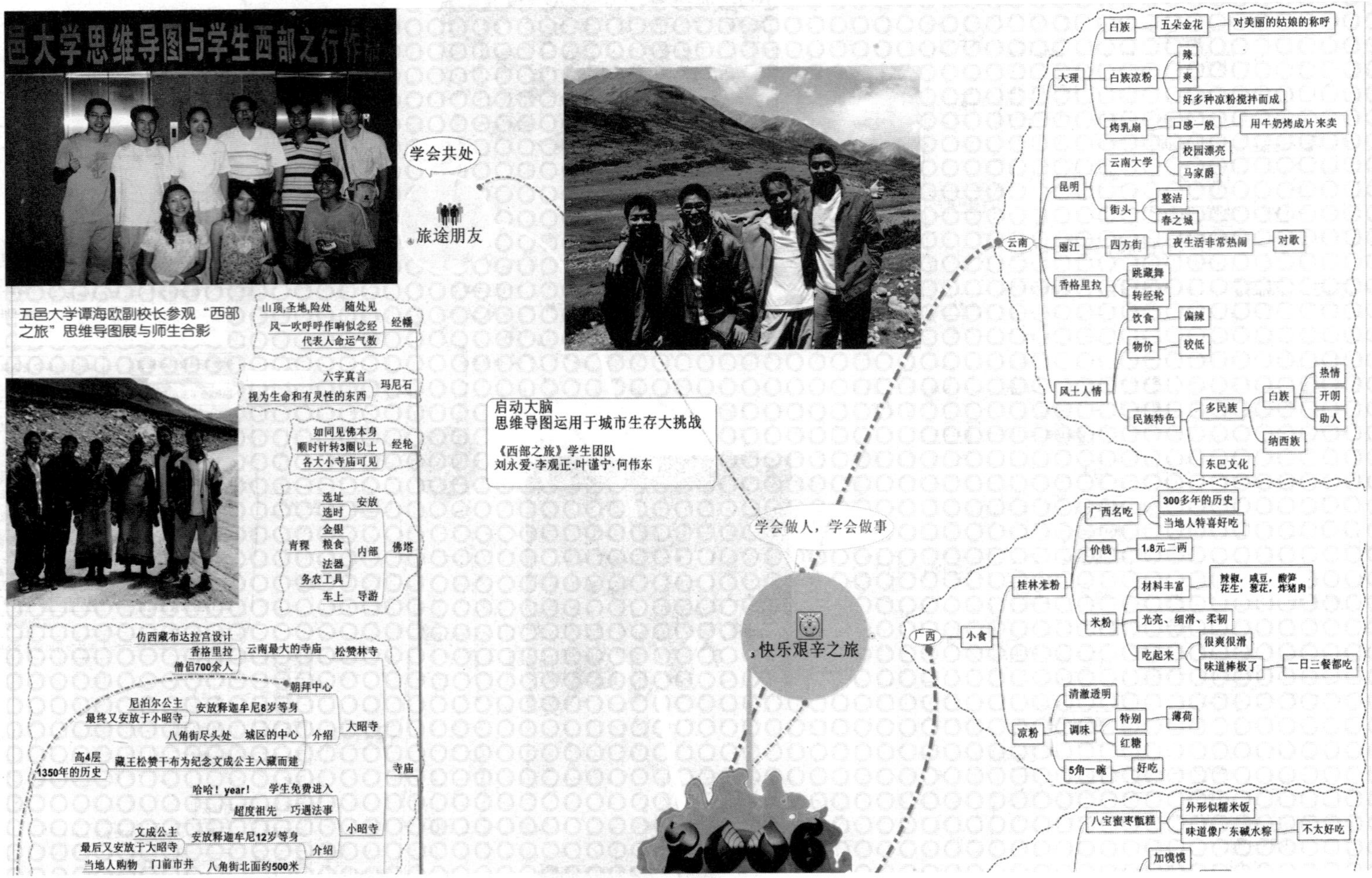

五邑大学谭海欧副校长参观“西部之旅”思维导图展与师生合影

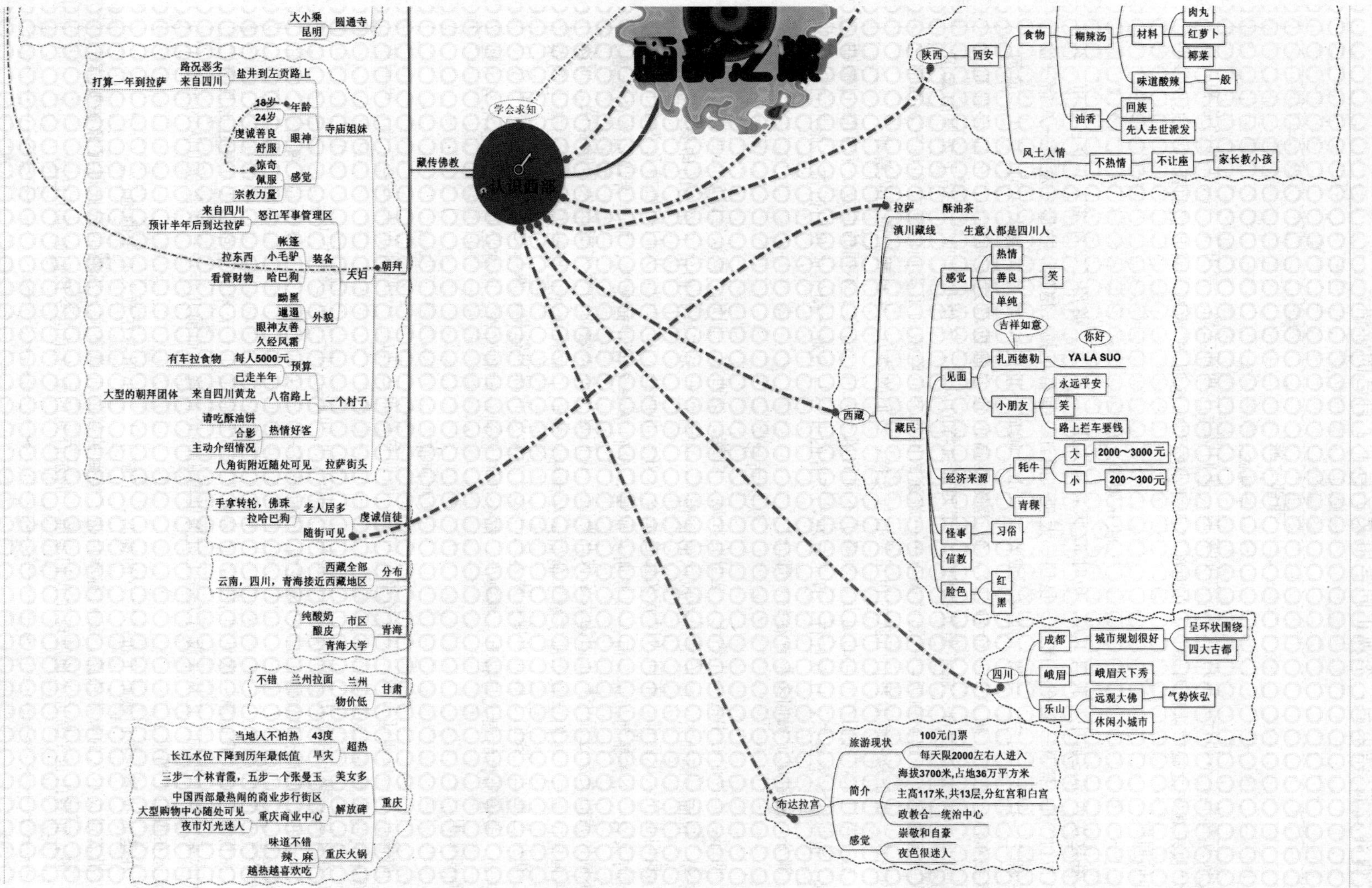

图5.28 “西部之旅”总结之思维导图（三）（作者：何伟东）

“西部之旅”结束后，李观正同学用文字写下了自己的感悟。

西部之旅

（李观正）

读万卷书，不如行万里路，2006年的暑假，我们踏上了西部之路，展开了一次西部的旅程，以下以“快乐艰辛之旅”“认识西部”“美在西部”“西部小吃”“旅途朋友”为题，对我们的西部之旅作一个全面的回顾。

快乐艰辛之旅

在这次西部之旅中，我们4人，历时32天，每人用2 331元，游历了8个省，1个直辖市、22个城市（广州—桂林—阳朔—南宁—昆明—大理—丽江—香格里拉—德钦—芒康—左贡—八宿—波密—林芝—拉萨—西宁—兰州—西安—成都—乐山—峨眉—重庆），经过6条大江河（长江、黄河、雅鲁藏布江、怒江、澜沧江、金沙江），到达的最高的地方海拔超过5 000 m，全部行程超过10 000 km……这次西部之旅不但使我们见识了西部独特的风韵，还使我们四个人结下浓厚的友谊。四人一起露宿，一起吃白饭，一起站火车……旅途的困难和危险激励了我们的意志和勇气，西部之旅的完成，也正是依赖着我们团队的相互关心与支持，我们的动力，来自我们的团队精神。

这一路过来，我们在不同的地方，领略了不同的风土人情，结交了不同的朋友。我们尝过酸甜苦辣，也收获喜怒哀乐，且歌且行，且乐且获，所有的开心与磨难，构筑成我们西部之旅不可或缺的一部分，也组成了我们多彩青春的一部分！

认识西部

西部，是我们心中的一片热土，这里有壮族、白族、纳西族、回族、藏族等民族的独特的风情，有米粉、拉面、酥油茶、酿皮等别有风味的食物……所有这些无不给我们留下深刻的印象。走进西部，我们也在认识西部。不同的民族文化总是令人好奇和向往。在大理，人们把姑娘称为金花，这个称呼来自一个美丽的传说。而在藏族朋友那里，我们学会了说扎西德勒，那是吉祥如意的意思。在不同民族的交流过程中，正因为大家彼此尊重，我们这个多民族的国家才能长久和睦繁荣。而深入当地居民家后，我们更真实地了解了他们：在桂林，我们了解到漓江边撑船人的辛酸与营生的艰难；在林芝地区，我们了解到当地藏族人民的经济来源是青稞和牦牛；西藏地区一些宗教意味浓厚的活动，藏传佛教的强大号召力、感染力，都令我们感到新鲜和好奇。所有这些，我们都在努力地了解和认识。

美在西部

游漓江水，逛丽江古城，爬香格里拉雪山，瞻仰拉萨布达拉宫……西部的美无处不在，每一站都有不同的惊喜等着我们去拾获。

在桂林，我们在游历美丽的喀斯特地貌的同时，也知道了刘三姐的美丽传说。

在大理，我们不但领略了四大“风花雪月”的美景——下关风、上关花、苍山雪、洱海月，还知道了关于美景的传说。

在梅里雪山，我们第一次见到了雪，也第一次咬着牙爬了几十千米的山路，只为更近地目睹雪山的风采。我们得知，还从来没有人登上过梅里雪山的最高峰，而前几年中日联合登山队的十七个成员还在雪山上遇难了。

在圣城拉萨，我们领略了布达拉宫的神韵，了解了大、小昭寺在藏人心中的地位。

沿着建成不久的青藏铁路，我们有幸目睹了美丽神秘的青藏高原，沿路的云低得好像快要掉下来一般，而雪山也平易近人地展现在我们眼前，偶尔看到的藏羚羊也令我们惊奇不已。

西部小吃

俗话说：民为食为天。饮食体现了各个民族、各个地方的传统和文化，而我们则通过品尝小吃，体会了不同地区的不同文化特色。

桂林的特色小吃是桂林米粉。桂林米粉有三百多年的历史，色香味俱佳，而且价格便宜，只花费1.8元就可以买到二两，而二两足够一个人吃了。

云南的小吃别具风味。如大理白族的著名传统农家食品——烤乳扇，这个被称为云南十八怪之一的小吃，是将羊奶炸成片来卖，傣味十足，味道香醇，入口留香。

西藏的小吃，不得不说的是酥油茶，酥油茶的做法是：先用茶叶熬茶，取茶水倒入竹筒中，加入酥油(酥油是牦牛的油，块状的)后和茶水一起慢慢地打。

到了西宁，我们在当地的小吃集中地水井巷品尝了名小吃酿皮、清真酸奶等。酿皮是青海的特色传统小吃，吃起来辛辣、凉爽、柔韧，回味悠长。

而在西安，我们尝到了胡辣汤、八宝蜜枣糕。胡辣汤是西安人早餐桌上常见的食物，里面有胡萝卜等众多配料，呈糨糊状，一小碗才1.5元，味道以辣为主。

重庆是出名的火炉，这里当然少不了解暑的小吃冰粉、凉虾。冰粉是用一种乔木种子生产的纯天然绿色食品。凉虾则是重庆特有的消夏解暑小吃，已经有几百年的历史。

旅途朋友

“朋友满天下”曾经是我们羡慕的一句话，西部之行回来后，我们的笔记本里集满了名片录，记的都是沿途结识的朋友，来自五湖四海、海内海外。

在昆明，我们遇上了来自佛山的黄先生，他是一个快乐的流浪者，一边打工一边旅游。他已经在云南待了一年，游玩了云南的大部分地方，遇上我们的时候正准备去缅甸。

在香格里拉，我们遇上了Paul和Zeb，他们是美国人，Paul曾在北京待过一些日子，会一点点中文。我们一路上用英文和中文夹杂着沟通，他们总是很耐心，大家语言上表达不清楚时，就借用肢体语言沟通，而Paul更是耐心地一板一眼跟我们学中文。在结伴同游的几天里我们相处得非常融洽。

此外，我们还在大理才村码头遇上了可爱的导游段金花，在昆明遇上了卖桃子的陈兄弟，在德钦遇上了读研究生的司马阳，还有一个人自助游的小辣椒，这些朋友不但使我们认识了各地的文化风俗，还给我们留下了珍贵的友谊。

“西部之旅”结束后，何伟东同学也用思维导图绘出了自己的感悟(图5.29)。他认为：32天的“西部之旅”，相比“千元六省之旅”收获更多，感悟更多：从这次旅游当中，我学会了做人、求知、共处、做事。个人的能力得到很大提高，感受和认识了西部的神秘、西部的风土人情、西部的美景……作为一名大学生，除了课本知识外，我们应该多了解外面的世界。我们的这次西部之行收获颇丰，既游览了美丽的景色，也认识了一些社会现状。我想说，外面的世界很精彩，外面的世界也并不无奈，只要肯去面对，肯花心思去思考，去解决问题，所有的困难都微不足道，而解决困难后的成就感，会让人得到满足，也能提升自信心。趁着自己青春，去放飞自己的梦想吧，会获益良多的！

何伟东等同学在“学习论”和“导学”课堂上“结识”了思维导图，而思维导图的学习和应用极大地丰富了他们的学习生活，并且在一定程度上改变了他们的人生，使他们多了一份应对陌生事物的胆量，多了一份向前冲的勇气，多了一份人生的阅历，多了一份终生难忘的回忆，为后来的学习和工作奠定了基础。正如何伟东同学所说，是“学习论”和

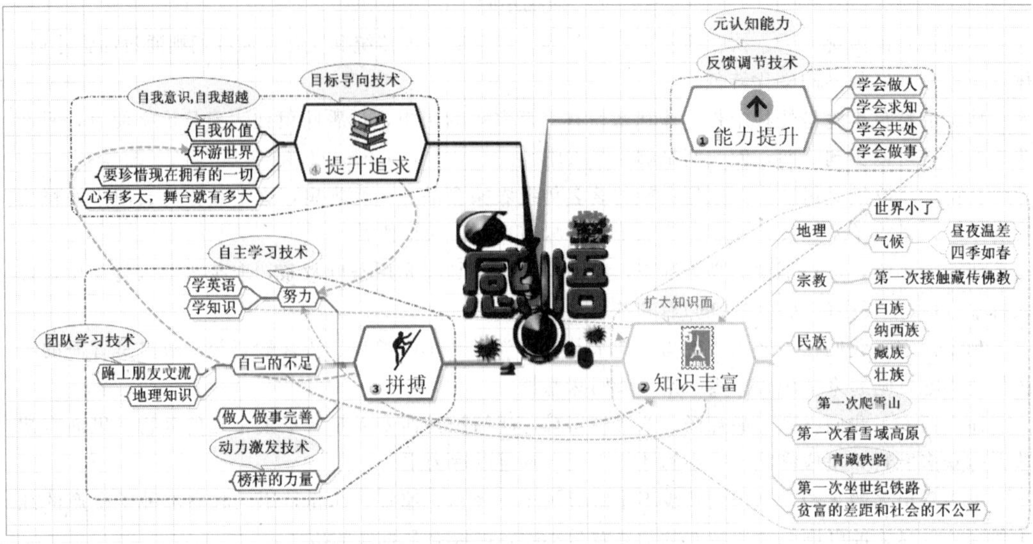

图 5.29　感悟(作者：何伟东)

“导学”课程改变了他，使他理解教育过程其实是理解的过程。通过课堂的学习，他意识到思维导图的存在，并感受到它的巨大的能量：思维导图是一个能使你想问题、办事情更有效率的思维工具。在此基础上，何伟东同学开始规划和筹备毕业之后的创业，并付诸实施。现在，何伟东同学的公司已经取得了优异的业绩，并获得了风险投资，他成为了在校大学生的榜样，他的事迹也成为思维导图伴随和促进大学生成长的典型案例；在一家房地产企业任职的李观正取得了非常优秀的成绩；叶谨宁在广西壮族自治区融水县做志愿者的过程中得到了很好的锻炼，已找到了自己的发展方向。在回首往昔的时候，无论是何伟东，还是李观正、叶谨宁，他们都不约而同地提到了“学习论”和“导学”课程，提到了思维导图和五项学习技术，思维导图的创作培养了他们的开拓精神，也在一定程度上拓展了他们的职业发展空间。

我理解的思维导图

（何伟东）

思维导图简单来说就是把自己的思维(所思所想)用图的方式表达出来。我们都知道人的左脑和右脑有明确分工，左脑主要负责逻辑、文字、语言、分析、数字、次序，右脑则主要负责颜色、音乐、想象、空间感觉、直觉、图形等活动。而思维导图就是充分发挥人的左、右脑的功能。它使你的思维更活跃、更发散，从而使你想得更多、更全面，也更有创意。我跟很多人说起思维导图时，他们认为这与我们平时列的提纲没什么两样，这是一种误解，用文字一行行地列提纲只调动了你的左脑，是传统的线性思维。而思维导图将左、右脑一起调动，更利于思考。思维导图是全脑开发很好的工具。

画思维导图很简单，因为它本身就是顺应大脑的思维过程而设计的。例如我的那幅《我理解的思维导图》(图 5.30)，我直接把“我理解的思维导图”这几个字画在中间后，想到应从思维导图的应用、理论原理、如何画思维导图以及它对人精神的影响四个方面去思考，于是就把我的理解分成四个分支，然后按照四个分支往外想、往外发散，画的过程中尽量用简单的文字和图像概括自己的想法(关键词需要训练)，手绘时，要尽量快，想到什么就画什么，不要因为想什么华美的文字表达而浪费时间。就这样简单。

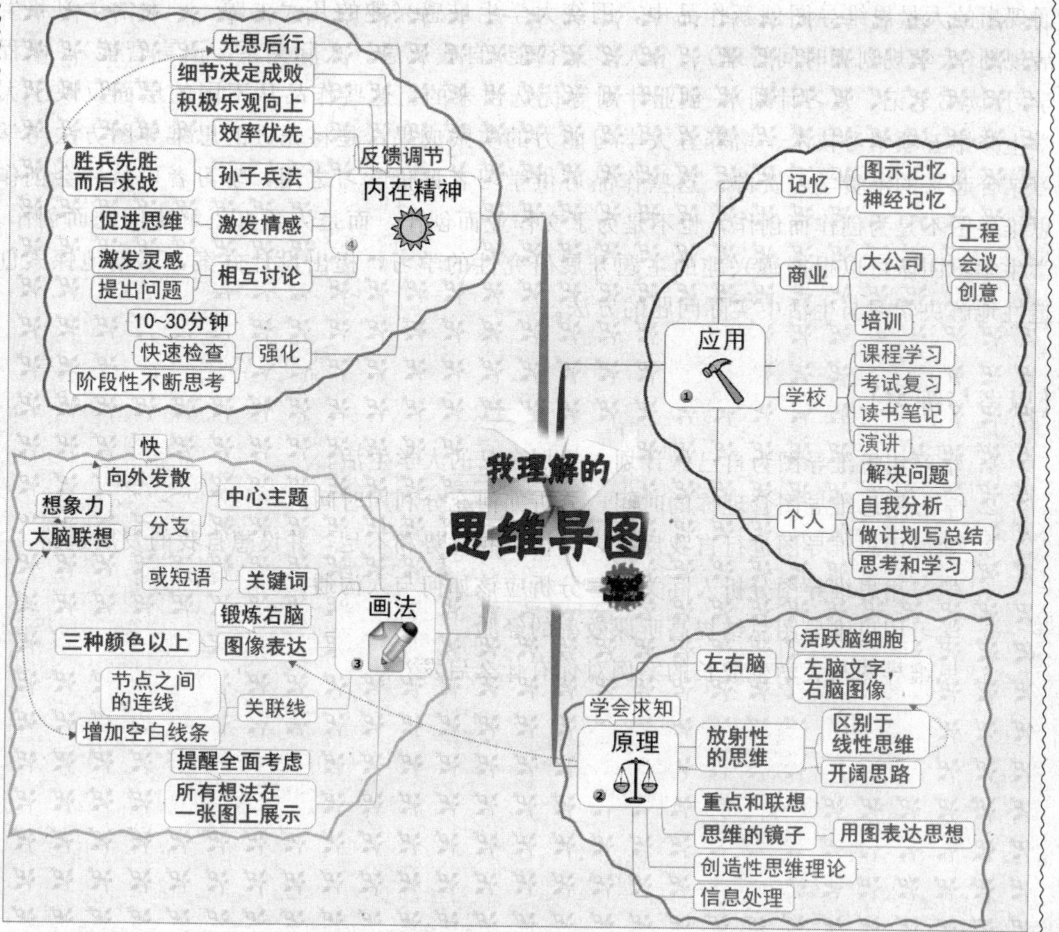

图 5.30　我理解的思维导图(作者：何伟东)

思维导图创立到现在已经有 30 多年了。全球有 2.5 亿人在应用，这一数字在不断增加。因为思维导图可以开发大脑潜能、提高脑力和理解力、激发创造力，在全球 500 强企业如 IBM、波音、微软、强生、汇丰银行、甲骨文等，思维导图已被广泛应用，思维导图也已成为欧美高级商务人士的必备工具。

我自己用思维导图两年多，感觉想东西更加积极乐观，更倾向于正面思考。同时思维导图使我想事情更全面、更周密、更快、更有创意。这在我的“千元六省之旅”与“西部之旅”中已得到实践证明。

思维导图的作用在何伟东等同学的成长发展轨迹中显露无遗，他们领会了思维导图所蕴涵的思维技巧及方法，并将其成功应用到实际生活中，为他们后来在工作和学习中取得良好成绩奠定了基础，这种做法非常值得学习、反思和推广。

【本章小结】

本章是大学生创新运用思维导图技术的成果，即从大学生结合学习科学理念的实践涌现出的大量思维导图创新作品中，围绕大学生最感兴趣的几大主题——大学学习和生活规划(大学规划和时间管理)、个人多元智能(自我反思、人际关系、语言智能)、课程学习(读书笔记、复习计划)、创业计划等优选出来的。这些作品从不同的层面反映了大学生修炼五项学习技术、培养五大学习能力的实践成果，是将先进的思维导图方法与学习结合起来的宝贵学习资源。这些作品可供学习者评价学习之用，学习者可从体会创作思维导图不是为创作而创作，也不是为了交作业而创作，而是为了真正解决问题而创作。学生学习团队可以根据感兴趣的主题开展研究性的学习，提出设计方案，不断地探索创造性地解决学习与生活中实际问题的方法。

【思考与练习】

1. 学习用思维导图为自己做计划，规划自己的大学生活。
2. 学习用思维导图管理你的时间，分析如何充分利用时间。
3. 学习用思维导图进行自我反思，分析自我优势和不足，并设想自我的发展道路。
4. 学习用思维导图分析人际关系，分析应该如何与人沟通。
5. 学习用思维导图总结提高听课效率的经验。
6. 思维导图与大学生成长的案例对你有什么启发？

第 6 章　思维导图与大学教学创新

最好的学习是个性化的学习，最好的教学是对话式的学习，最好的教育是自我教育：自我意识与自我超越。

——桑新民

在绘制思维导图时，大脑需要不停地清理思路、思考要画的内容、分辨内容的主次，这将加深绘图者对专题内容的认识。绘制的思维导图中要用到色彩、线条、关键词、图像，这可以把抽象的知识具体化，建立知识之间的联系，结构清晰、层次分明的思维导图有利于对信息的组织和管理，可以帮助绘图者记忆。绘制完成的思维导图是相关主题的一个纲要性总结，在学习规划、知识或经验总结、计划制订和行为反思时将其作为纲领，可以避开内容繁复和结构错综的细节问题，大大提高学习或行动的方向性和有效性。

教师的使命是教会学生如何学习，因为在以教师讲授为主的课堂中，学生不可能真正成为学习的主体、主人。那么，教师该如何调动学生的积极性，使学生能积极主动地参与到教学中去呢？将五项学习技术和思维导图方法与专业课程结合起来，不失为一种有效的方法。五项学习技术是大学生成功完成学业的经验总结，思维导图是一种可视化的思维工具，将实践证实了的先进学习技术与无限的联想结合起来，必将产生创造性思维的火花。教会学生用思维导图作总结，进行学习和生活的规划、计划，反思自我的行动和行为，可大大提高学习和生活的方向性和有效性，十分有益于学生的个人发展。

本章将展示教师和同学在教学活动中结合自身实际创作的部分优秀思维导图作品。一部分作品涉及研究性学习、学习科学、电子商务应用、工业设计、电视修理、职业规划、如何成为教师以及教师怎样提高教学质量等实践主题，相关思维导图对这些主题进行了层次分明的系统性总结和归纳，使观者对作者的实践活动内容、过程、成果/成就、经验以及思想一目了然。由于作品的作者都是在校的大学生或者老师，作品更多地聚焦于教学主题，很多作品关注对英语、信息技术、信息检索与利用、物理、化学、职业规划、心理学、中国工艺美术史、数字电路、数据结构、电视修理、人物三维动画等具体课程的学习。这其中，有课程复习计划、有备考准备、有学习内容梳理……思维导图将课程中的知识和资源整合为一个简洁明了的系统，在遇到模糊知识点的时候同学们再查询书本。这种方式极大地提高了学习的效率，同时这个图示化的系统也能够加深学习的深度、广度和逻辑性，使同学们实现在表达、沟通、演讲、写作、管理时将其信手拈来。这些思维导图作品大多都是在校际思维导图比赛中获得好评的作品，同学们的学习热情和聪明才干在其中显露无遗。

另外，这些思维导图作品可以促使教师进行创造性教学的深层思考，而学生可参考这些思维导图作品进行评价性学习，也可以在这些作品的基础上结合自己的学习情况进行发散联想和创造性思维，开辟智力发展更广阔的课堂。

6.1　思维导图与研究性学习

研究性学习以“培养学生永不满足、追求卓越的态度，培养学生发现问题、提出问题，从而解决问题的能力”为基本目标；以学生从学习生活和社会生活中获得的各种课题或项目设计、作品的设计与制作等为基本的学习载体；以在提出问题和解决问题全过程中学习到的科学研究方法、获得的丰富且多方面的体验和科学文化知识为基本内容；以在教师指导下，学生自主进行课题研究开展学习为基本教学方式。研究性学习的开展是我国当前教学方式的重大改革，被多所学校列为“学习科学与技术”课程的基本教学方法与学习单元。研究性学习的主题涉及各种学习现象、方法、过程与学习理论，尤其鼓励学生以团队协作的方式研究基于技术的学习方法与学习规律。研究性学习是开放式的，教师需对课程的目标定位、研究选题、学习过程、教学特点等进行整体设计，思维导图常被作为开展研究性学习的有力工具与手段，对教学目标以及整个教学过程进行规划与设计。思维导图在研究性学习中的运用既有利于教师交流课程的教学设计成果，也有助于学生理解课程目标与学习方法。图 6.1 是海南师范大学“学习科学与技术”教育技术本科专业课程的研究性学习思维导图，图 6.2 是研究性学习的班级分组图。

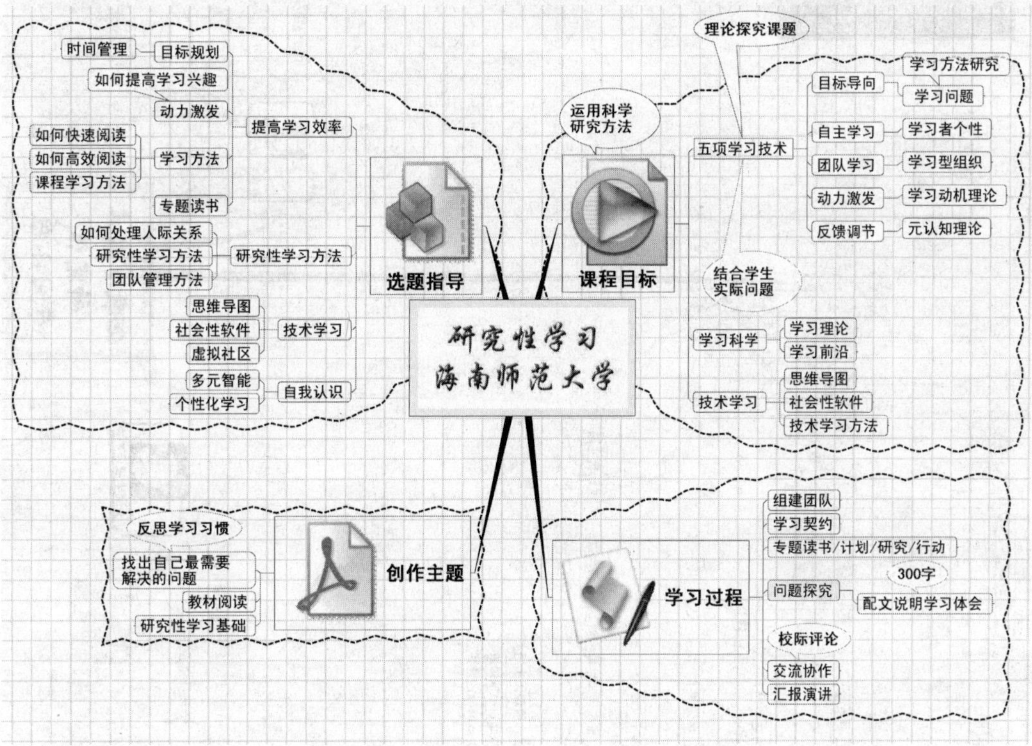

图 6.1　研究性学习的课程设计(作者：李翠白)

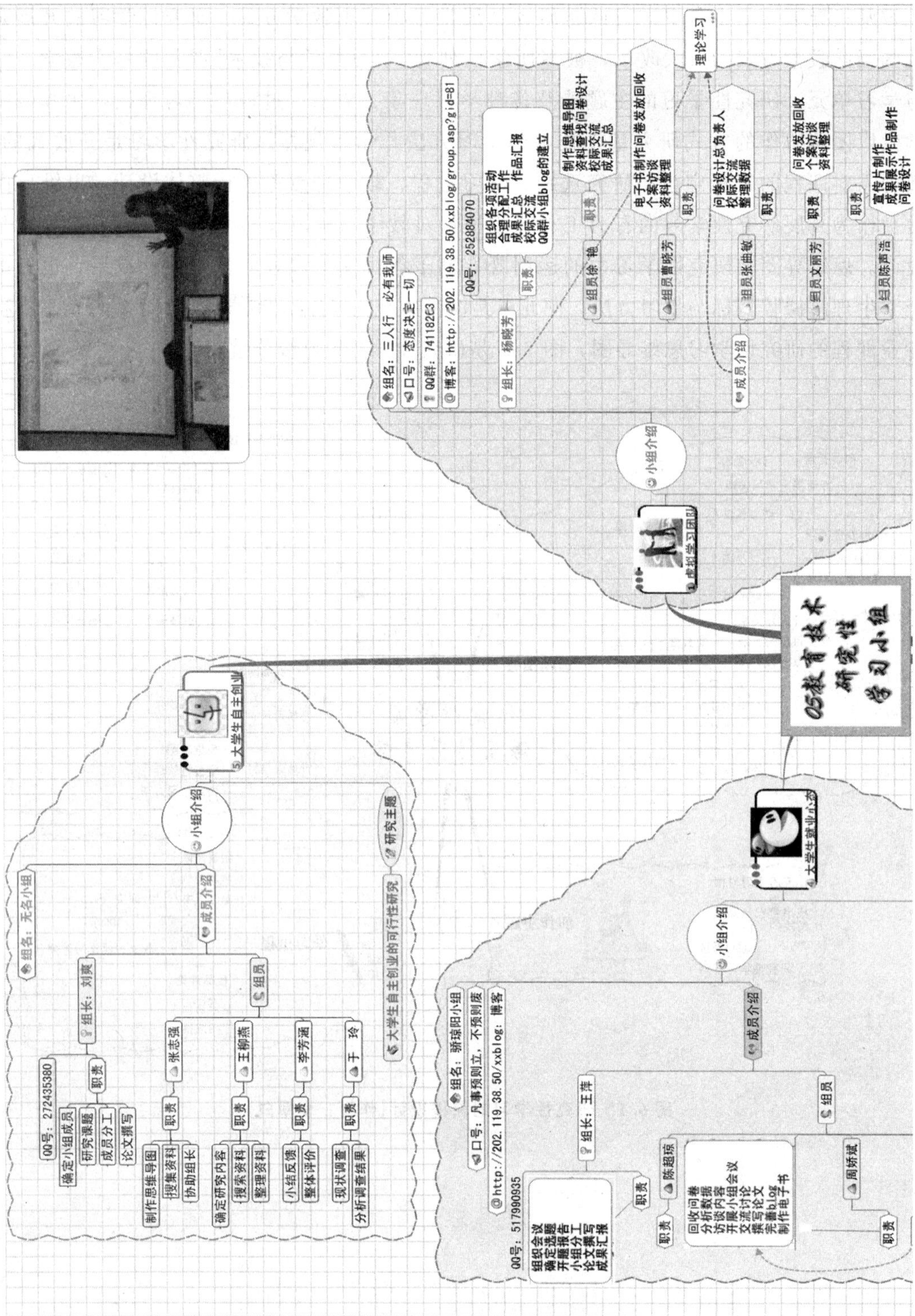
05教育技术
研究性
学习小组
虚拟学习团队
小组介绍
组名：三人行　必有我师
口号：态度决定一切
QQ群：74118263
博客：http://202.119.38.50/xxblog/group.asp?gid=81
组长：杨晓芳
QQ号：252884070
职责
组织各项活动
合理分配工作
成果汇总　作品汇报
校际交流
QQ群小组blog的建立
成员介绍
组员徐　艳
制作思维导图
资料查找问卷设计
校际交流
成果汇总
组员曹晓芳
电子书制作问卷发放回收
个案访谈
资料整理
组员张曲敏
问卷设计总负责人
校际交流
整理数据
组员文丽芳
问卷发放回收
个案访谈
资料整理
组员陈声浩
宣传片制作
成果展示作品制作
问卷设计
理论学习
大学生自主创业
组名：无名小组
组长：刘爽
QQ号：272435380
确定小组成员
研究课题
成员分工
论文撰写
组员
张志强
制作思维导图
搜集资料
协助组长
王柳燕
确定研究内容
搜索资料
整理资料
李芳涵
小结反馈
整体评价
于　玲
现状调查
分析调查结果
研究主题
大学生自主创业的可行性研究
大学生就业小本
组名：蓝琼阳小组
口号：凡事预则立，不预则废
http://202.119.38.50/xxblog：博客
组长：王萍
QQ号：517990935
组织会议
确定选题
开题报告
小组分工
论文撰写
成果汇报
陈超琼
回收问卷
分析数据
访谈内容
开展小组会议
交流讨论
撰写论文
完善blog
制作电子书
周娇斌

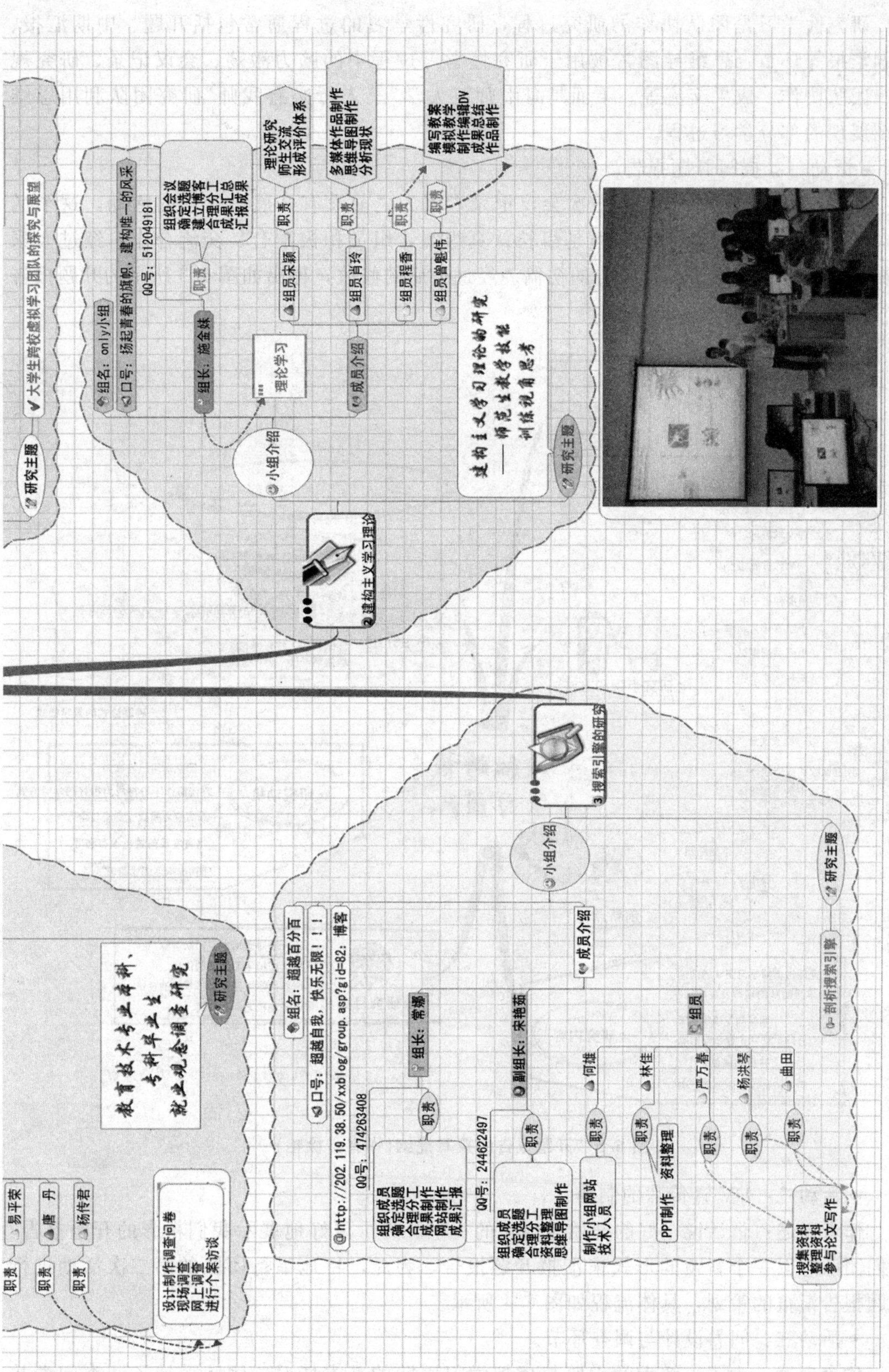

图6.2　研究性学习的班级分布图（作者：徐艳）

研究性学习是团队协作的研究过程，研究性学习的过程通常包括开题、中期汇报、结题汇报等环节。思维导图常被用于研究性学习过程中的脑力激荡、会议记录、研究规划、团队协作、成果交流等。下面是海南师范大学“三人行必有我师”研究团队利用思维导图展现的部分学习过程。

• 活动一：撰写开题报告。

作者自述：这是小组的第一次会议记录，因为之前没有开展过这样的活动，这个活动对于大家而言都是陌生的。但是组长认真组织，组员积极配合、交流合作，经过大家的交流和讨论，完成了开题报告的初稿。经过会后的修改，得出如图 6.3 所示的开题报告撰写提纲。

图 6.3　开题报告的撰写提纲(作者：徐艳)

• 活动二：DV 宣传片的制作。

作者自述：俗话说，好的开始是成功的一半。为了更好地展示我们精彩的开题报告，我们团队想以一个新颖的形式来汇报开题报告，为此，特地举行团队的第二次活动进行开题报告汇报的策划，具体流程如图 6.4 所示。

• 活动三：问卷设计与调查环节。

作者自述：为了了解大学生跨校虚拟学习团队的基本情况，团队设计了调查问卷并

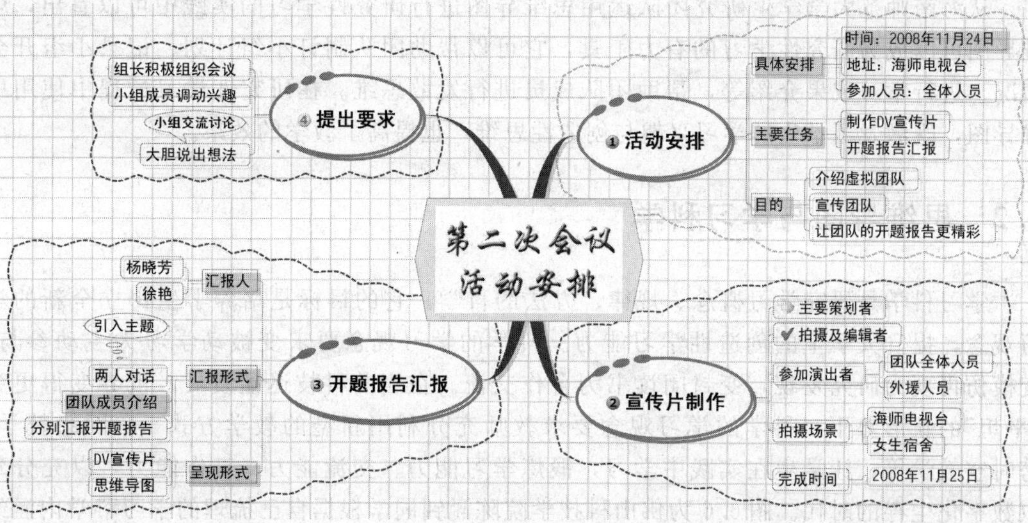

图 6.4　开题报告汇报的策划提纲(作者：徐艳)

进行了调查，问卷设计与调查是我们团队的研究方法之一。这一环节对于我们团队而言，很有难度。调查分成两种形式：本地调查和网上调查。本地调查顺利完成了，但网上调查的情况不尽如人意：回收率不高；校际协作的伙伴们交流合作意识不够强。但在组长的合理分工下，小组成员们积极配合，完成了任务，并利用思维导图记录了我们的小组研究会议(图 6.5)。

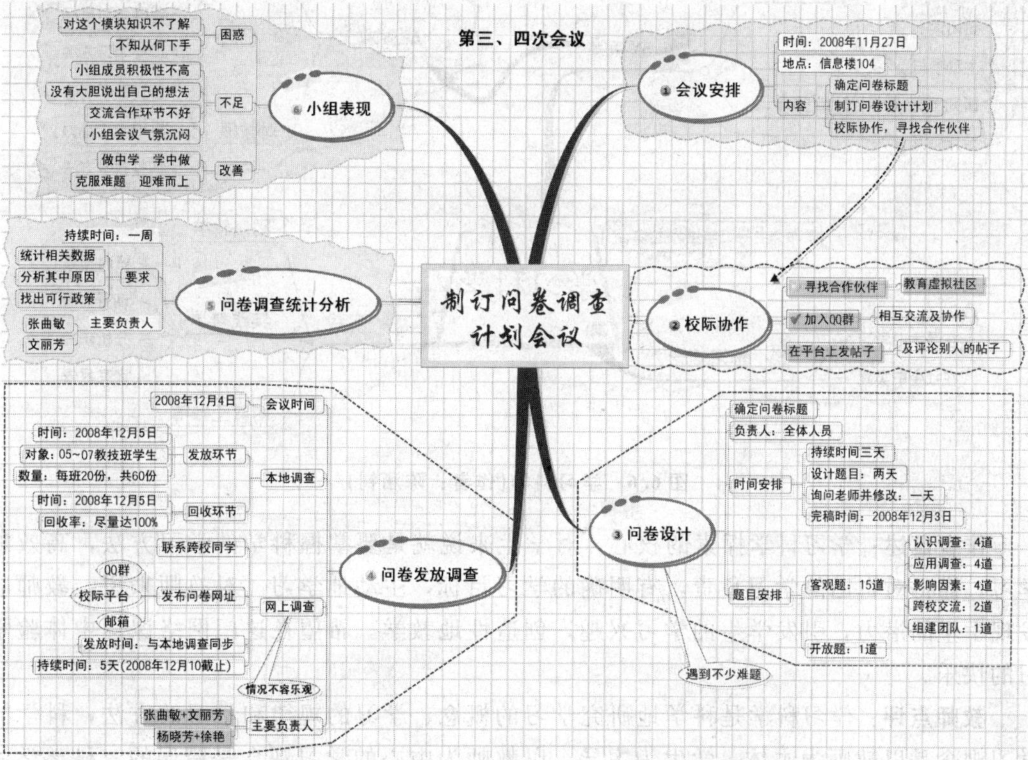

图 6.5　问卷设计与调查的会议纪要(作者：徐艳)

从海南师范大学学生研究团队运用思维导图进行研究性学习的实践中可以看出，思维导图可以成为研究性学习的有力工具，它可以帮助团队制订小组计划、记录小组开会情况、进行学习成果介绍等，帮助团队成员进行发散思维。在研究性学习过程中使用思维导图，既激发了学生的学习兴趣与创造性思维，也提高了教学的效果。

6.2 思维导图与学习科学

学习科学是研究学习概念、规律、方法的科学。它的目标是培养学生树立全新的学习观念，提升大学生的创造性学习能力。科学的学习观念要求变被动学习为主动参与，变模仿再现为研究发现，变封闭读书为合作交流。在当前科技迅猛发展、世界变得更为“平坦”的新形势下，科学的学习观念要求教师充分利用新型的教学方式——网络教学、跨时空教学等，让学生在实践中学习，锻炼学习能力、交流能力、工作能力，以充分驾驭数字化生存的时代。图 6.6 为佛山科技学院陈涵钊同学根据自己梳理的学习科学内涵绘制的思维导图。

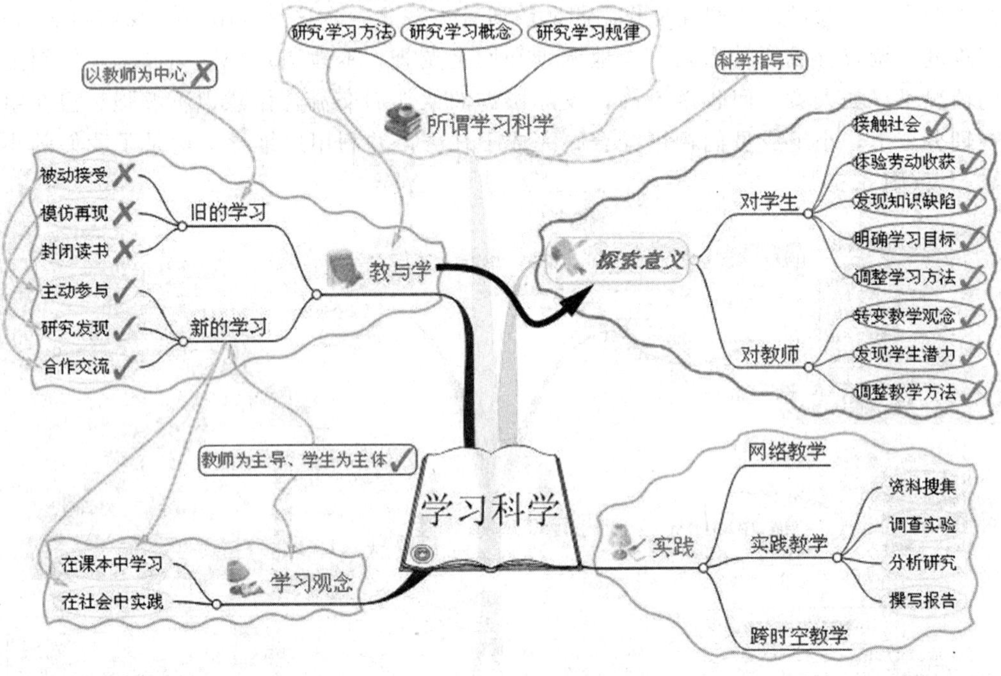

图 6.6 学习科学(作者：陈涵钊)

作者自述：学习科学探索的核心，对学生来说就是要掌握科学的学习方法，高效地学习，懂得对自己的学习负责，有明确的学习目标，主动地学习。对教师来说，教师应发现学生的潜力，引发学生的学习兴趣，创造性地教学。希望在这门网络课程中体验学习的快乐。

教师点评：学习科学是科学地研究学习的概念、学习的规律和学习的方法，科学的学习观念是以教师为主体、学生为主导。以教师为中心的学习观念是错误的，科学学习要求我们化被动学习为主动参与，变模仿再现为研究发现，改封闭读书为合作交流。新型的教学方式为网络教学、跨时空教学。科学学习对教师及学生都有积极的影响。

6.3　思维导图与电子商务应用

电子商务(electronic commerce)是指买卖双方之间利用计算机网络，按照一定的标准所进行的各类商贸活动。电子商务是一种先进的买卖方式，它依托互联网而开展。电子商务的应用有助于降低交易成本，改善服务质量，提高企业的竞争力。真正的电子商务交易的实现，需要一定的交易标准作保证。只有形成了一整套电子商务交易的标准体系，才能有效地保证电子商务交易安全、可靠、顺畅地进行。图 6.7 是电子科技大学中山学院的龚丽明同学用思维导图方式总结的电子商务的业务模式，他从传统行业信息化和全新业务两个方面对电子商务的内涵进行了阐释。

作者自述：本思维导图主要从传统行业信息化和全新业务等角度来阐述电子商务的业务模式。信息技术的发展和全球化的趋势推动了电子商务的产生。开源与节流相结合的成功模式、传统行业平台的迁移、业务模式以及组织形态的转型造就了传统行业的信息化。信息技术的应用引发的产业变革促进了这些方面的发展。全新业务的诞生，给电子业务添上了浓墨重彩的一笔，例如强大的搜索引擎、便捷的即时通信、精彩丰富的综合门户、大型的交流社区，瞬时就能实现与世界的交流，媒体整合革命成就了这一全新业务。电子商务把全球联系在一起，这样世界不就是“平”的了吗？

6.4　思维导图与工业设计

图 6.8 是电子科技大学中山学院的王世军同学绘制的关于工业设计的思维导图。

作者自述：在概念上，工业设计就是设计产品的，它用手表现美的东西，要用到各种软件；在分类上，它可以分成很多种，有家具设计、产品外观设计、建筑设计等；在应用上，工业设计应用面很广泛，工业设计专业毕业生可以做设计师，可以做自由职业者，还可以当老师；工业设计的基础实际就是美术基础，包括素描、色彩、速写等。

6.5　思维导图与电视修理

图 6.9 是五邑大学的伍广胜同学阐述自己修理电视机的思维导图。

作者自述：进入大学将近两年时间里，我利用课余时间帮助我校师生及多个社区居民维修电视机、收录机、复读机、电话、电磁炉、电饭煲等三十余种电器，共两百余件。每当修完一件电器，总会有不同的收获；每当修理一种从未修过的电器，总会有理论联系实际的新发现。

电器维修能力是多方面的综合能力的表现。维修的每一个环节都有不同的讲究：拆装电器要有一定的技巧，有的电器除了螺丝外还有卡钩，有的没有螺丝但全都是卡钩，拆时要注意确保卡钩完好无损；拆装电器时要多注意观察其外壳设计，积累素材，这对

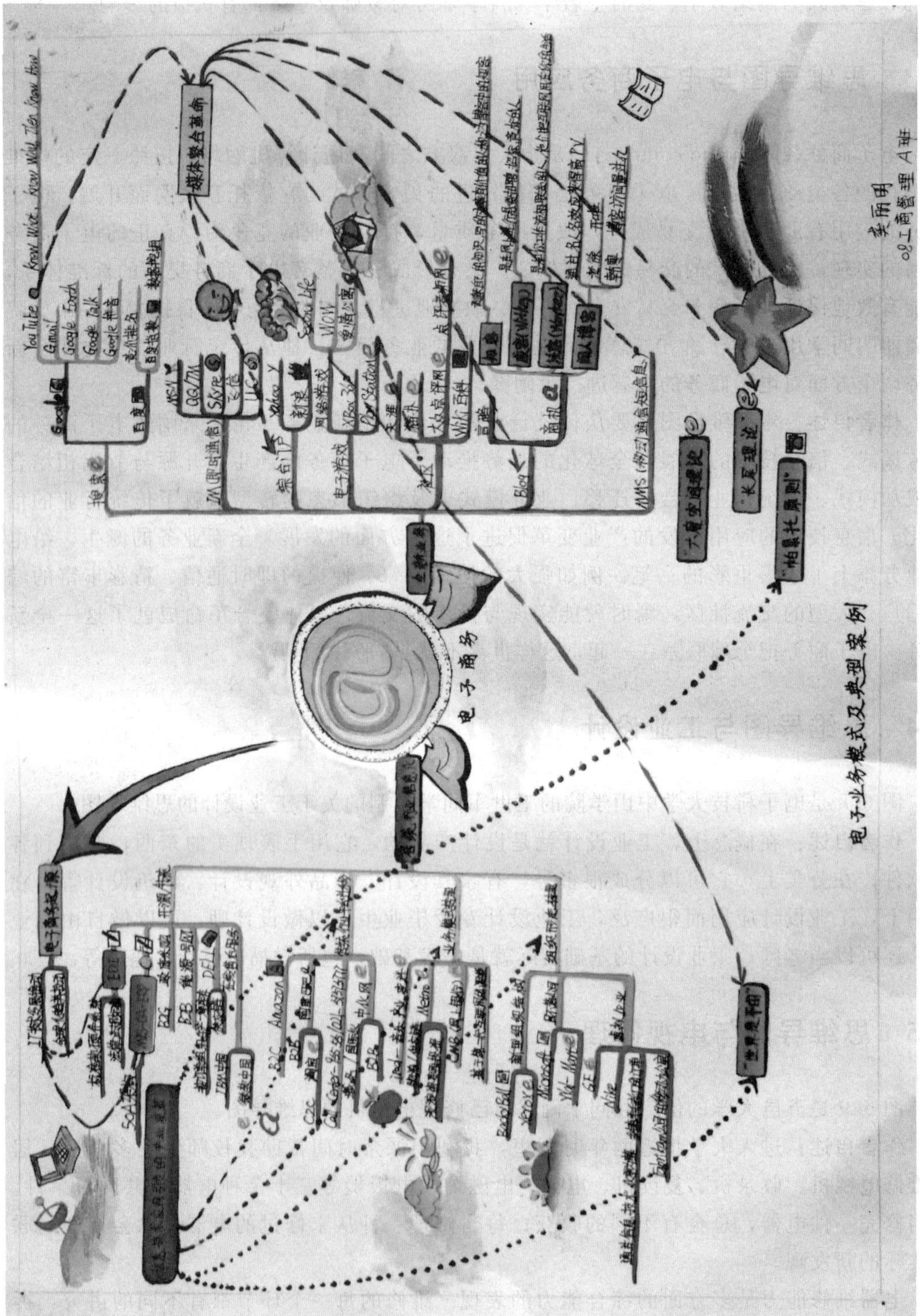

图6.7　电子业务模式及典型案例（作者：龚丽明）

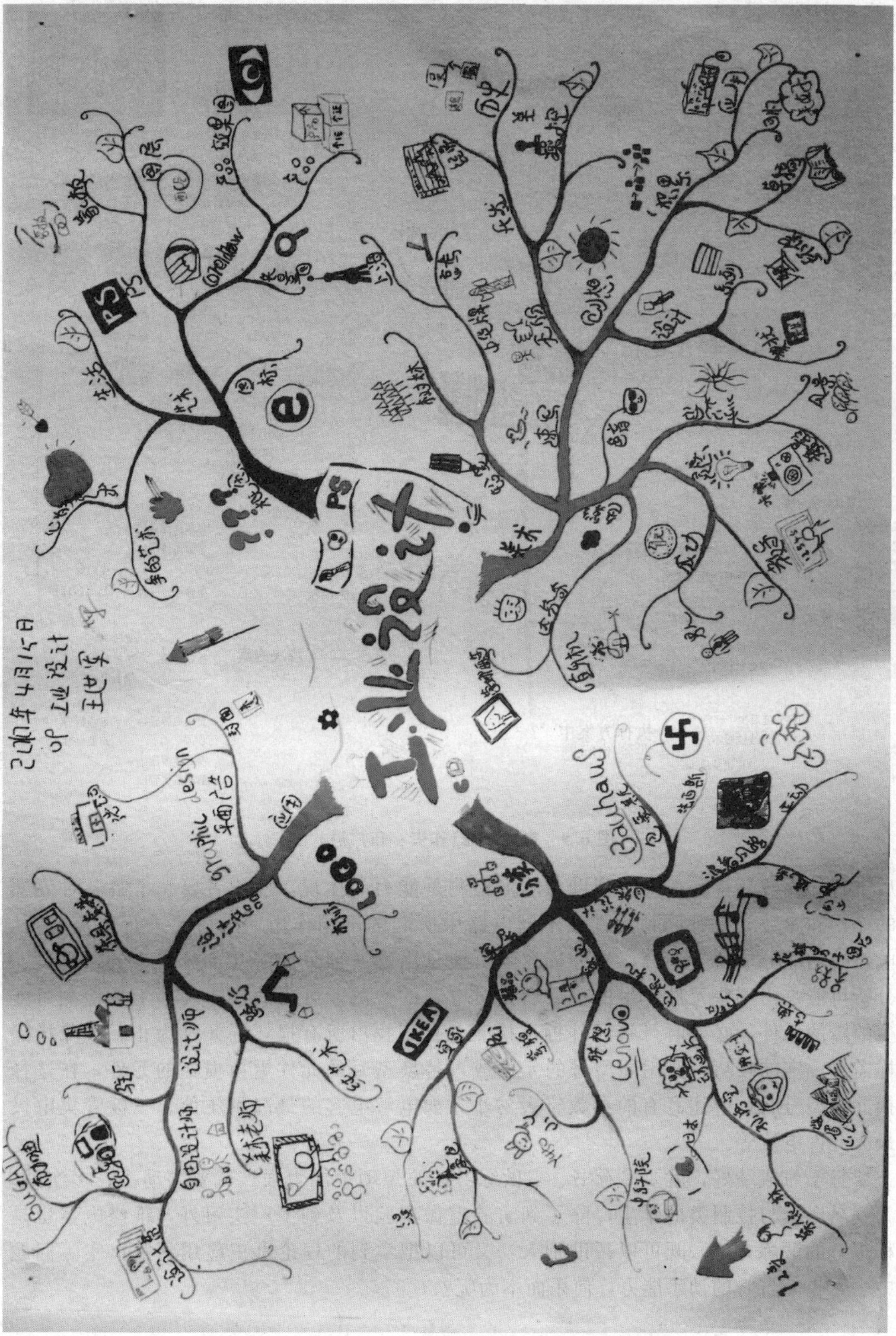

图6.8　工业设计（作者：王世军）

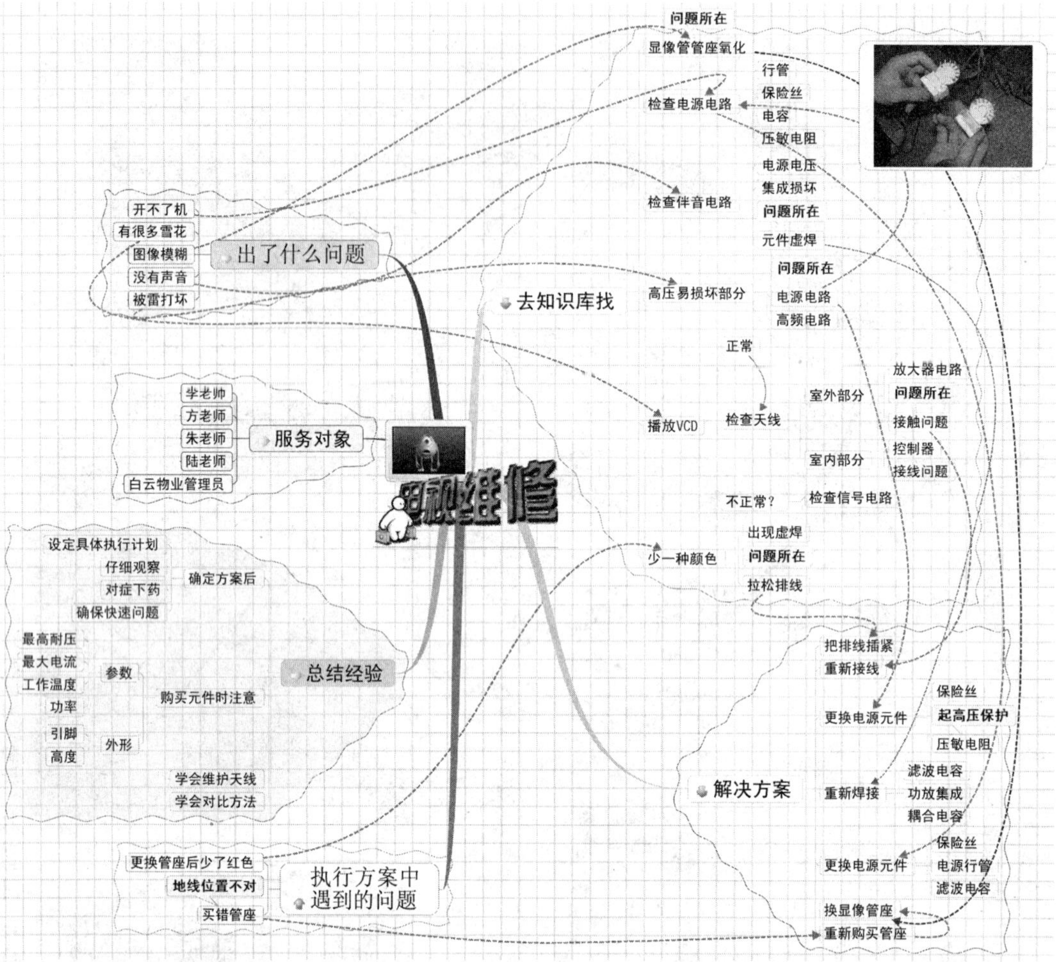

图 6.9　电视维修（作者：伍广胜）

今后进行外壳设计将有很大的帮助。故障检测是能力的体现，检测者要先了解各种元器件的作用和参数，熟悉同种元件在不同电路中所起的不同作用；然后要进行电路分析，将电路按功能分成若干部分，先分析故障可能是由哪一部分或哪几部分产生的，再进一步分析可能是由哪些元件产生的；最后是对电路的检测，可借助万能表等工具检测可能产生故障的元件，必要时可将元件拆下检测，直到找出所有损坏的元件为止。故障排除同样需要一定的技巧，要用同型号的元件或可替换型号的元件更换损坏的元件，在选择替换元件型号时，应注意有的参数宁大勿小，如电解电容的最高耐压值、三极管集电极的最大允许电流等。

要想学习成绩好，就要多看书、多做练习；要想动手能力强，就要多动手、多实践。作为一名电子与控制类的学生，除了到实验室做实验以及到工厂实习外，维修电器也是一种很好的锻炼方式，既可以帮助别人，又可以把学到的理论真正应用到解决实际问题当中去，提高自身的动手能力，何乐而不为呢？

6.6　思维导图与职业规划

近年来，面对严峻的就业压力，各个高校都积极为大学生提供就业信息，采取有效措施帮助学生就业，许多学校把“职业规划课程”设为全校公共必修课。五邑大学“职业规划”课程的老师让学生做大学生职业生涯规划，结果很多学生选择了思维导图的方式。图 6.10是五邑大学朱银屏同学对自己的职业生涯规划。

作者自述：职业规划的基础就是要全面认清自我，充分了解自己的兴趣、能力特点、性格、优劣势和职业价值观等。职业规划还必须全面地、有远见地分析环境，对现在所处的环境进行分析和对未来环境变迁进行预见。只有将全面认清自我和认真分析环境相结合，才能科学而客观地规划自己的职业生涯。我的原则是尽量发挥自己的特长，从自己的优胜出发，做自己的职业目标规划。计划必须有可行性、有效性，不可凭空想象，要符合实际情况。社会、环境、人际关系等都是变化不定的，我的计划也不能一成不变，要适当地改变自己的计划以更好地适应实际情况，每个阶段都应根据自己的实际情况作调整。

6.7　思维导图与如何成为教师

图 6.11 是五邑大学“学习论”课程“非常 5＋1”团队绘制的关于指导自己如何成为教师的思维导图。

作者自述：这张导图将给你明确的指示——“台上一分钟，台下十年功”，我第一次体会到这句话的深意。做好一件事很难，做一名合格的人民教师更难，好在有思维导图，我相信在它的指导下我一定会有计划、有步骤地踏上成功之路。

6.8　思维导图与教师怎样提高教学质量

图 6.12 是五邑大学柴成龙同学在学习“怎样做教师”以及怎样积累教学经验的过程中绘制的提高课堂教学质量的思维导图。其内容包括：学习好的教学方法，改变被动的学习状态，提高学习效率，在交流中提高自己的沟通能力、表达能力。

作者自述：我的学习目标——通过课程学习，获得更好的学习方法和教学方法，改变被动的学习状态，提高学习效率，同时在学习交流中提高自己的沟通能力、口头表达能力，锻炼自己的信心，找到更好的教学方法，使自己的价值升华，做个有用的准社会人。从开始计划，准备方案，向师兄请教讨论，学习思维方法与团队合作，准备第一次校际远程“导学”协作会议，用思维导图学英语、总结方法、做计划，与别人网上交流，组织小组成员讨论，到最后完成思维导图作品，我真正体会到“学习方法是最好的学习”，思维导图教给了我“点石成金”的秘诀。在做任何事之前，先对其做一个导图分析，必能取得事半功倍的奇效。

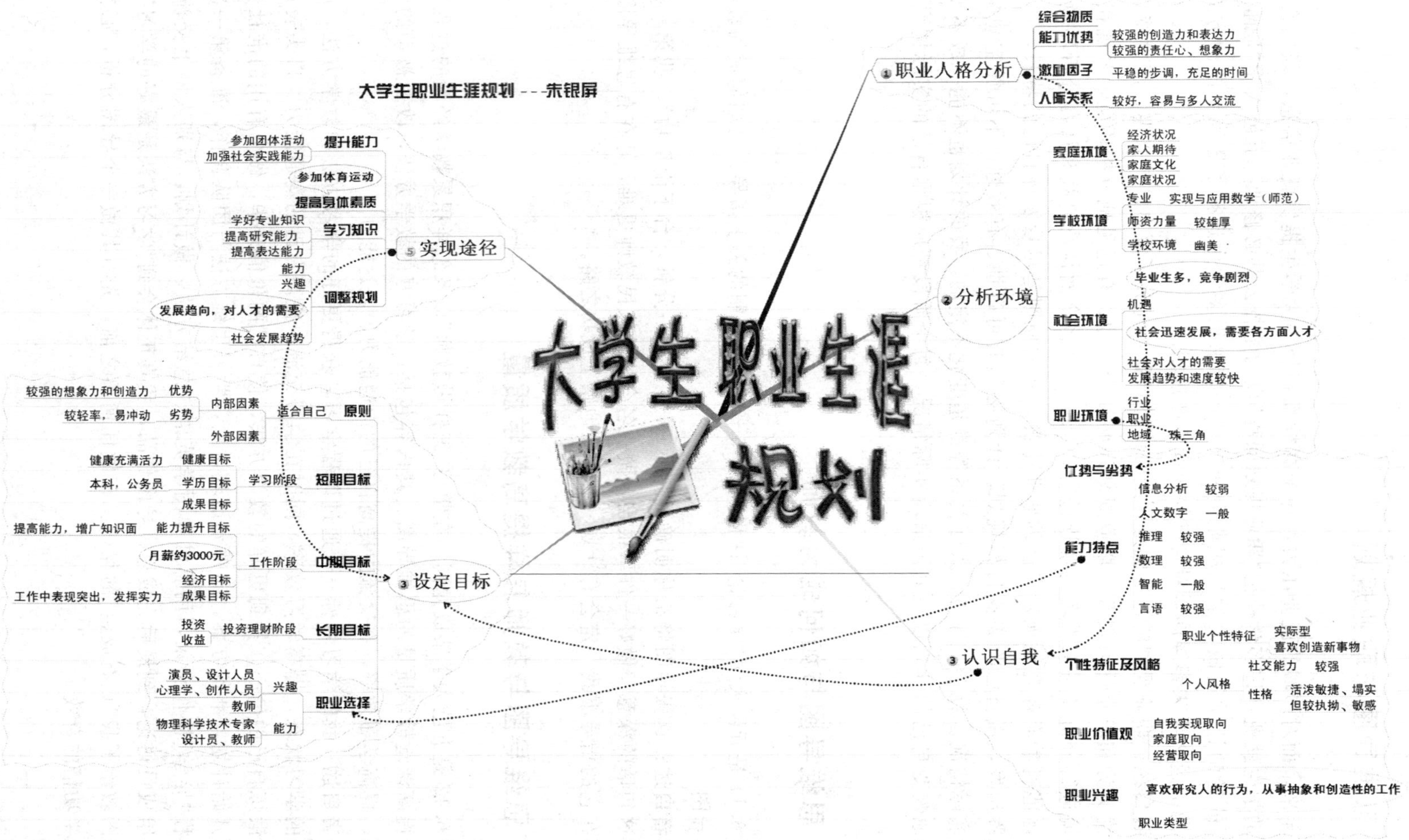

图6.10　职业生涯规划（作者：朱银屏）

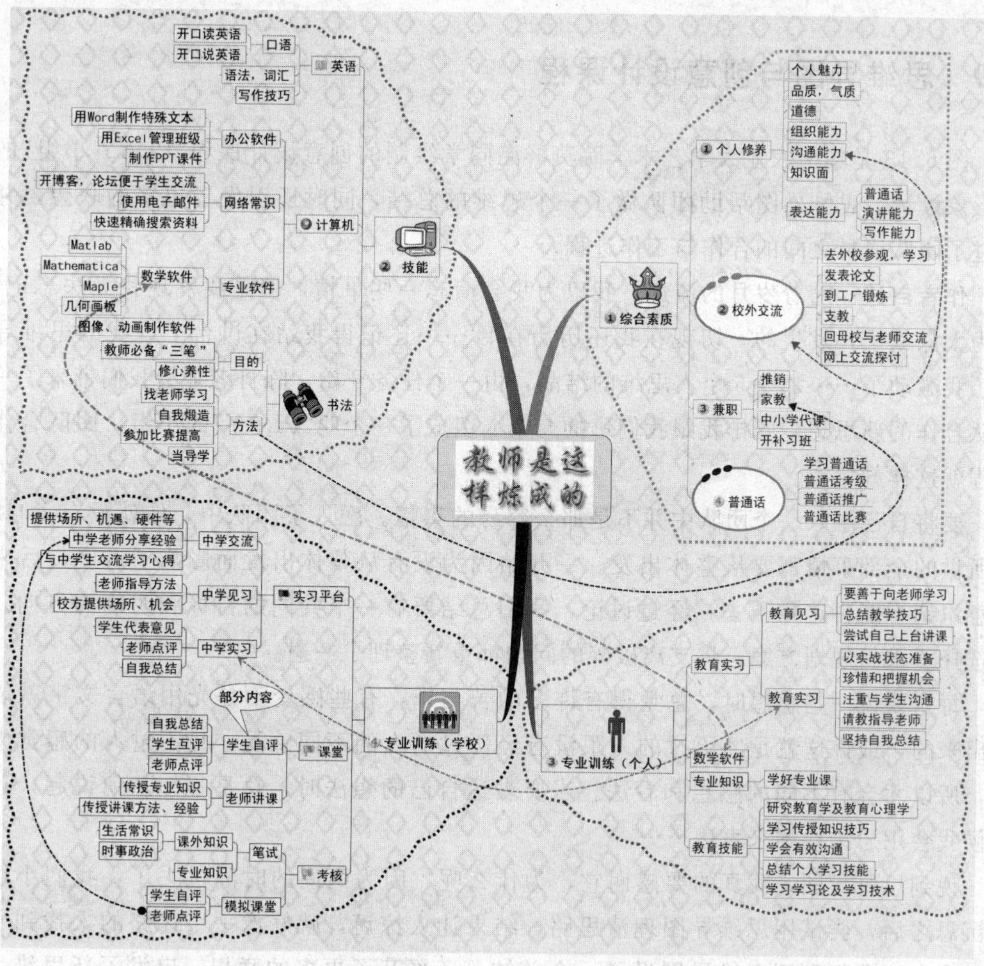

图 6.11　如何成为教师(作者：“非常 5＋1”团队)

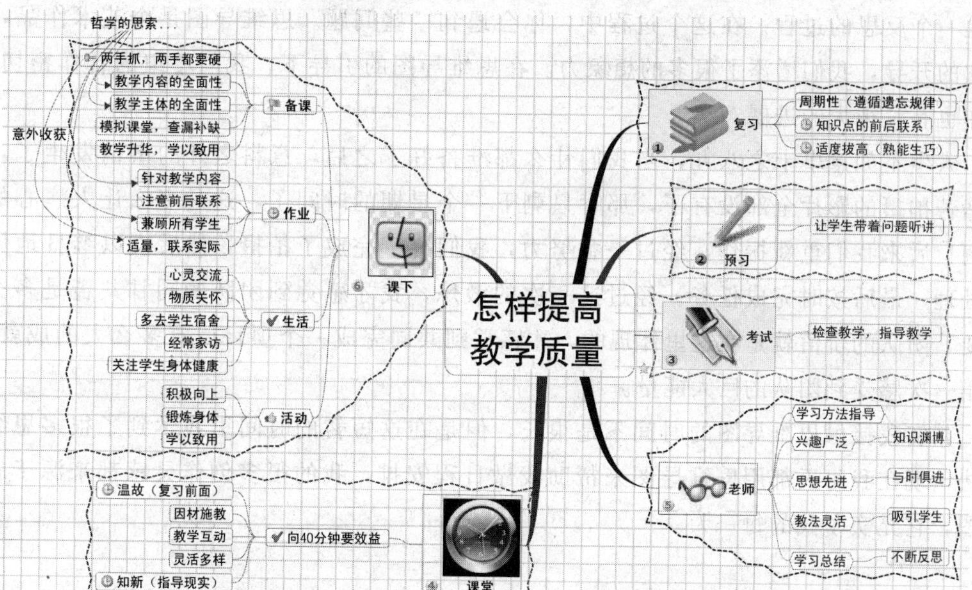

图 6.12　怎样提高教学质量(作者：柴成龙)

6.9 思维导图与创意设计课程

图 6.13 是华南农业大学艺术学院莫群滟同学绘制的创意设计课程“PLAY 小组”的团队形象设计。思维导图帮助团队做了一个思维的总结，同时还引发了更多的联想，并且促进了团队成员之间的合作与工作进程。

作者自述：随着岁月的流逝，我以为我会遗忘一些事情，但是我发现我无法忘记它，因为太深刻了，发生的一切现在我还历历在目……还记得我站在讲台上说我的思维导图时，我激动了……那是 6 个人思维的结晶，由一个任务开始，陈丹老师给我们带来了一个团队合作的新思想，安排我跟我们班的 5 个人组成了一个叫“PLAY”的小组，团队合作的历程就这样开始了。

要将自己融入一个团队中并不是那么容易的事情。融入了团队中，你就没有了自我，你所做的全部事情都要从整体出发。一开始因为没有从整体出发而影响了进度，后来我们意识到不能再这样下去，经过讨论，我们总结要有一个共同的目标和明确的方向。我们选择了重新规划方案，将支离破碎的问题都重新整理了一遍。

每当要说一些感想时，总觉得有许多的苦与乐，有些感受不是光用语言文字就能表达出来的，或许这就是经历过的人跟没有经历过的人的不同感受。只不过人的感觉太微妙，所以才会有不同的感想和看法。当要表达自己的想法时，总是不知从何说起，这个时候我会用思维导图来表达……

说到思维导图，我真的要感谢它，为什么呢？因为两周的时间过去了，我们小组经过沉思之后，尝试用思维导图理清思路，结果让人惊讶，就好像一个迷路的人找到了自己的方向。我们利用思维导图做了一个总结，还展开了更多的联想，启发了新思维。这也是一个反思的过程。在这个过程中，你会遇到一些问题。思维导图是个艺术作品，有了它的开导，我们增添了很多的想象力。在思维导图的引导下，我们小组的合作密切了，工作也有了很大的进展。

人生不如意事十之八九，当我们什么都准备好了之后，意料之外的事情发生了，我们辛苦拍摄的影片全部没有了，那时只剩下一个星期的时间了，这是多么让人痛心的事情啊！后来我们重新振作，经过一番努力，我们终于完成了拍摄，然后夜以继日地做后期处理，最后按时完成任务。经过这一次的锻炼，我才感觉到团队的同甘共苦是多么的重要，团队的价值就是在这里体现的，才感觉到共同完成一个项目后有多么大的成就感，我第一次感受到团队的巨大能量。

其实我接触思维导图的时间不是很长，但是在这短暂的时间里我学到了很多思维的方法，现在我每天都用思维导图来帮助我做日程安排，我的很多创作灵感都来源于思维导图，它充实了我的每一天。

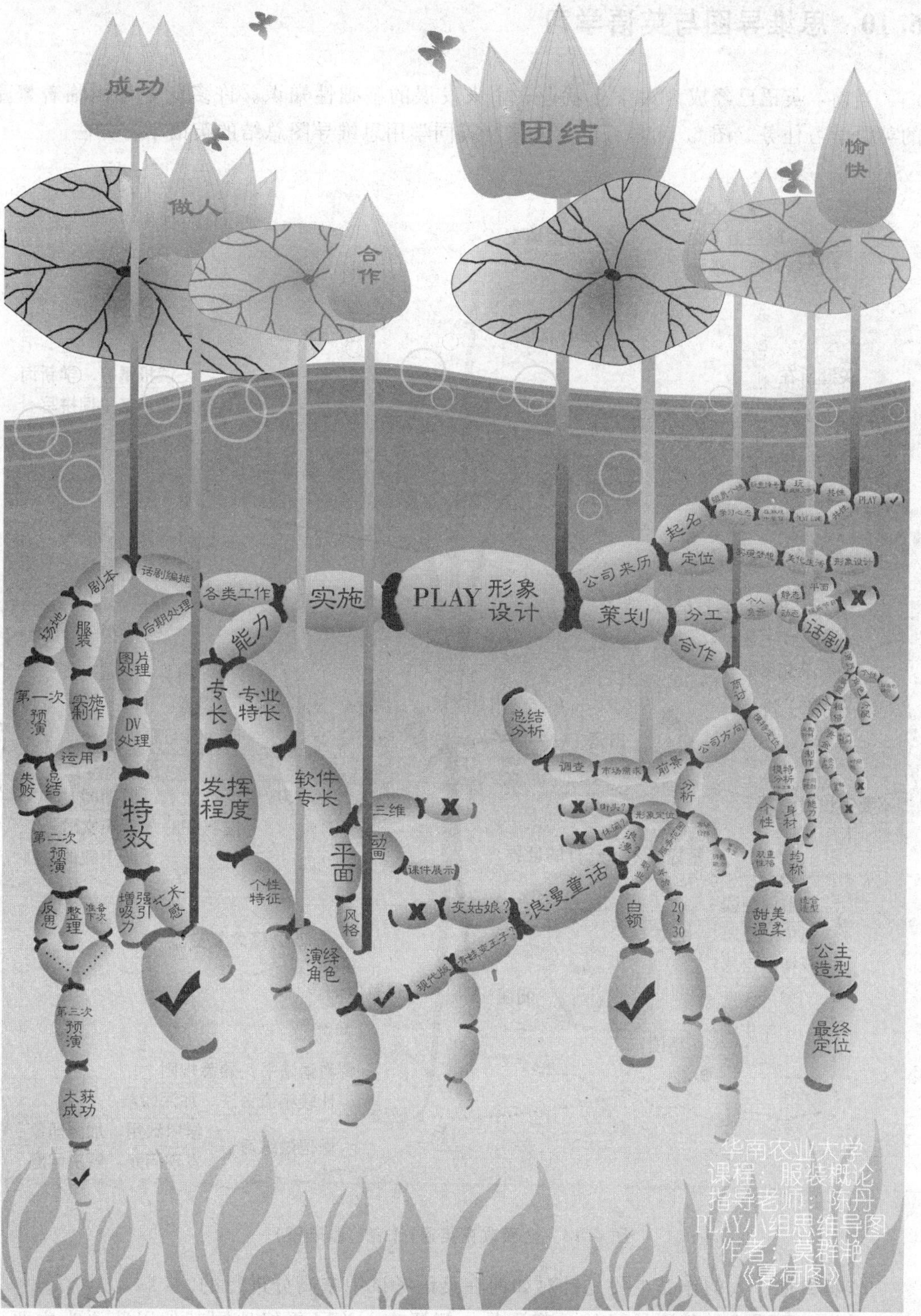

图 6.13　“PLAY 小组”的团队形象设计(作者：莫群滟)

6.10 思维导图与英语学习

当前，英语已经成为大学生就业、个人发展的基础性知识。许多同学都面临着繁重的英语学习任务。图 6.14 是五邑大学张晓霞同学用思维导图总结的英语学习方法。

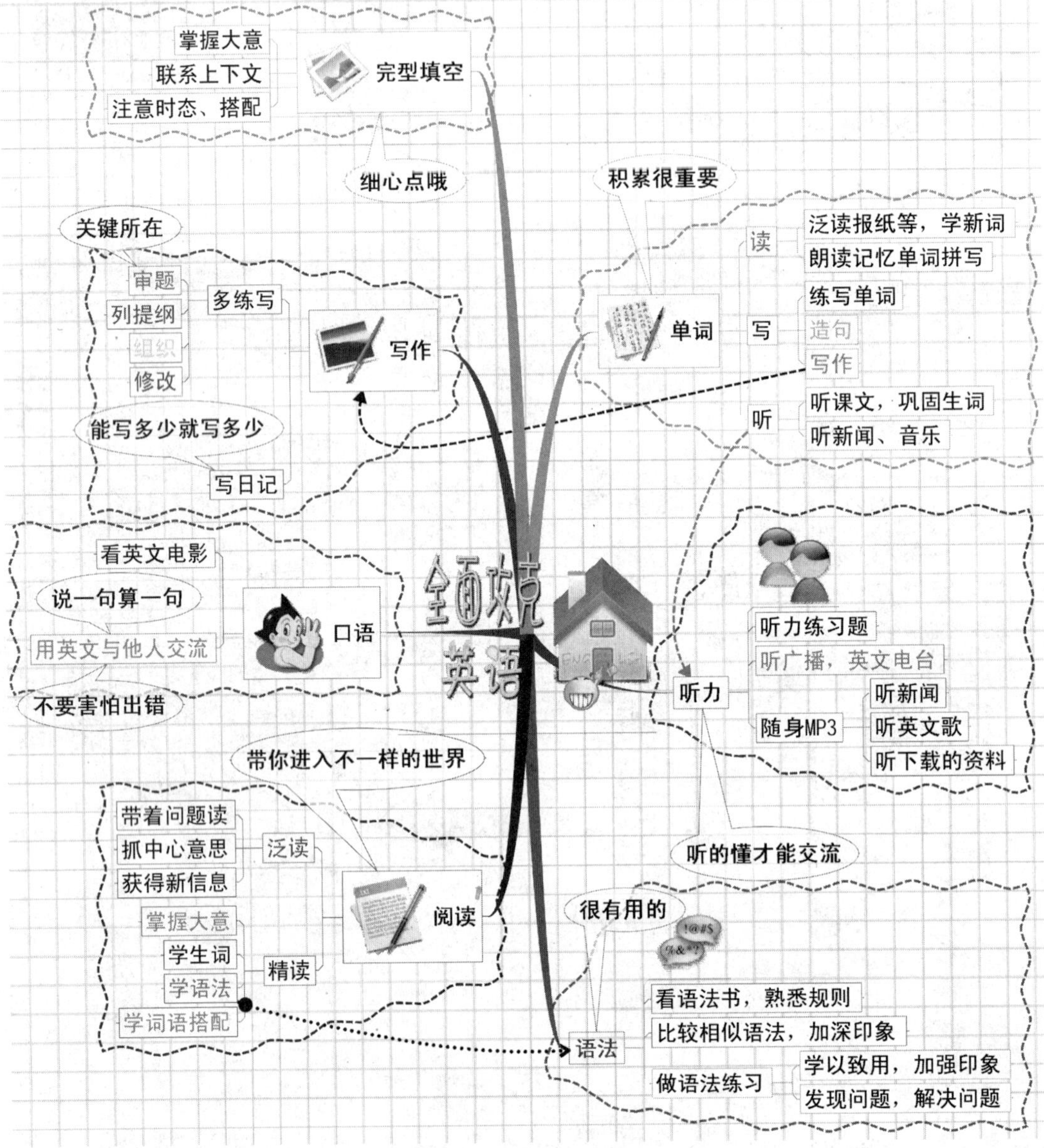

图 6.14 全面攻克英语（作者：张晓霞）

作者自述： 我的作品主要是针对如何在英语考试中拿高分进行的。

首先，要明确学英语的目的。英语是一门语言，为了更好地同其他以英语为主要语言的人群交流、阅读英语资料、实现跨文化交流，我们就必须学好英语。

其次，语言是听、说、读、写的综合运用。我们在这四方面都要加强提高。这不是两三天的事，而是要靠日积月累的。我们要养成学英语的好习惯：每天我们都要诵读一些英语课文，听磁带、广播等；每天都要安排时间跟他人用英语聊天，如果找不到搭档，那就自己跟自己说；用英语对一天的学习、生活进行总结、写日记等。总之，途径是多种多样的，重要的是养成每天都学习英语的好习惯，充分利用自己的空余时间(如走路时、吃饭时、坐公车时都可以练听力、背单词等)并且满含热情去学，这样才能在一段时间后有较大的进步。

学习一段时间后要进行总结，调整学习方法。我们要多跟一些英语学得比较好的同学交流，学习他们的一些好的方法，这样才能找到适合自己的有效的学习方法，取得更大的进步。

总而言之，学习的激情是动力，明确的学习目的是导航，正确的学习方法是推动力，及时的总结和调整会使你前进得更快，但是只有坚持到底才能走向成功。

图 6.15 是郑州轻工业学院“学习论”课程“暴风”团队总结的大学英语四级考试的学习策略。

作者自述：(贺成龙、范占杰、鲁玉秸、杨赛、吴舒华、张兵引、申瑱)很幸运，我们七个来自不同班级的同学走到了一起，更幸运的是，我们一起度过多了一个学期的快乐时光，并且坚持到了最后。

回首过去，往事历历在目，想起大家刚分到一组时，为了组名、口号、手势，大家一起探讨，一起投票，为了共同目标，一起争论，最终选定“暴风”为我们的组名，从此，我们便一起捍卫“暴风”的尊严。

经过一学期的团队课程学习，大家都深深体会到了团结、合作的重要性，一个人单干是成不了大事的，必须整个团队通力合作，才能为“暴风”增添光彩，作为“暴风”团队的一分子，我们每位成员都有着高度的集体责任感、高度的集体荣誉感。

当然，一个团队七个人在一起，性格不同，想法不同，难免会出现磕磕碰碰，但我们越争吵越团结，越争吵越默契，因为我们有着共同的目标，并且每个成员都在为这个目标真心实意地努力。因此，我们的“暴风”才会走得越来越远、越来越强。

在一个学期的学习中，我们在一起完成老师布置的所有任务，运用思维导图解决了许多问题，探讨思维导图的神秘，共同研究小组题目。经过一个学期的团队学习，我们团队成员之间建立了深厚的情感，我们互相帮助，同甘共苦，促成了团队学习的成功。

当然，团队学习并不仅仅局限于课堂，课下我们也积极相互联系，共同探讨问题，交流学习心得，积极协作，每位成员的能力都得到很大提升。

团队学习新方法课程即将结束，这门课程教会我们知识，培养我们团队学习的能力，这些永远不会丢失。我们“暴风”团队每位成员在以后的生活、工作、学习中都会时时注意使用思维导图进行学习。

教师点评：《CET4 复习策略》的思维导图的创作时机恰好在同学们备考大学英语四级的过程中，作品选题密切联系大学生活，内容详尽，通过作品的创作使四级备考策略更加清晰明确，而备考的实战经验又充实了思维导图的创作，主题分支发散充分，是一个典型的创新学习案例。

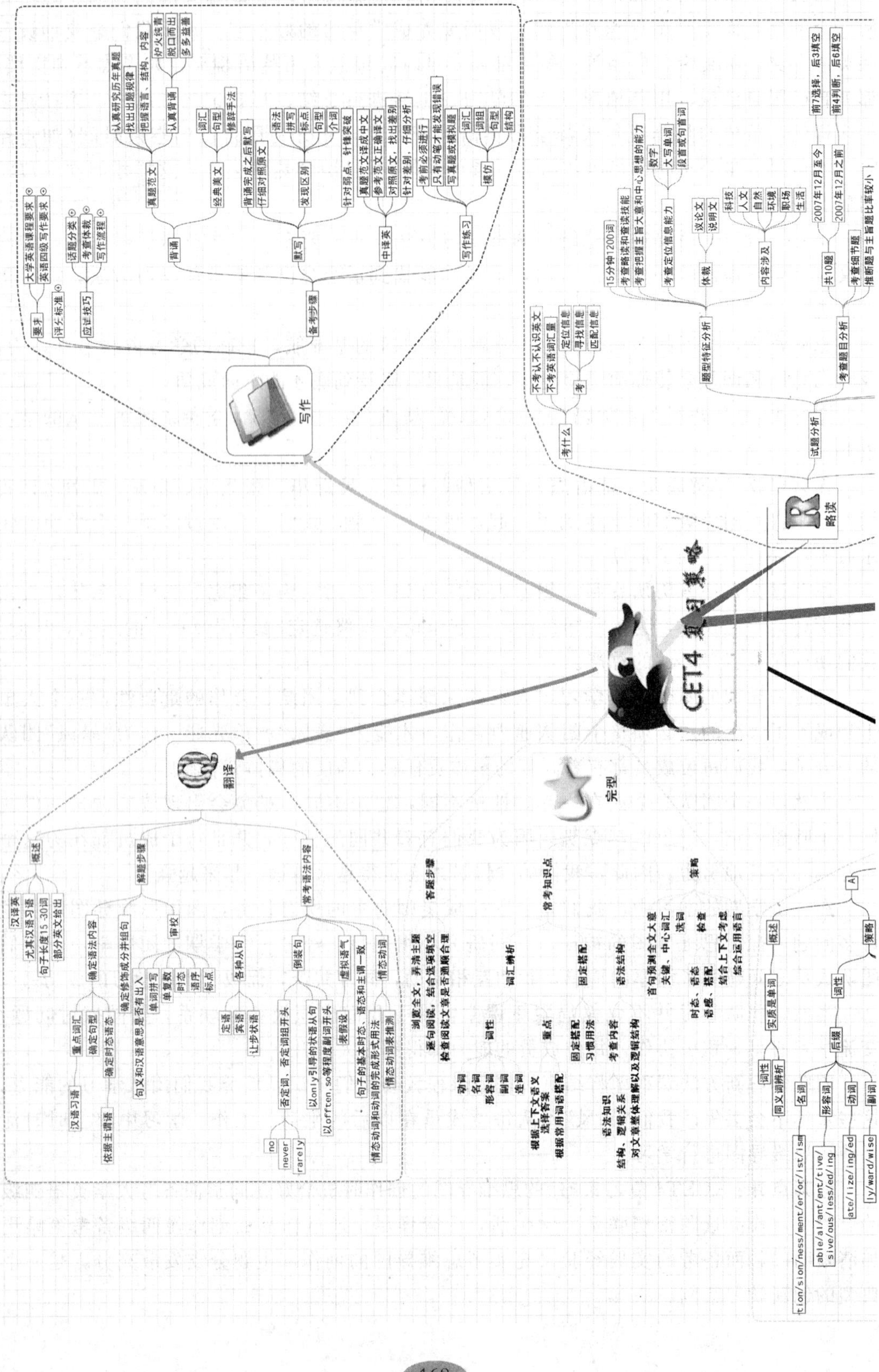

CET4 复习策略
写作
翻译
略读
完型

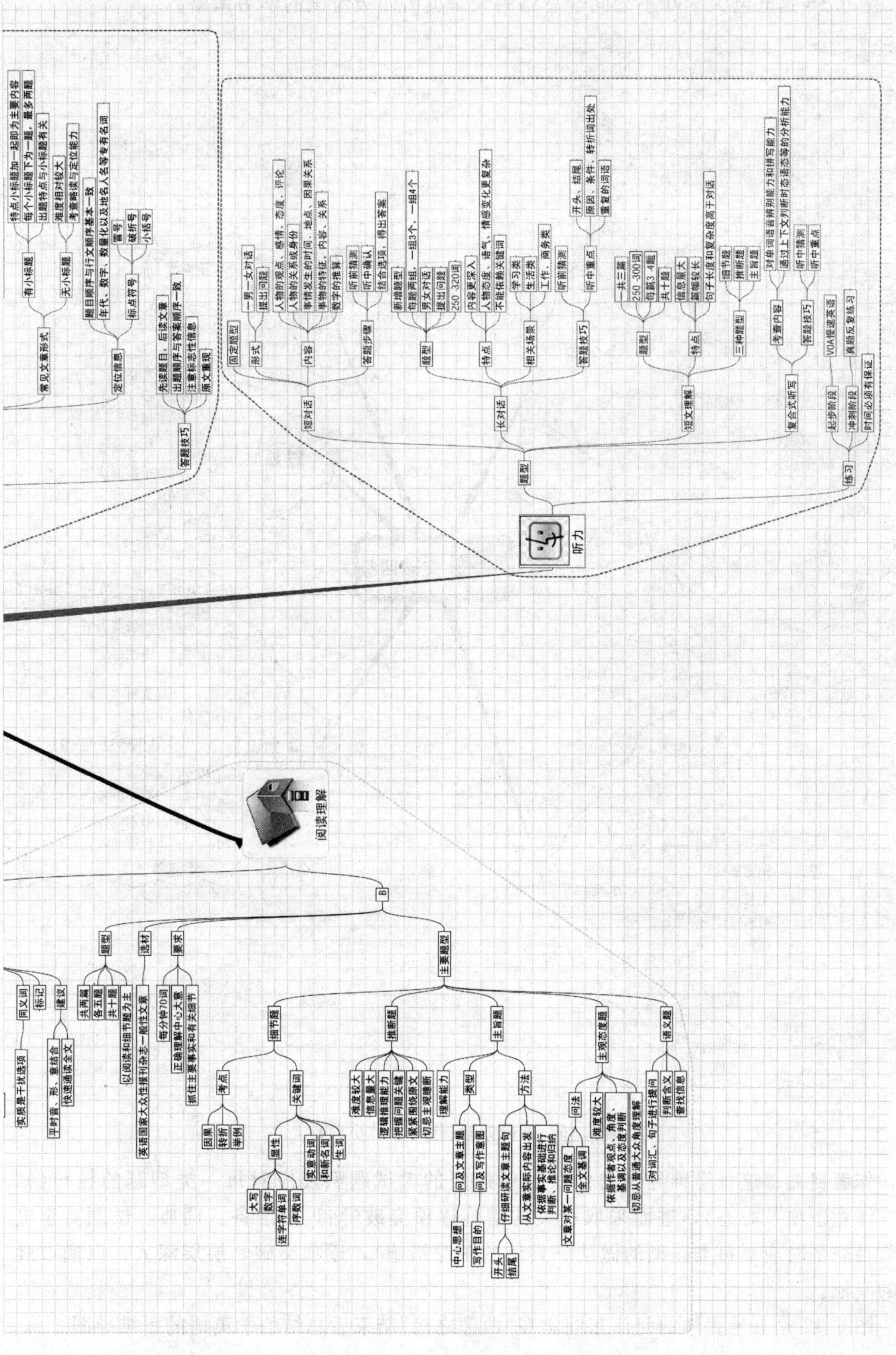

图6.15 “CET4”复习策略（作者：“暴风”团队）

图 6.16 是五邑大学叶小菊同学总结的大学英语四级考试的学习策略。

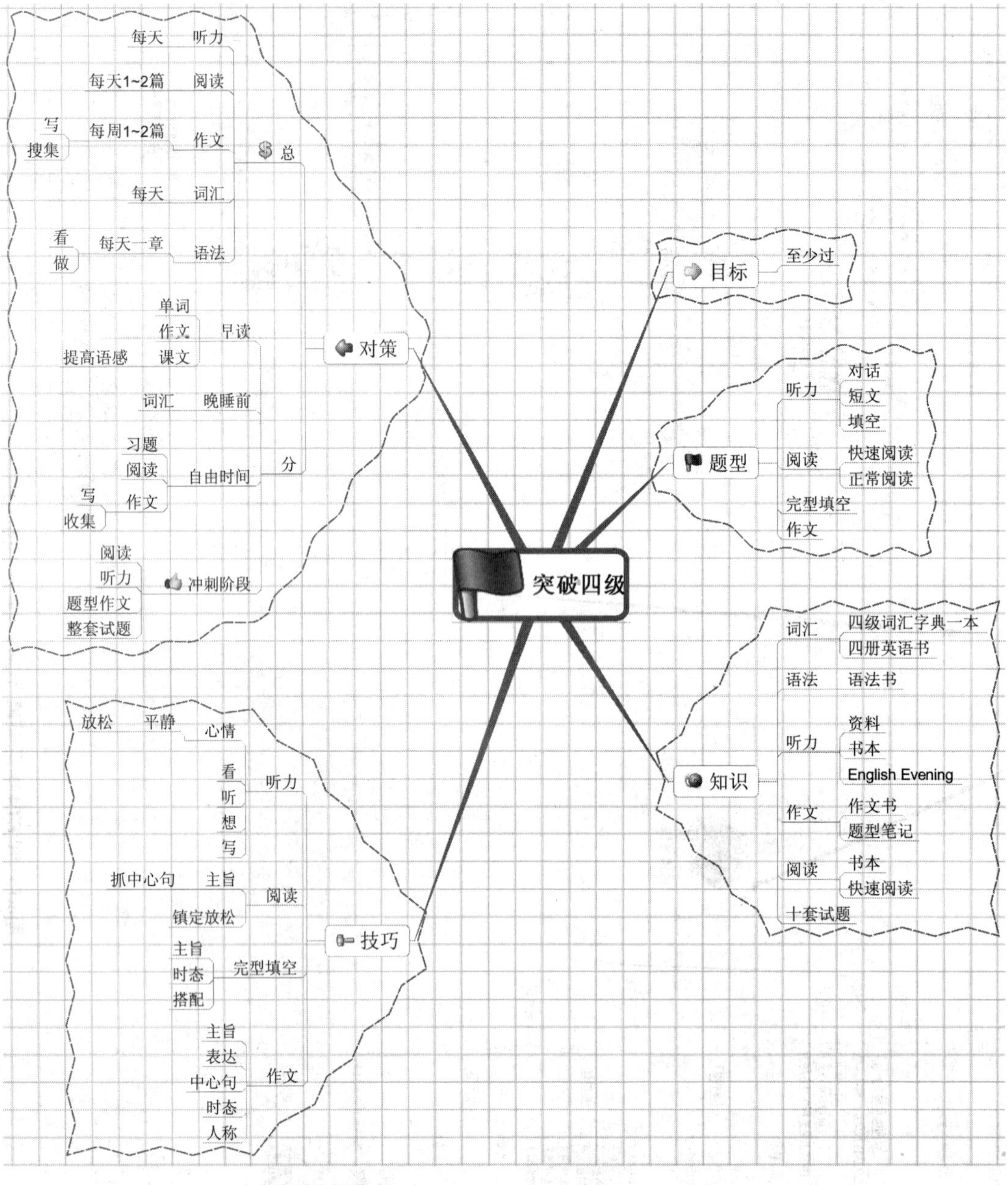

图 6.16　突破四级(作者：叶小菊)

作者自述：这张思维导图总结了英语四级的考试题型及应对每一类型题的技巧(知识、注意事项及心态)，进而采取相关的措施逐项突破(知识的准备：词典、试题甚至电台节目→平时应对每类题型的做法→具体的跟踪措施)，逐项突破，层层深入，以摘取胜利的皇冠。

图 6.17 是五邑大学的何伟东同学在“西部之旅”结束后总结的学英语的思维导图。

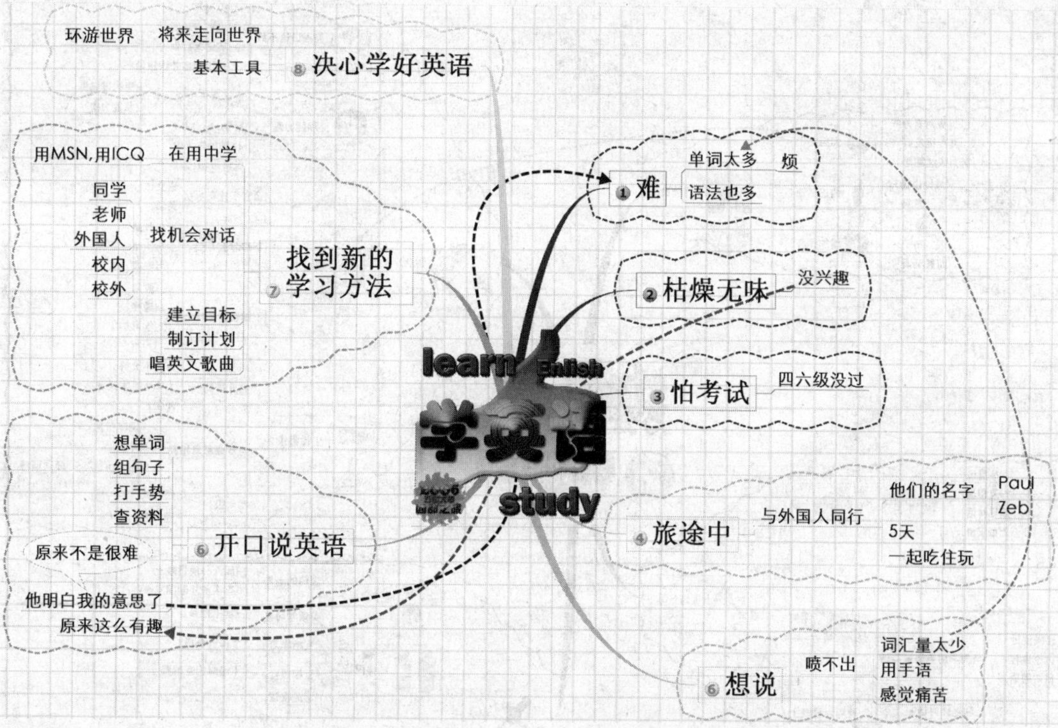

图 6.17　在旅途中与外国人学英语（作者：何伟东）

作者自述：西部之行中我们遇到了很多外国人，而糟糕的是我们四个人的英语水平都令人不敢恭维。记得在云南香格里拉遇到了两个美国朋友 Paul 和 Zeb，我们一起同行了五天，在五天之中，我们只能用蹩脚的英语来跟他们交流，有时候意思说不明白时，只能用肢体语言，非常狼狈。回来后痛定思痛，我们制订了学习英语的计划。这次旅程使我们深刻地认识到，英语不是一门为考试而设的科目，而是一项实实在在的技能。有了这个认识，我们学习英语的态度也大为不同。从五项学习技术的核心思想来说，认识学习英语的重要性是一个目标导向，而我们主动想去学无疑是“自主学习”的重要行动。此外，我们还有个心愿，就是期盼能环游世界，那时候英语可是必不可少的哦。

教师点评：这幅思维导图描述了因英语不好，在旅途中遇到外国朋友时出现交流障碍的尴尬，从而想到改进学习英语的态度及方法，很生动。思维导图展示了原来如何不喜欢英语学习，到后来找到适合自己的学习方法，从而建立了学好英语的信心，培养了自主学习的能力。大学生的学习绝不仅仅是为了考试，掌握带得走的能力才是最重要的。

图 6.18 是通过与外国人交流进行英语学习的总结。

作者自述：国际经济与贸易这个专业，首要要求就是英语好，而且要求口语要过关。在这个学期的外贸口语课中，我明显感到我的口语水平较差。同学介绍周六日晚上在江门的某个地方，有很多外国朋友。我硬着头皮去了，发觉那里其实是一个很好的英语学习场所。那里的外国朋友非常友好，还有很多学英语的中学生、大学生、老师以及社会工作者，在那里大家侃侃而谈，毫不拘束，非常适合口语练习。于是我做了这个计划，决定在那里学习我想学的东西。

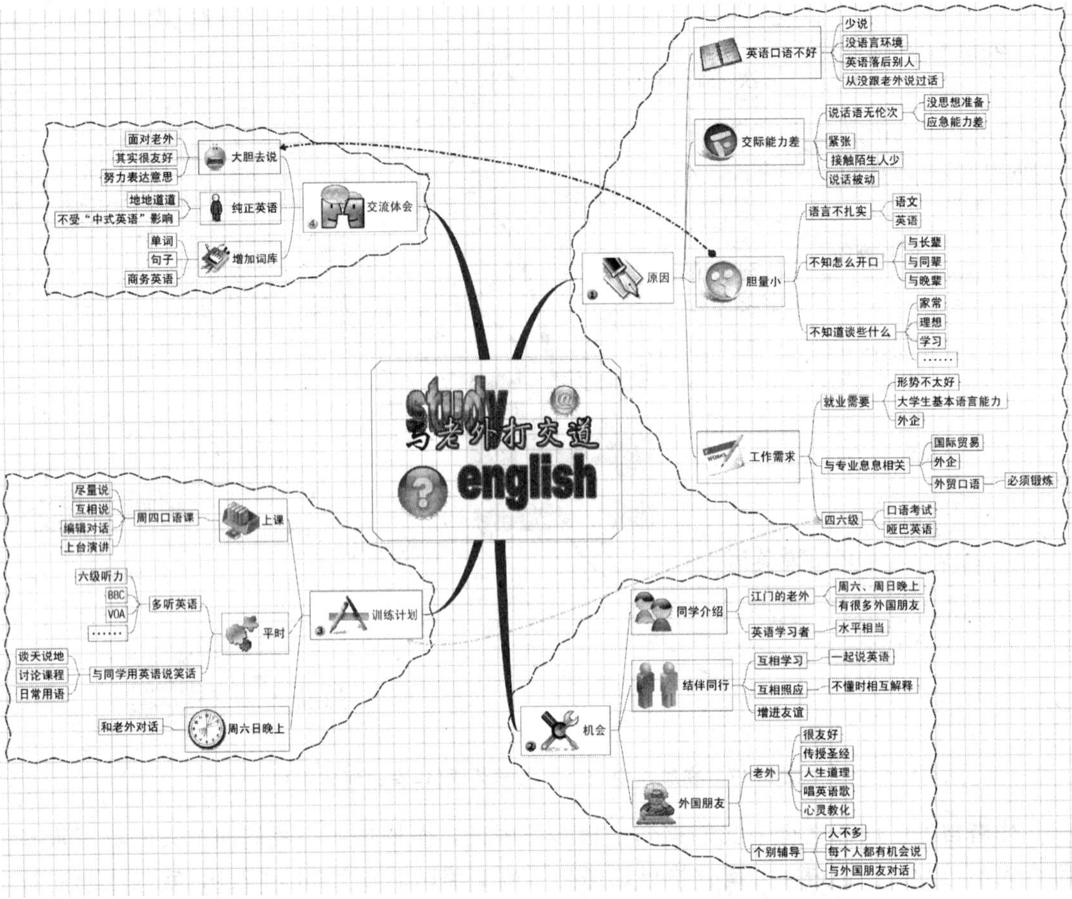

图 6.18　和老外打交道(作者：张炽伟)

6.11　思维导图与信息技术

中国海洋大学王玉娇同学用思维导图完成了“学习理论读书笔记”，其内容包括五个学习理论方面的典故、名人照片、实验过程、结论，从而引出相关的学习理论和学习原则，详细、系统、直观地展现了学习理论的全貌。图 6.19 是其中的第二个分支“认知学习理论”。

教师点评：《学习科学与技术》第二单元“学习究竟是什么”对古今中外的学习概念和学习定义进行了详细的考察和比较，帮助学生树立科学的学习观。教育技术专业的教学要求学生学会围绕一个专题(基本概念和基本理论)搜集和整理资料，进行研究性学习，培养理论学习的能力和兴趣，培养理论联系实际的能力。教育技术专业的学生是在系统学习了施良方先生的《学习论》后完成此作业的，该书对于学生系统了解和认识学习相关理论非常有帮助。王玉娇同学的学习论作业思维导图从五个方面介绍了历史上心理学家、教育学家的代表人物关于学习理论的思想。这五个方面是：刺激反映学习理论；认知学习理论；折中主义学习理论；学习的原理和策略；人本主义学习理论。她搜集了学习理论五个方面的历史资料，包括典故、历史名人的照片、观点和经典实验，从而引出相关的学习定律和学习的原则。王玉娇同学的读书精神值得同学们学习。

王玉娇同学的思维导图在五邑大学第二届思维导图展览中展出时，是最引人注目、内容最多、面积最大的一张思维导图笔记(用与其他思维导图作品同样大小的字打印出来也有两米高，因为太大，5 个分支被分解为 5 张图)，从中可以看出作者绘制思维导图所花的工夫。作者必定阅读了大量的相关资料，并进行了认真的梳理，才作出这样一幅详细的思维导图，这是用思维导图指导自己学习的典范。图 6.19 只是其中第二个分支“认知学习理论”。图中关键字的使用还有待加强，如果能将其中的大段文字分解成短句就更完美了。

6.12 思维导图与信息检索与利用

图 6.20 是电子科技大学中山学院的钟辉新老师以信息检索基本理论为主题内容所作的思维导图。信息检索基本理论包括信息检索基本概念、原理、工具、语言、方法、途径和检索技术等内容。通过学习这些内容，学生可以制订相应的检索步骤或策略进行可定题信息检索，能举一反三使用任何信息检索系统。图 6.20 也在一定程度上表现了思维导图与信息检索与利用的渊源。

教师点评： 信息检索是研究信息的存储和检索方法的科学。“信息检索与利用”课是高校信息素养教育的核心课程，通过对“信息检索与利用”课程中信息知识、信息检索基本知识、手工检索方法、网络数据库检索方法、互联网信息的检索与利用等基础知识的学习，以及手工检索、网络数据库检索的操作，使学生了解各自专业及相关专业文献检索的方法，树立自觉捕捉、获取信息的意识，掌握主动获取更深、更广、更新知识的技能，提高利用信息的能力，增强自学能力和研究能力。这门课程侧重于教授显性的获取和利用，思维导图则是个人知识管理的利器，通过思维导图可对从信息提炼出的知识进行关联性思索，可以清楚看到这些知识与头脑中原有的哪部分知识相关、相关程度如何、能否纳入到大脑知识体系中去，从而将显性知识转化为隐性知识。思维导图通过可视化的方法将获得的知识与大脑原有的知识融合起来，不断创造出新的知识，从而将隐性知识转化为显性知识，实现知识的分享和再利用。因此，思维导图可对“信息检索与利用”课教学内容体系进行有效的补充，两者相得益彰。

信息检索其实是信息存储和检索的过程，因此，对信息进行组织、使其有序化是其核心。经过长期的实践，图书馆界已经形成了稳定的组织体系分类法。分类法是将主题概念按照学科性质进行分类和系统排列，概念的划分与概括侧重于概念的隶属关系和并列关系，并据此建立逻辑严谨的概念等级体系，形成一个从根节点出发的知识树，用浓缩的关键词来表示每个知识节点，检索时也是根据所需信息的特征标识(关键词是主要标识)到组织信息集合中查找(匹配)，当特征标识完全一致或部分一致时，检索即为命中。这些和思维导图的原理是一致的。思维导图从核心主题(根节点)出发，不断发散，形成与主题相关的分支、分叉和叶子相连的知识树，也是用关键词来表示知识的节点，每一节点的形成相当于在大脑中寻找相应的神经元。因此，两者的本质是一致的，都是对知识进行分类和分层的科学方法，不同的是思维导图灵活方便，可伸缩性强，表现形式多样，适合于个人知识，尤其是隐性知识的组织和管理，而分类法遵循严谨的逻辑关系，比较稳定，不易扩展，适合于显性知识的组织和管理。在“信息检索与利用”课的教学中以

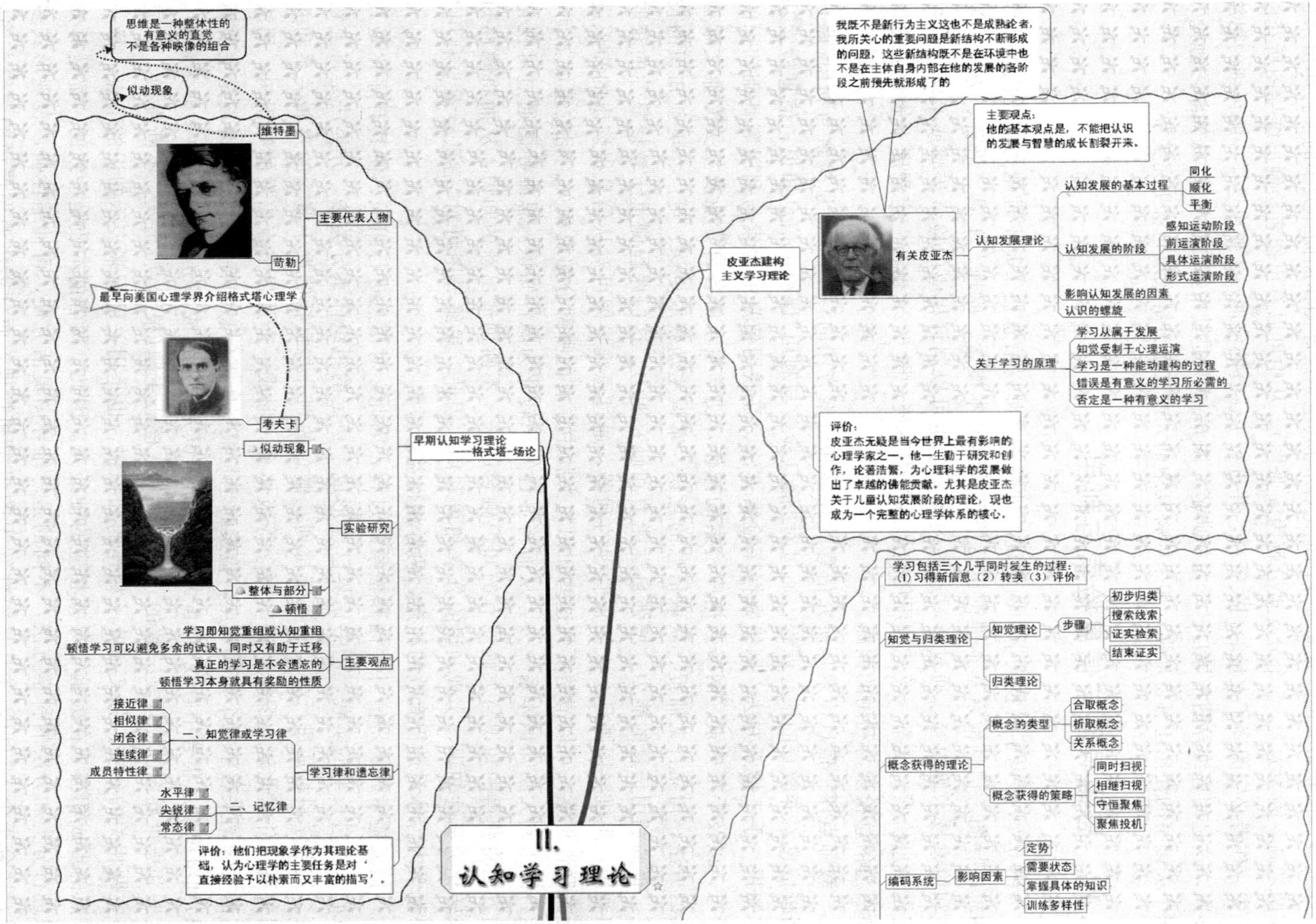
II. 认知学习理论
早期认知学习理论——格式塔-场论
主要代表人物
维特墨
思维是一种整体性的有意义的直觉 不是各种映像的组合
似动现象
苛勒
最早向美国心理学界介绍格式塔心理学
考夫卡
实验研究
似动现象
整体与部分
顿悟
主要观点
学习即知觉重组或认知重组
顿悟学习可以避免多余的试误，同时又有助于迁移
真正的学习是不会遗忘的
顿悟学习本身就具有奖励的性质
学习律和遗忘律
一、知觉律或学习律
接近律
相似律
闭合律
连续律
成员特性律
二、记忆律
水平律
尖锐律
常态律
评价：他们把现象学作为其理论基础，认为心理学的主要任务是对'直接经验予以朴素而又丰富的描写'。
皮亚杰建构主义学习理论
有关皮亚杰
我既不是新行为主义这也不是成熟论者，我所关心的重要问题是新结构不断形成的问题，这些新结构既不是在环境中也不是在主体自身内部在他的发展的各阶段之前预先就形成了的
主要观点：他的基本观点是，不能把认识的发展与智慧的成长割裂开来。
认知发展理论
认知发展的基本过程
同化
顺化
平衡
认知发展的阶段
感知运动阶段
前运演阶段
具体运演阶段
形式运演阶段
影响认知发展的因素
认识的螺旋
关于学习的原理
学习从属于发展
知觉受制于心理运演
学习是一种能动建构的过程
错误是有意义的学习所必需的
否定是一种有意义的学习
评价：皮亚杰无疑是当今世界上最有影响的心理学家之一。他一生勤于研究和创作，论著浩繁，为心理科学的发展做出了卓越的佛能贡献。尤其是皮亚杰关于儿童认知发展阶段的理论，现也成为一个完整的心理学体系的核心。
学习包括三个几乎同时发生的过程：(1)习得新信息 (2)转换 (3)评价
知觉与归类理论
知觉理论
步骤
初步归类
搜索线索
证实检索
结束证实
归类理论
概念获得的理论
概念的类型
合取概念
析取概念
关系概念
概念获得的策略
同时扫视
相继扫视
守恒聚焦
聚焦投机
编码系统
影响因素
定势
需要状态
掌握具体的知识
训练多样性

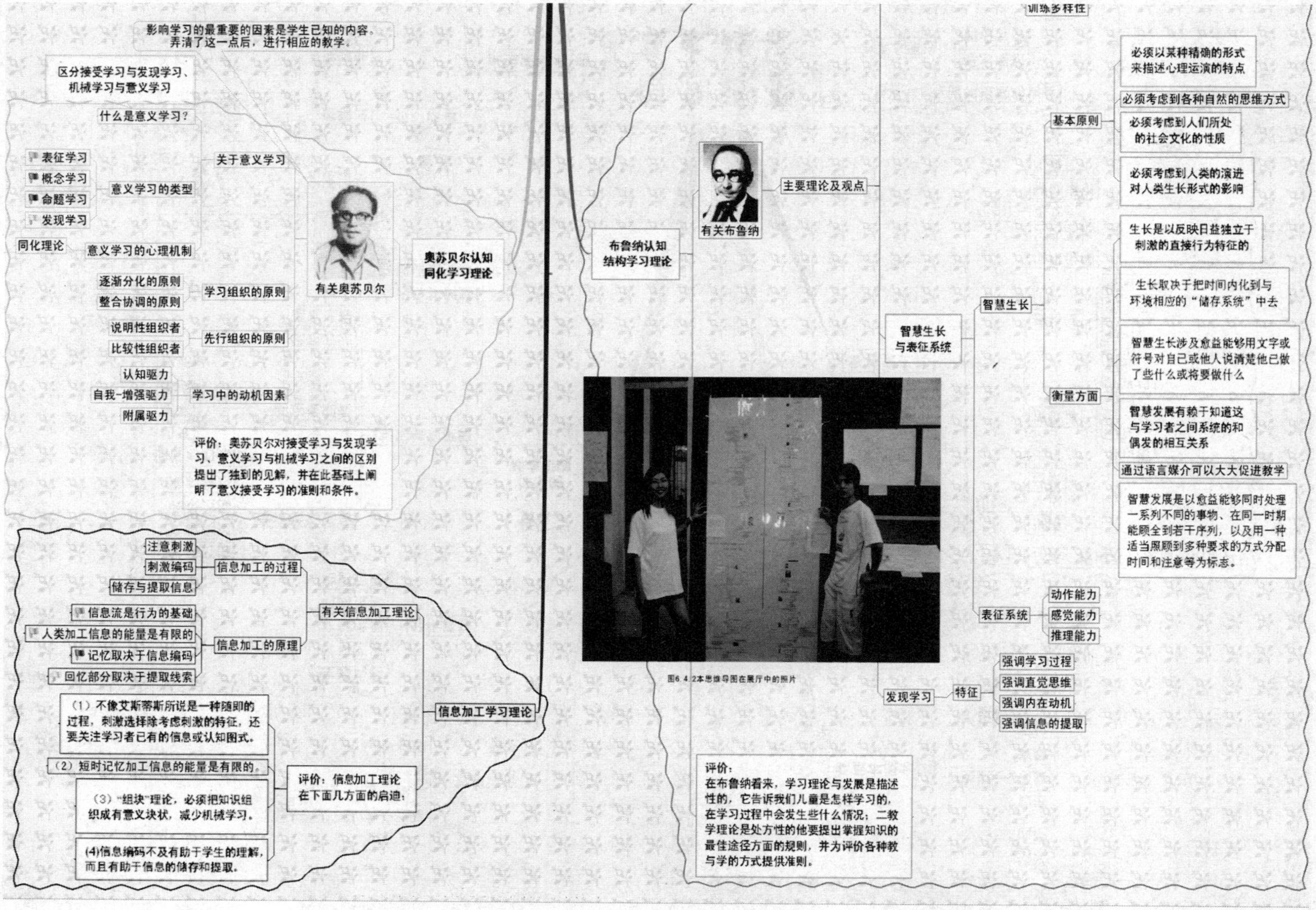

影响学习的最重要的因素是学生已知的内容。弄清了这一点后，进行相应的教学。
区分接受学习与发现学习、机械学习与意义学习
什么是意义学习？
表征学习
概念学习
命题学习
发现学习
意义学习的类型
关于意义学习
同化理论
意义学习的心理机制
逐渐分化的原则
整合协调的原则
学习组织的原则
说明性组织者
比较性组织者
先行组织的原则
认知驱力
自我-增强驱力
附属驱力
学习中的动机因素
有关奥苏贝尔
奥苏贝尔认知同化学习理论
评价：奥苏贝尔对接受学习与发现学习、意义学习与机械学习之间的区别提出了独到的见解，并在此基础上阐明了意义接受学习的准则和条件。
注意刺激
刺激编码
储存与提取信息
信息加工的过程
信息流是行为的基础
人类加工信息的能量是有限的
记忆取决于信息编码
回忆部分取决于提取线索
信息加工的原理
有关信息加工理论
信息加工学习理论
（1）不像艾斯蒂斯所说是一种随即的过程，刺激选择除考虑刺激的特征，还要关注学习者已有的信息或认知图式。
（2）短时记忆加工信息的能量是有限的。
（3）“组块”理论，必须把知识组织成有意义块状，减少机械学习。
(4)信息编码不及有助于学生的理解，而且有助于信息的储存和提取。
评价：信息加工理论在下面几方面的启迪：
布鲁纳认知结构学习理论
有关布鲁纳
主要理论及观点
训练多样性
基本原则
必须以某种精确的形式来描述心理运演的特点
必须考虑到各种自然的思维方式
必须考虑到人们所处的社会文化的性质
必须考虑到人类的演进对人类生长形式的影响
智慧生长
生长是以反映日益独立于刺激的直接行为特征的
生长取决于把时间内化到与环境相应的“储存系统”中去
智慧生长涉及愈益能够用文字或符号对自己或他人说清楚他已做了些什么或将要做什么
智慧发展有赖于知道这与学习者之间系统的和偶发的相互关系
衡量方面
通过语言媒介可以大大促进教学
智慧发展是以愈益能够同时处理一系列不同的事物、在同一时期能顾全到若干序列，以及用一种适当照顾到多种要求的方式分配时间和注意等为标志。
智慧生长与表征系统
表征系统
动作能力
感觉能力
推理能力
发现学习
特征
强调学习过程
强调直觉思维
强调内在动机
强调信息的提取
图6.4.2本思维导图在展厅中的照片
评价：
在布鲁纳看来，学习理论与发展是描述性的，它告诉我们儿童是怎样学习的，在学习过程中会发生些什么情况；二教学理论是处方性的他要提出掌握知识的最佳途径方面的规则，并为评价各种教与学的方式提供准则。

图6.19 “认知学习理论”的思维导图读书笔记（作者：王玉娇）

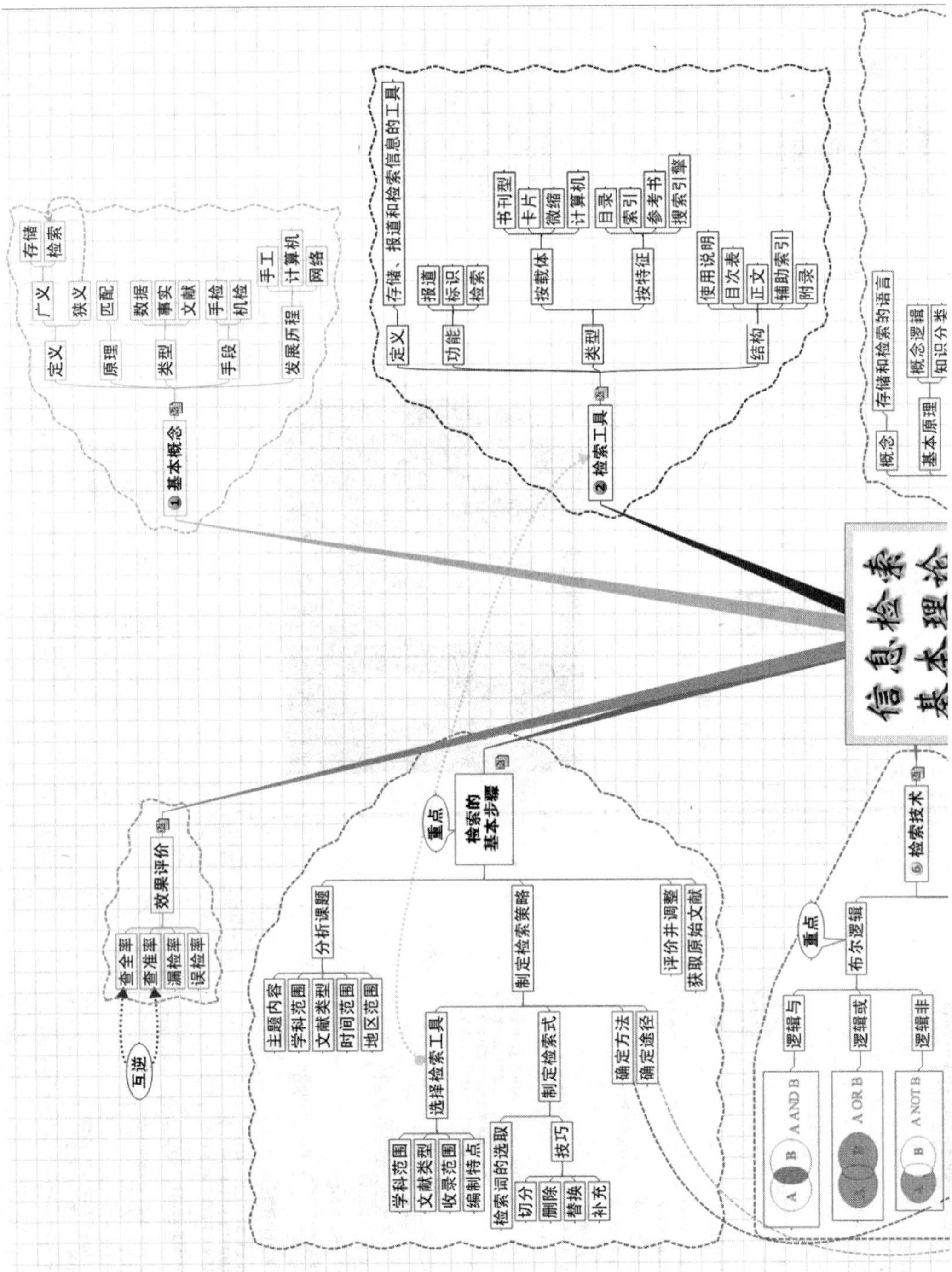
信息检索
基本理论
①基本概念
定义
广义
存储
检索
狭义
原理
匹配
类型
数据
事实
文献
手段
手检
机检
发展历程
手工
计算机
网络
②检索工具
定义
存储、报道和检索信息的工具
功能
报道
标识
检索
类型
按载体
书刊型
卡片
微缩
计算机
按特征
目录
索引
参考书
搜索引擎
结构
使用说明
目次表
正文
辅助索引
附录
概念
存储和检索的语言
基本原理
概念逻辑
知识分类
效果评价
查全率
查准率
漏检率
误检率
互逆
重点
检索的基本步骤
分析课题
主题内容
学科范围
文献类型
时间范围
地区范围
制定检索策略
选择检索工具
学科范围
文献类型
收录范围
编制特点
制定检索式
检索词的选取
技巧
切分
删除
替换
补充
确定方法
确定途径
评价并调整
获取原始文献
⑥检索技术
重点
布尔逻辑
逻辑与
逻辑或
逻辑非
A AND B
A OR B
A NOT B

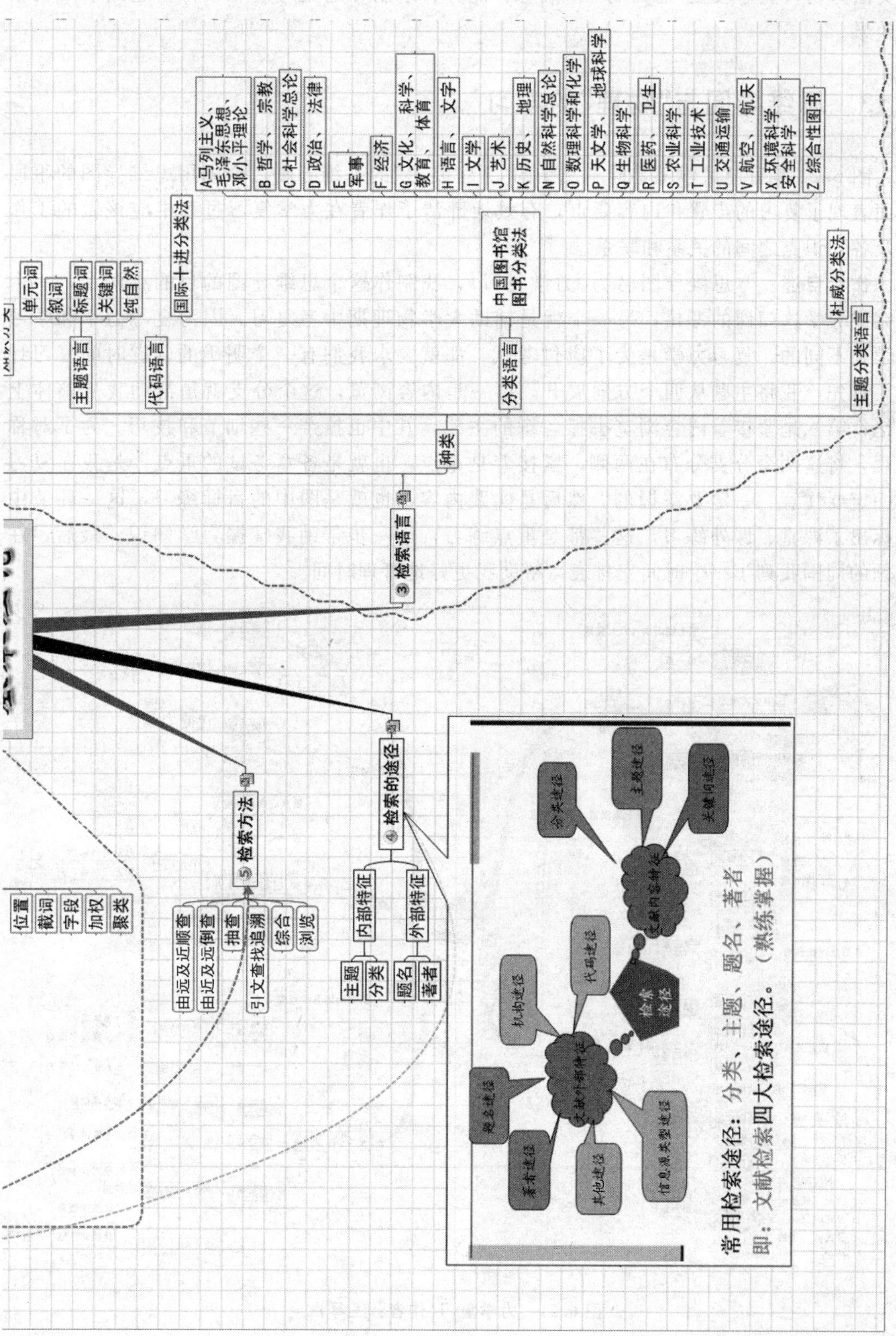

图6.20　信息检索基本理论（作者：钟辉新）

分类法为切入点，教授“思维导图”概念、优势、绘制和运用等内容，将会起到事半功倍的效果。

6.13 思维导图与“物理”的学习

图 6.21 是五邑大学王琴同学总结的“力学复习”的思维导图，全图用思维导图的手段全面表现了复习的步骤和内容要点，有效地廓清了作者在力学复习过程中应该做的工作以及各知识点之间的关系和联系。

作者自述：本思维导图名为《力学复习》，我制作这个思维导图的目的有两个，一个是完成导学这门课的考核，另一个就是辅助大学物理期中考复习。因为复习力学和学习力学是不同的。复习力学是为了应付考试，那就要求我们有一个明确的、省时的复习计划。首先，我将主题从四个方向展开。第一是内容浏览，这个分支就是帮助我从整体上回忆；第二是紧接着内容浏览去抓各章的主线，其中也掺杂一些细节和技巧。为了对称美观，将这两个分支分布在两侧。紧接着是重点，也就是各章考试的重点，是我在复习时一定要注意、一定要掌握的。然后是实践内容，也就是图中的目标练习，这一环节中我标出了课堂、课外练习，这些都是重点练习，进一步帮助我掌握力学知识。最后，在主题的周围我列了一个时间安排表，帮助我更好地管理时间。

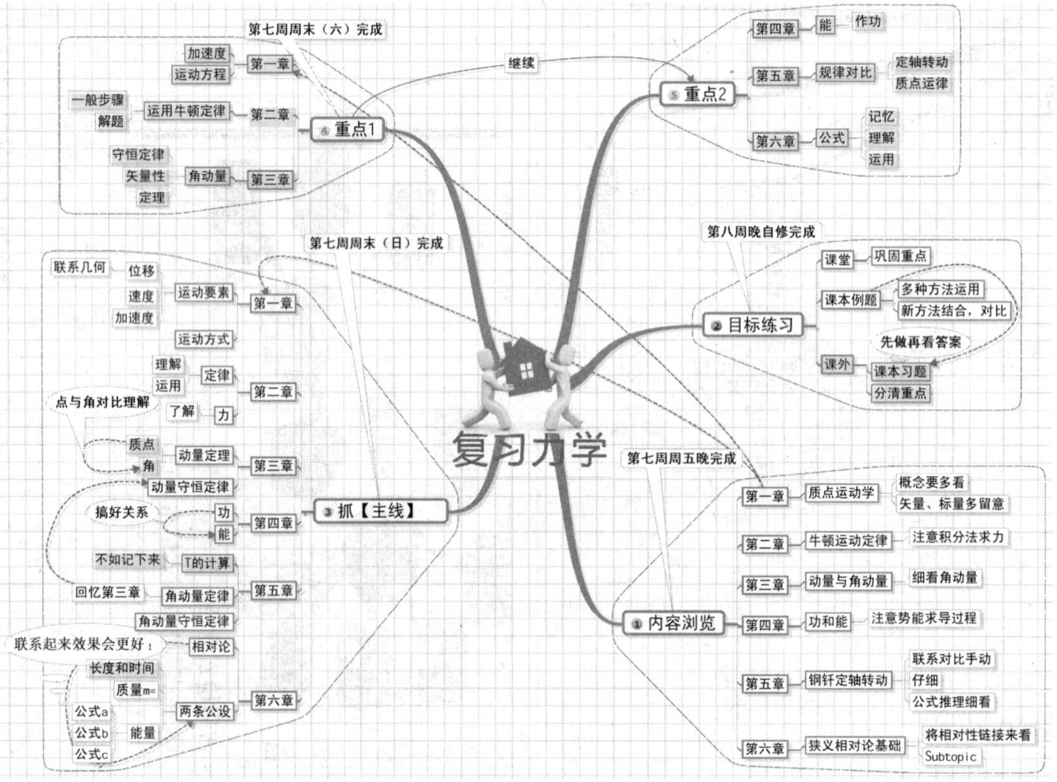

图 6.21 力学复习(作者：王琴)

6.14　思维导图与“化学”的学习

图 6.22 是南京大学张学良同学总结的复习化学课程中“物质结构、元素周期律”知识的思维导图。

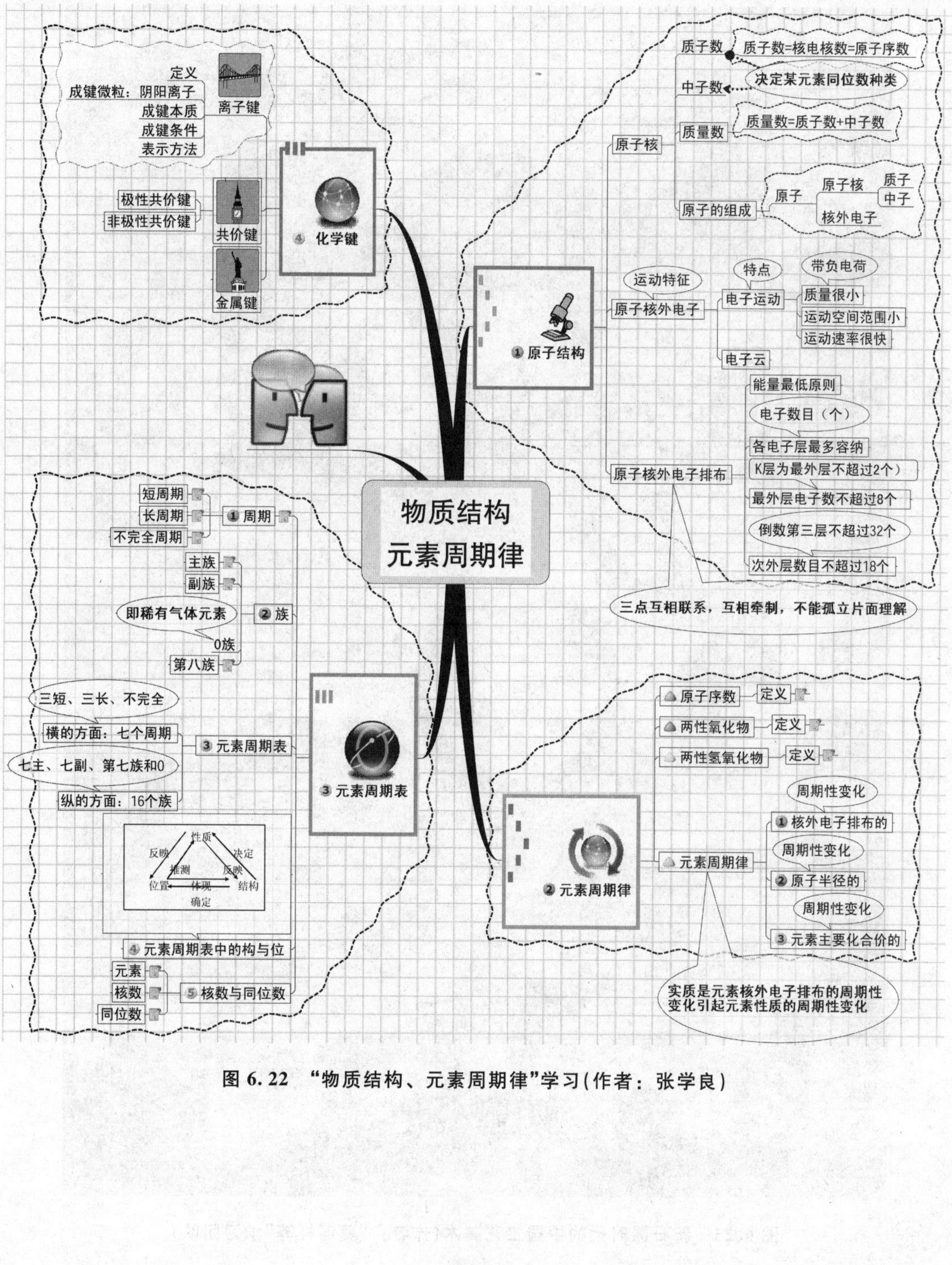

图 6.22　“物质结构、元素周期律”学习(作者：张学良)

6.15 思维导图与“中国工艺美术史”的学习

图 6.23 是五邑大学“莫谋柱等”学习团队就“新石器时代”的中国工艺美术所作的思维导图。

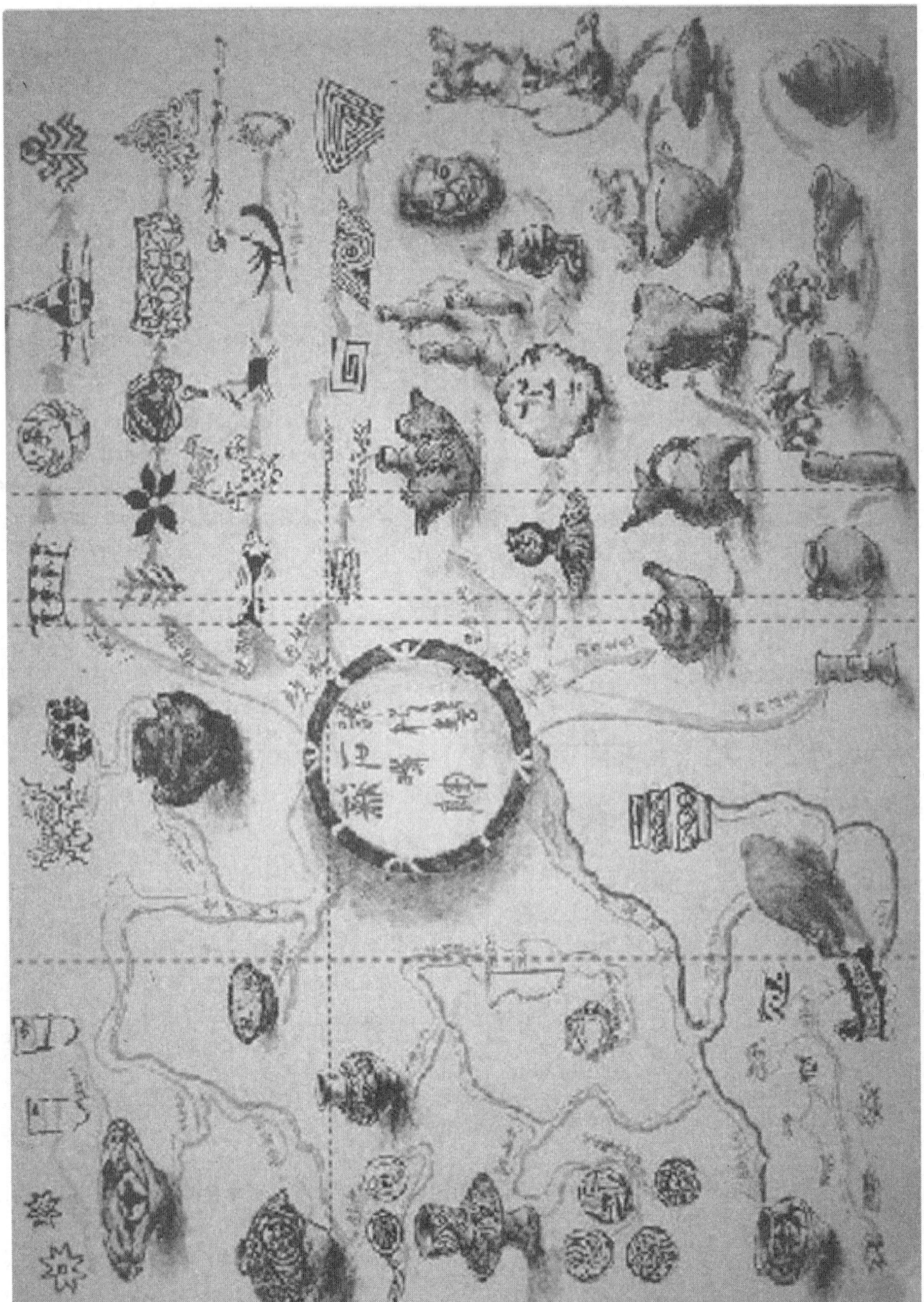

图 6.23 新石器时代的中国工艺美术(作者:“莫谋柱等”学习团队)

作者自述：为了完成这张表现历史时代的导图，我们看了很多书，找了很多的资料，找到了代表各个时代文化历史标志的图案，在一张图上表现出来，完成这张图时几乎就记住了这个朝代的历史，这是一种创新的教与学的方法。

教师点评："中国工艺美术史"是一门讲述从新石器时代到现代工艺的理论课，新石器时代的一些时代特征很容易扰乱同学们的学习思路。导图用四大分支来讲述这一时期的特征：地域上，分为黄河流域和长江流域，黄河流域包括仰韶文化、马家窑文化、大汶口文化和龙山文化，长江流域则有河姆渡文化、大溪文化、屈家岭文化和良渚文化，我们用黄河、长江流域的基本地图来引导，从而达到更形象的效果；工艺上，分为造型和纹样。这样，一个时代的工艺美术史就完整地在一张图纸上展现了出来，这种方式使枯燥的史论课课程变得生动有趣起来。

6.16 思维导图与"学习心理学"的学习

"学习心理学"是中国海洋大学自 2005 年开始面向全校本科生开设的一门通识课。该课程在系统阐述学习心理学相关理论的基础上，结合时代背景和群体特色，引导学生对学习的本质、学习心理的自我诊断和认知、学习习惯的反思与超越等进行深入探究，以更新学习理念，提升个体的学习能力。学生在"学习心理学"课程学习中表现出极大的热情，积极参与，认真投入，用一个个优秀的作品诠释了他们对于知识的理解和对学习的关注。

图 6.24 是中国海洋大学崔娅铭同学总结的"学习心理学"课程中关于心理学家桑代克的思维导图。在图 6.24 中，作者将著名心理学家桑代克的心理学理论、实验等知识内容以思维导图的方式系统地呈现了出来。

6.17 思维导图与"数字电路技术基础"的学习

图 6.25 是五邑大学陈智成同学总结的复习"数字电路技术基础"的思维导图，图中将每个章节的知识点都表现了出来，复习时可以其为参照，对各个知识点逐一进行分析检验。

作者自述：在上"数字电路"这门课的时候，经过老师的介绍和大力推荐，抱着试一试的心态，尝试用思维导图这种方法去复习"数字电路"这门课，结果卓有成效。

归根到底，这种方法跟平时的复习方法相比有以下好处。

(1)在画思维导图之前，大脑要不停地思考要画哪些内容和理清思路以及分辨出主要内容和次要内容，这一过程其实加深了自己对这一门课知识的初步认识。

(2)在画思维导图之时，要运用色彩、线条、关键词、图像等手段，把抽象的知识具体化，使知识之间的联系和区别一目了然，思维导图的设计比较简单和随意，所以结构清晰，层次分明，便于对信息进行组织和管理，因而可以帮助记忆。

(3)在画思维导图之后，复习时把思维导图作为一个复习的纲领，避开了内容和结构错综复杂的书本，遇到问题时，再查书本，即可实现高效的复习，省时、省力、省心！

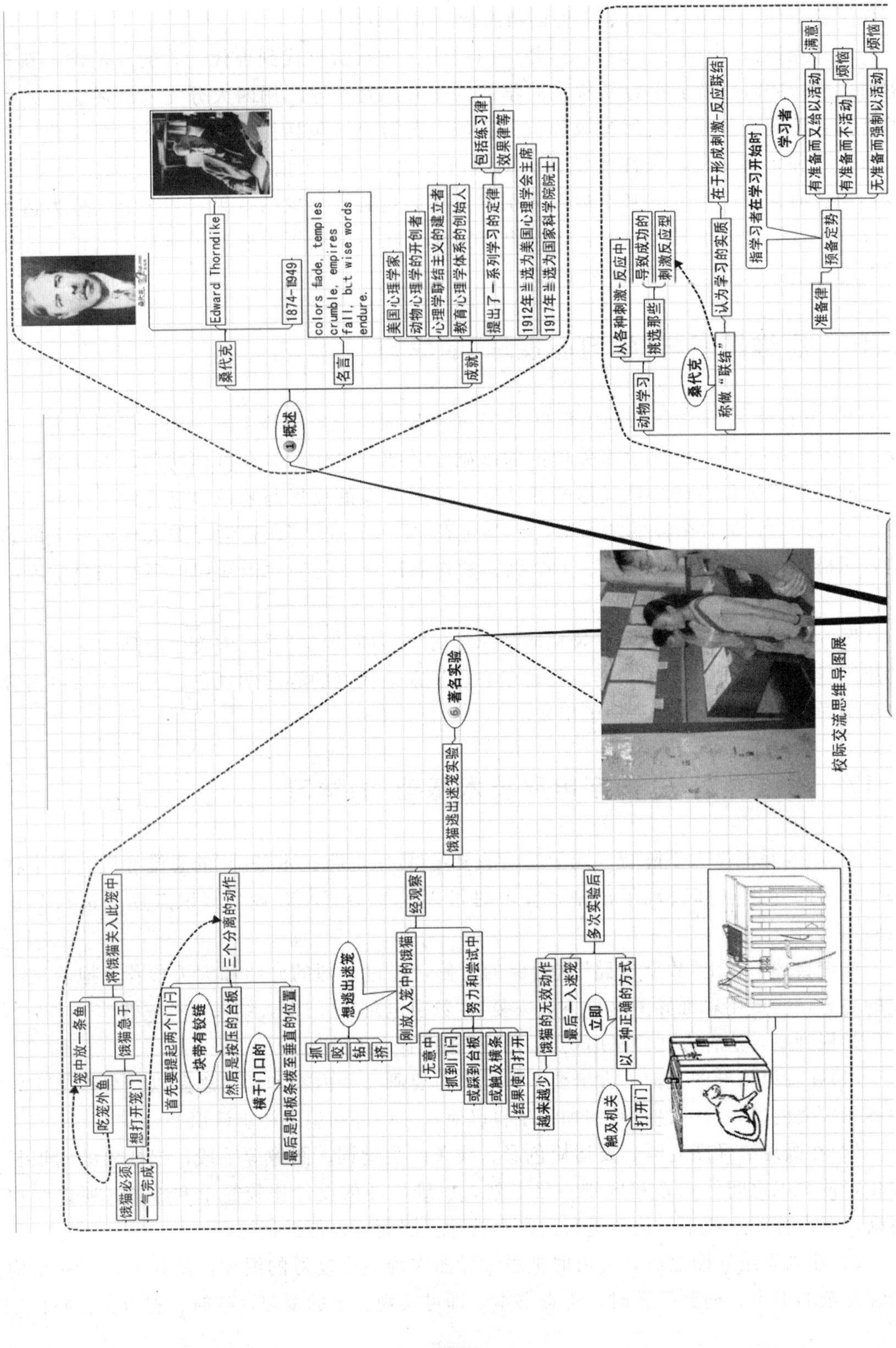
校际交流思维导图展
❶概述
桑代克
Edward Thorndike
1874-1949
名言
colors fade, temples crumble, empires fall, but wise words endure.
成就
美国心理学家
动物心理学的开创者
心理学联结主义的建立者
教育心理学体系的创始人
提出了一系列学习的定律
包括练习律
效果律等
1912年当选为美国心理学会主席
1917年当选为国家科学院院士
动物学习
从各种刺激-反应中
挑选那些
导致成功的
刺激反应型
称做"联结"
桑代克
认为学习的实质
在于形成刺激-反应联结
准备律
预备定势
指学习者在学习开始时
学习者
有准备而又给以活动
满意
有准备而不活动
烦恼
无准备而强制以活动
烦恼
❻著名实验
饿猫逃出迷笼实验
将饿猫关入此笼中
笼中放一条鱼
饿猫急于
想打开笼门
吃笼外鱼
饿猫必须
一气完成
三个分离的动作
首先要提起两个门闩
一块带有铰链
然后是按压的台板
横于门口的
最后是把板条拨至垂直的位置
经观察
刚放入笼中的饿猫
想逃出迷笼
抓
咬
钻
挤
努力和尝试中
无意中
抓到门闩
或踩到台板
或触及横条
结果使门打开
多次实验后
饿猫的无效动作
越来越少
最后一入迷笼
立即
以一种正确的方式
触及机关
打开门

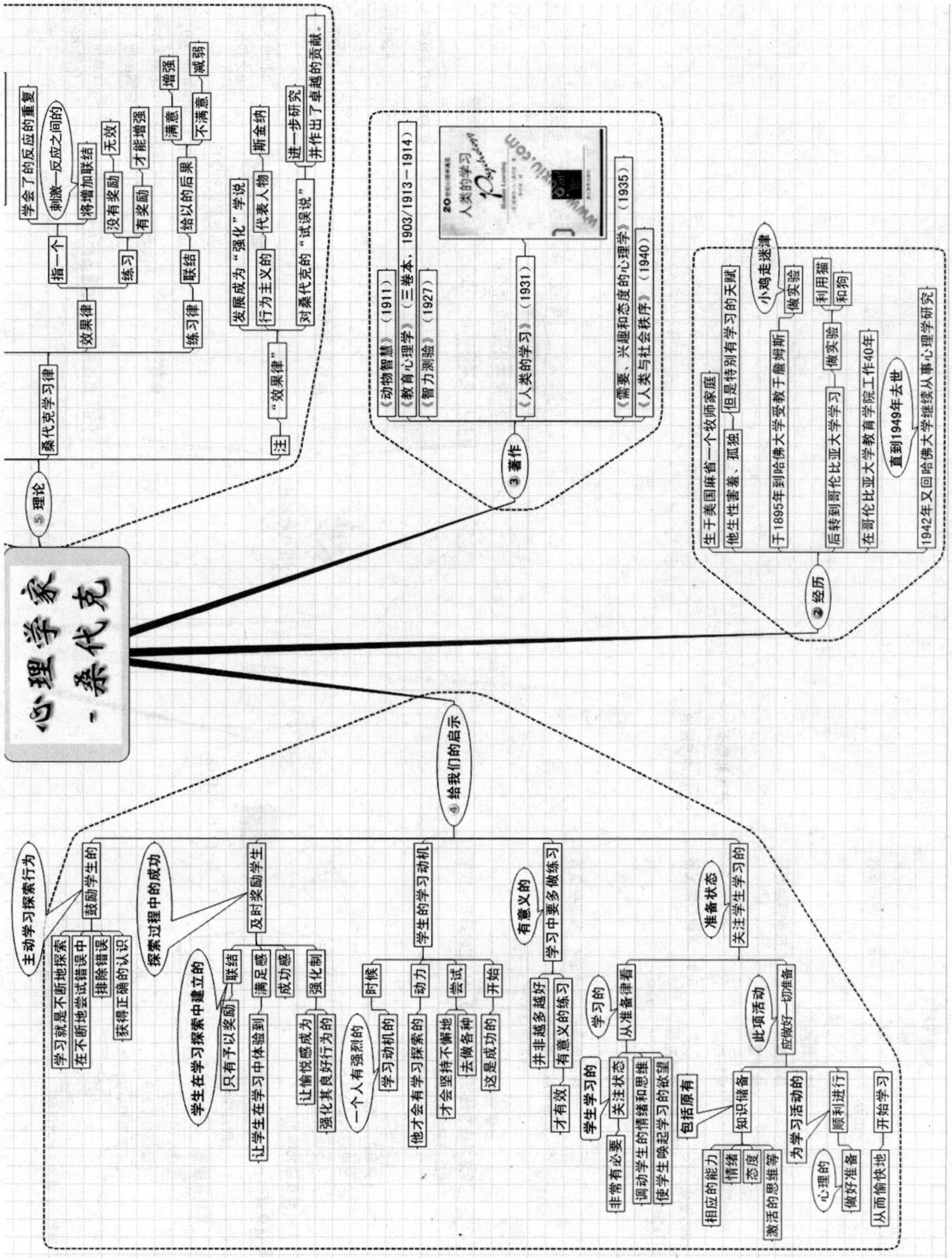

图6.24　心理学家桑代克（作者：崔娅铭）

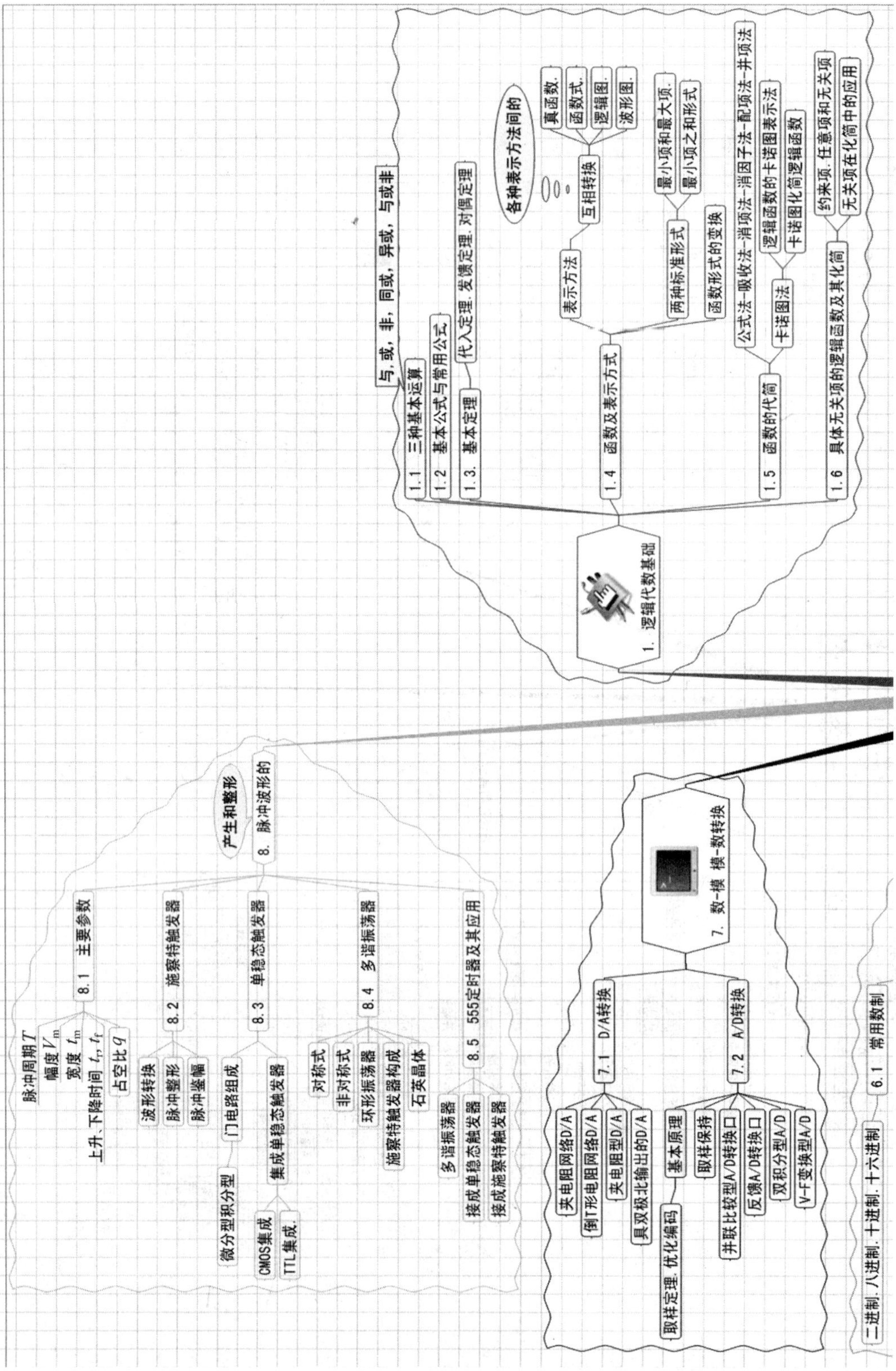
1. 逻辑代数基础
1.1 三种基本运算
与,或,非,同或,异或,与或,与或非
1.2 基本公式与常用公式
1.3 基本定理
代入定理. 反馈定理. 对偶定理
1.4 函数及表示方式
表示方法
互相转换
真函数.
函数式.
逻辑图.
波形图.
各种表示方法间的
两种标准形式
最小项和最大项.
最小项之和形式
函数形式的变换
1.5 函数的代简
公式法-吸收法-消项法-消因子法-配项法-并项法
卡诺图法
逻辑函数的卡诺图表示法
卡诺图化简逻辑函数
1.6 具体无关项的逻辑函数及其化简
约束项. 任意项和无关项
无关项在化简中的应用
8. 脉冲波形的产生和整形
8.1 主要参数
脉冲周期T
幅度Vm
宽度tm
上升、下降时间 tr, tf
占空比q
8.2 施密特触发器
波形转换
脉冲整形
脉冲鉴幅
8.3 单稳态触发器
门电路组成
微分型积分型
集成单稳态触发器
CMOS集成
TTL集成.
8.4 多谐振荡器
对称式
非对称式
环形振荡器
施密特触发器构成
石英晶体
8.5 555定时器及其应用
多谐振荡器
接成单稳态触发器
接成施密特触发器
7. 数-模 模-数转换
7.1 D/A转换
权电阻网络D/A
倒T形电阻网络D/A
权电流型D/A
具双极性输出的D/A
7.2 A/D转换
基本原理
取样定理. 优化编码
取样保持
并联比较型A/D转换口
反馈A/D转换口
双积分型A/D
V-F变换型A/D
6.1 常用数制
二进制. 八进制. 十进制. 十六进制

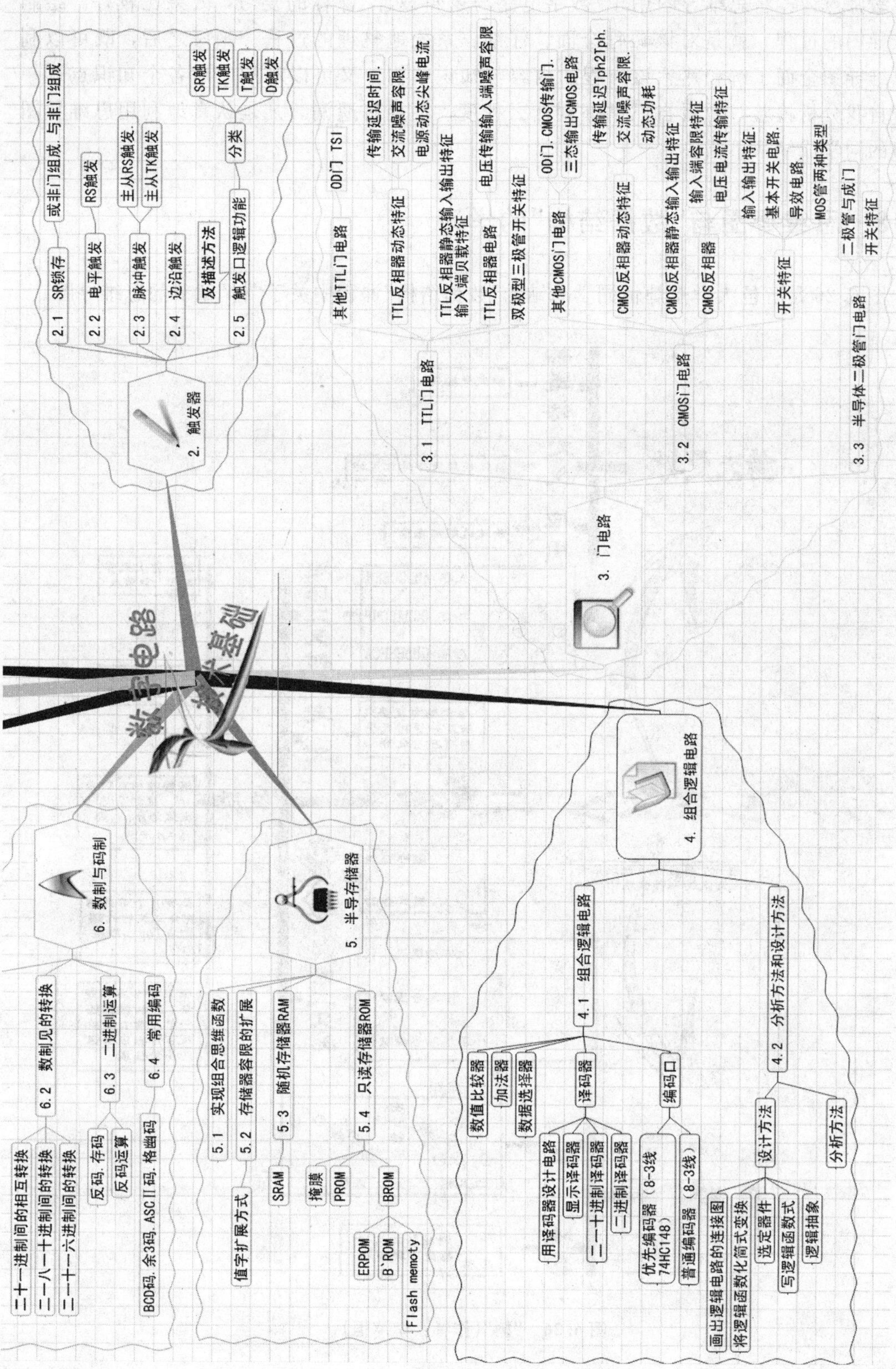

图6.25　复习“数字电路技术基础”（作者：陈智成）

教师点评：将思维导图用于“数字电路与逻辑设计”课程的复习，效果比较好。绘制思维导图的过程，就是对该课程全面、仔细、系统地整理的过程。画好之后，既可以利用思维导图全面了解和熟悉该课程的内容与知识结构；又可以利用它对各个知识点逐一进行自我分析检验，看看自己掌握到什么程度，不会有遗漏。凡是认真地利用思维导图复习的同学成绩都不错。

6.18 思维导图与“数据结构”的学习

图 6.26 是五邑大学李焯恒同学总结的“数据结构”课程中关于“树”章节的思维导图。

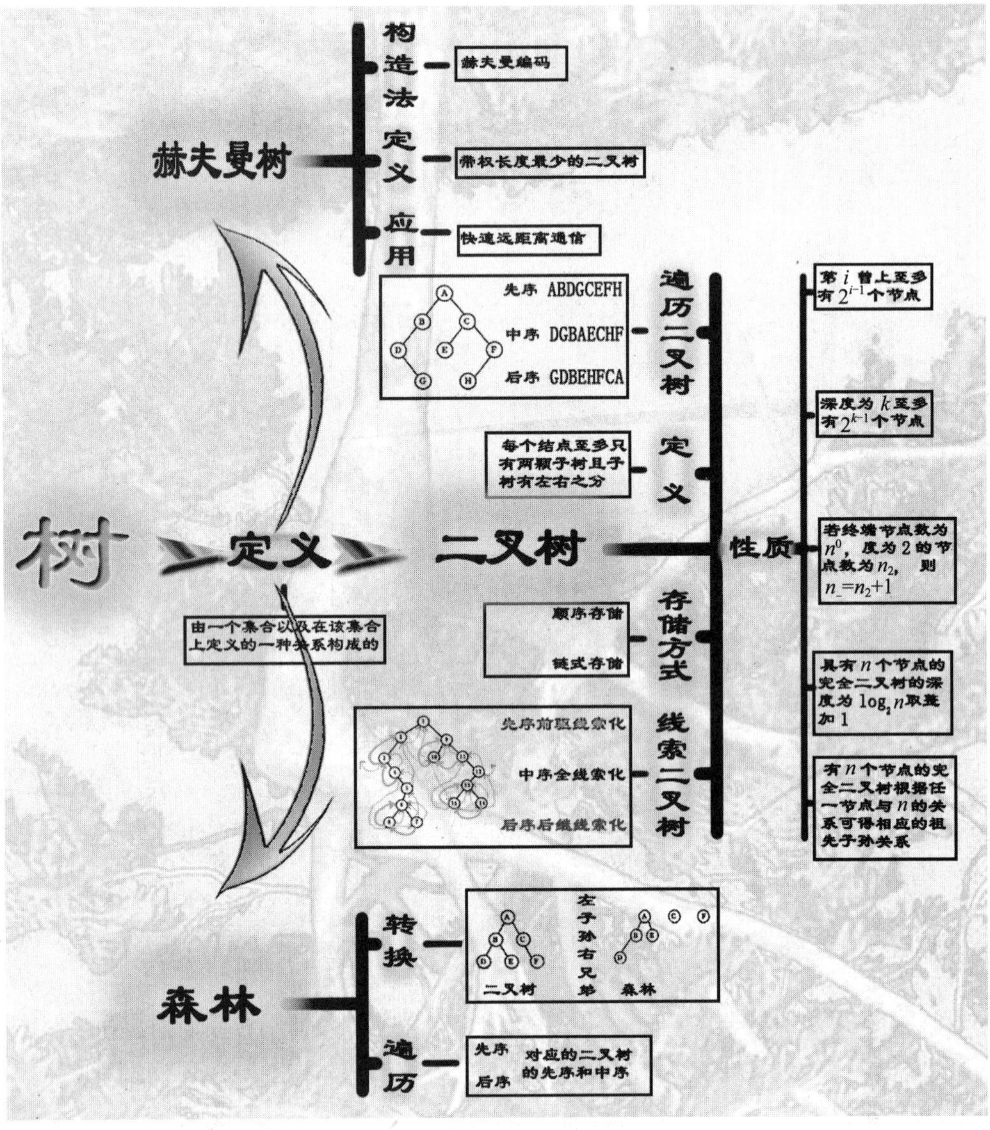

图 6.26 “树”(作者：李焯恒)

作者自述：“树”是数据结构课程中重要的一章，树结构在客观世界中广泛存在，如人类社会的族谱关系和各种社会组织机构都可采用树的形式来形象地表示。树形结构是一类重要的非线性数据结构，在计算机领域中也得到广泛应用，内容繁多、复杂。

为了更好地理解和掌握“树”这一章的知识内容，我通过思维导图的形式对“树”这一章进行了较全面的复习，将全章的内容贯穿起来去认识、去学习，也方便与老师和同学进行交流，使复习不再枯燥，学习变得更加有趣。我认为用思维导图辅助复习是一个促进学习的好方式。

教师点评：在专业课学习中，复习是学好课程、考出好成绩的一个重要环节。将思维导图用于重要章节的复习，使知识理解和应用以图文并茂的形式体现出来，能够明显提升复习效果和锻炼分析问题、解决问题的能力。应该更广泛地提倡采用思维导图辅助学习。

图 6.27 是五邑大学陈阳同学绘制的关于团队系统学习“数据结构”课程的思维导图。图中，他将课程的学习比做一场战役。

作者自述：为了学好“数据结构”这门课程，我将课程的学习当做一场战役，以作战司令部的形式进行团队组织、系统部署、周密计划，建立了一幅我们团队系统学习的思维导图，以便有目标、按计划、高效率地圆满完成课程的学习任务：各个章节的学习要点就如作战纲领一样统领全局，是算法的思维源泉；而算法是否可行需要通过上机验证，就如同军事演习对三军的战斗力进行检验一样。我们通过课程设计，团队合作，编写算法解决实际问题，使理论与实践相结合，调动了同学的学习积极性。

教师点评：将学习一门课程当做一场战役，进行团队组织、系统部署、周密计划，使学习目的和任务更加明确，这是一种创新的学习方法。采用思维导图的描述形式，提高了学习过程的透明度，非常有利于团队成员的集思广益、协作与沟通，能够提升整体学习效果、实践能力和团队精神，是进行专业课辅助学习的一种好方法。

6.19　思维导图与“人物三维动画”的学习

图 6.28 是五邑大学谢建美同学绘制的完成“人物三维动画”课程作业《时髦女郎带球走》的思维导图，图中理清了人物动画的思路，将每个步骤条理化，把作业过程及相关的操作完整地用思维导图表现了出来。

教师点评：谢建美同学用思维导图指导“人物三维动画”课程的作业，创作了“时髦女郎带球走”作业的思维导图。人物三维动画很吸引人，但很多学生都认为难，因为其操作命令太烦琐复杂，看老师做很有意思，自己做就不易了。谢建美同学试着先理出做人物动画的思路，用思维导图把作业的过程表达出来，然后再去做动画，提高了效率。她的这幅思维导图荣获学校首届思维导图比赛优秀奖。

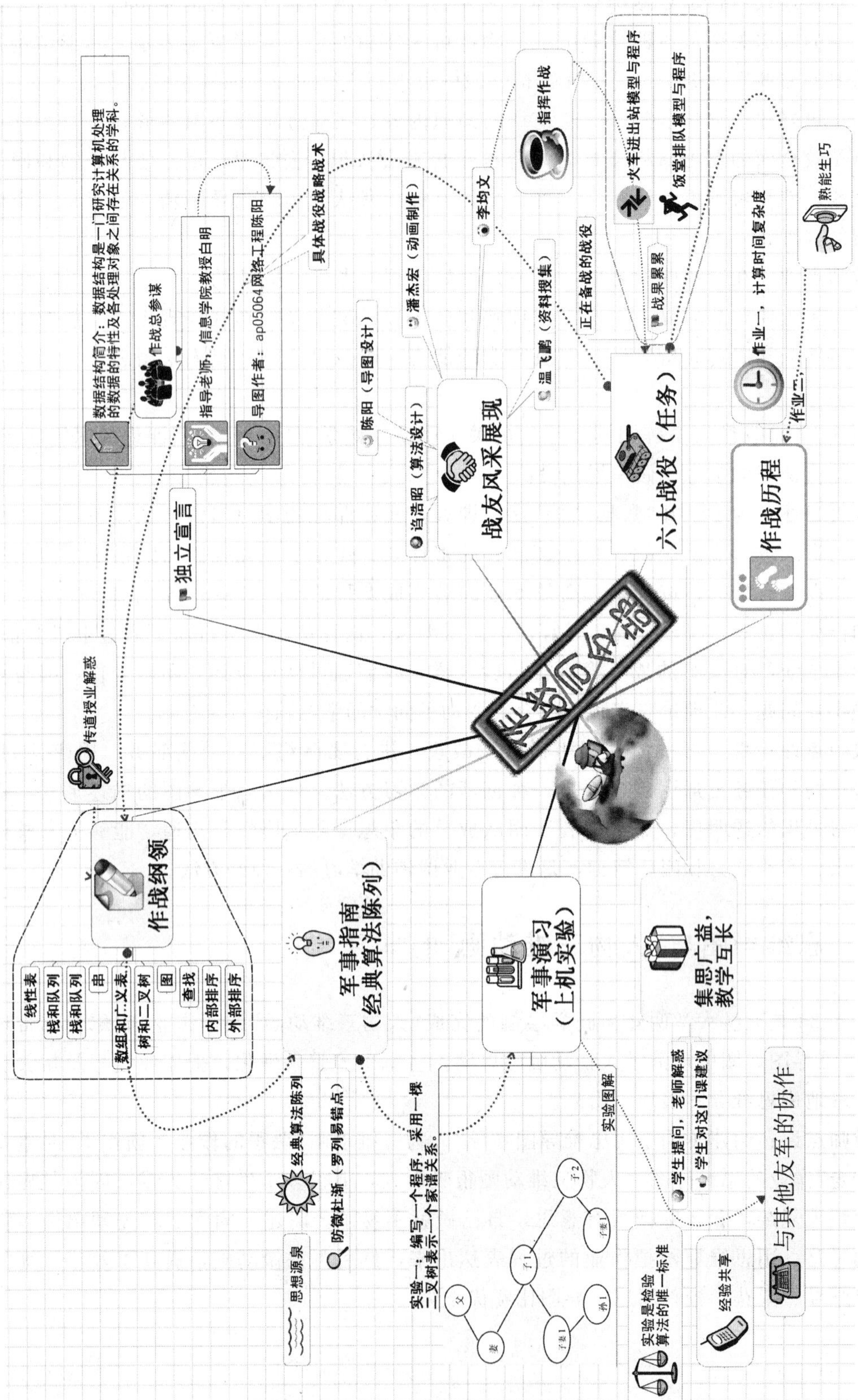

图6.27 数据结构课程——作战司令部（作者：陈阳）

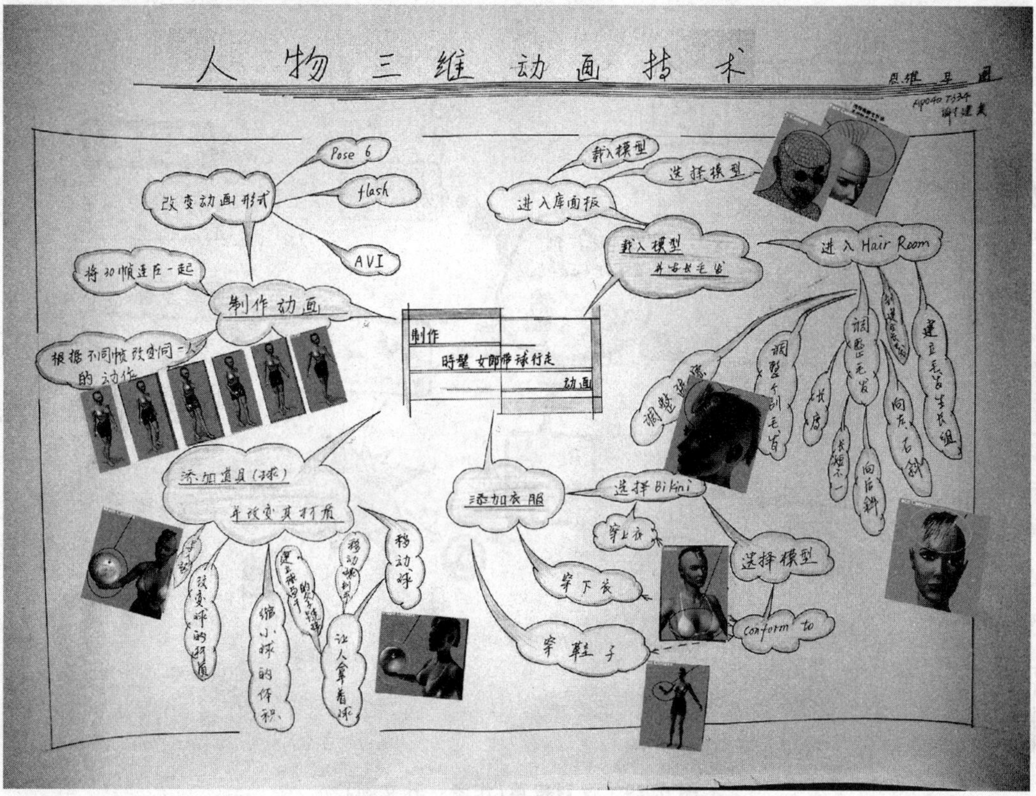

图 6.28　时髦女郎带球走(作者：谢建美)

6.20　思维导图与“图形设计”的学习

五邑大学的“图形设计”课程通过各种课题训练让学生掌握图形这一“视觉语言”，从而进行思维、创造、表意和交流。课程利用多种思维方法激发学生的大脑活力以产生丰富的想象，并配合眼与手互动地完成课题。积极的、富有探索意义和个性特征的解决方案在这一课程中得到提倡和赞赏。结合图形的直觉反应，思维导图方式在创意过程中的运用，是突破传统的、习惯的思维定势并设计出图形新形象的一种有效途径。图 6.29 是五邑大学升文婵同学绘制的关于反对皮草的创意思维导图。

作者自述：现在全球面临着严重的生态危机，很多商家为了谋利，做出了残杀珍稀动物的勾当。为了引起人们的重视，每年国际上都会举办“反对皮草”海报设计大赛，目标就是要消除皮草在时装上的应用，让消费者明白为了皮草屠杀动物是非时尚的，大家应反对皮草。在老师的要求下，我们先进行发散思维训练，然后进行海报的创作，坚持这种思维训练，将会使我们以后的设计受益无穷。

教师点评：图形设计是设计艺术基础课程。课程通过各种课题的训练让学生掌握图形这一“视觉语言”。课程利用多种思维方法激发大脑活力。我们发现，远古人类和人类

图 6.29　反对皮草(作者：升文婵)

儿童期的交流方式，图形在其中占有重要的位置，这意味着图形激发的形象思维与逻辑思维相比较，由于它基于直觉反应，更易于把握。我们利用图形增强视觉的敏感性、丰富视觉词汇，我们还利用图形锻炼大脑的思维能力。思维导图这种思维方法在创意过程中的运用，是思维突破传统的、习惯的思维途径，结合图形的直觉反应设计出图形新形象的一种途径，我们称之为“创意思维导图”。

【本章小结】

本章主要介绍了思维导图在教学以及生活实践上的创新应用，展示了紧扣大学生学习生活的大量思维导图作品。这些作品是多所学校多位师生在思维导图教学中积累的经验与智慧，这里将它们作为教学资源进行展示，其也可作为新一届学生评价学习的资源。这些作品涉及的主题十分广泛，这也在一定程度上说明思维导图方法的普适性，说明其对理清思路，做计划、规划、总结，强化记忆，引发联想，引导思考，辅助表达、沟通、演讲、写作、管理等的巨大效用和优势。在教学中，如果教师能以此进行系统的教学设计，引导学生进行学习，必然会大大提高教学效果。

【思考与练习】

1. 在研究性学习中，你是如何选题的，试学习写开题报告，然后用思维导图对整个过程进行反思。

2. 在团队活动中，学习制作视频宣传片。用思维导图对整个制作过程作出规划。

3. 做一份学习方法的问卷调查，然后用思维导图对问卷制作与调查过程进行总结。

4. 选择一门课程，作复习课程内容的思维导图。注意关键字的使用，用不同的符号标出重点和复习顺序，用关联线连接重要的关联关系。

5. 选择一幅本章的思维导图进行分析和评价。

附录　学生学习“思维导图与学习”相关课程的体会

“学习论”课程的心得体会

（五邑大学　刘杰）

大学四年很快就要走完了，很多人说大学里学的很多东西，出了校门都是没有用的。作为即将迈出校门的大学四年级的我也一直很困惑，我们在大学里到底学会了什么，什么东西才是我们应该努力学习而离开学校后也用得着的呢？大一懵懂，大二迷茫，大三忙碌，到了大四，就业的压力马上袭来了。我很幸运，“学习论”这门课程给了我答案——大学其实更重要的是学习一种学习的能力，一种能更快地获取和掌握新知识的能力。“学习论”正是给我们传授这种方法的课。

“学习论”课程的第一节课，我就很兴奋：在课堂上，我接触的是与传统课堂教学截然不同的教学方法。传统的教学模式一般比较沉闷，大多采取“填鸭”式的单向灌输法进行教学：整节课可能都是老师在讲，很少有师生的交流互动，而同学们则自己做自己的事，积极性很难被教师的讲授调动。相比较而言，“学习论”的课堂大不相同，课堂气氛十分热烈，整个教学过程都有师生间的互动，每位同学都要参与，所以大家的积极性很高。在这个过程中，我们得到了多方面的锻炼，如团队的任务训练我们团队合作的精神，上台演讲锻炼我们的胆量和自我表达能力，思维导图的应用开拓我们的思维方式、改善我们的记忆能力……

这正是我在大学里能学到并且可以带走而且终身受用的东西。就像有句话说的，授人鱼不如授人以渔，大学四年的学习，我们有足够多的自由时间，这是一个自我学习和提高的机会。基础课程的学习、专业课程的学习，都是在为我们寻求一种好的学习方法而做的必要准备。然而，很多人在这四年里并没有掌握一种好的学习方法，因为自己摸索和总结往往非常艰难，虽然摸索的过程也是一笔难得的财富。而“学习论”以一种科学、实用的方式直截了当地让我们应用这种方法来学习，使我们少走了许多弯路。

或许很多人会觉得这门课程学完了，还是收获不大，我开始也有这种感觉。但当看了何伟东同学的学习历程以及学习论对他生活、工作和学习的影响，我开始认真地学习这门课程，并将其尽可能地用到学习和生活中，在用中学，在学中用，慢慢地，我的兴趣越来越浓厚，感觉收获也多了。在这之后的学习和生活中，我会一直学习、一直用这些方法。通过这件事，我有一点感悟：其实，不仅是对这门课的学习，生活中很多事情都是这样，你付出得越多，你收获的就越多。生活对每一个人都是公平的，只要我们以十分的热情去对待生活，生活就会丰富多彩，如果消极地应付生活，那么每天的生活也会变得枯燥乏味。

最后，我要感谢李林英老师，她不辞劳苦，不惜花费大量的时间和精力，严格要求，就是希望这门课程能够改变我们的思维，帮助我们在今后的人生路上走得更好。同时，我也要感谢朱翠娥老师，她讲课生动有趣，尽可能地给我们提供锻炼的机会。我在学习的过程中得到了老师的很多帮助和指导，也学会了很多。

祝愿我们这门课以后越办越好，让更多的邑大学子受益。

新的尝试，新的开始：“团队学习新方法——思维导图与学习”课程心得

（郑州轻工业学院　鲁玉秸）

一直以来，中国教育界关注的焦点一直在中国的教育方式上。纵观现代中国教育，虽然素质教育是我们追求的教学方式，但应试教育一直主导着中国教育方式的方向。

从小学到中学，我们接受的都是一成不变的应试教育，进入大学以后，虽然教育方式不再是中学时的“填鸭”式教育，我们也有了更多的时间去自主学习，但由于从小的教育方式早已在我们心中根深蒂固，很少有同学可以很好地规划和利用自己的大学时间。

从大一下半学期开始，学校就为我们开设了选修课，我们可以根据自己的兴趣选择自己喜欢的课程。这相对于中学时期繁杂的课程而言，有了很大的进步。伴随着有点沉闷的生活，我平静地走过了大一，本以为大二也会这样波澜不惊地度过。可是，一门选修课改变了我的想法。大二伊始，我们开始了选修课的选取，偶然地，选了“团队学习新方法——思维导图与学习”。根据课程的名称，我原以为这门课程是教授我们如何学会团队合作，可是第一堂课老师便告诉我们这并不单单是一门教我们如何学会团队合作的课程，更是一门教我们如何运用思维导图规划我们的生活和学习的课程。

这是“团队学习新方法——思维导图与学习”课程第一次在我们学校开设，因此作为选修课进行试讲。在开课初，学校邀请五邑大学的李教授举办了一次思维导图讲座，李教授以五邑大学的学生如何运用思维导图规划暑期旅游作为实例，让我们了解思维导图的实用性。她告诉我们，思维导图是如何被引进我国、如何在国内高校发展的，以及五邑大学的思维导图课程开设取得的意想不到的效果。她说，这门课程在我们学校也同样会开设得很好的。

通过这次讲座，我们了解到，“团队学习新方法——思维导图与学习”这门课程深入介绍了当前国内外学习科学与信息技术的新进展和新成果，紧密联系大学生的实际，组织和引导学生进行自主学习、团队学习，以及进行研究性、创造性学习能力和习惯的培养，核心是“放飞学习者”，主要任务是要求学生全面了解世界先进的思维方法——思维导图，学会用思维导图进行学习，掌握脑科学和五项学习技术，通过“组建学习团队、小组创作、网上学习、团队答辩”等实践环节培养学生的创造性学习能力。

在每周一节的课程上，老师带我们进行课堂互动，让我们组建小组，并给自己的团队取队名、口号，让自己的团队很快地被同学记住。通过与小组成员之间的交流，我们不仅认识了很多不同专业和不同院系的同学，而且学会了对同一个问题从不同的角度去思考。课后李老师和张老师让我们对自己感兴趣的课程、书本和问题等通过绘制思维导图将其以一种简洁、明了的形式进行表达及展示，加深和完善我们对它们的理解。之后，将我们所绘制的思维导图在小组成员之间进行分析和评价，然后对它们进行完善。

一学期的课程在与老师和同学们愉快的交流中很快过去了，我从这门课程中学到了很多。譬如，如何绘制思维导图展现自己阅读过的图书，以更全面地了解图书内容，扩展自己的思维；如何把思维导图运用到课程学习中，对自己所学的课程进行规划，以更深刻地理解所学的内容等。课程结束之后，老师还把我们个人和小组所绘制的思维导图在学校进行了展览，借以鼓励同学们今后更好地把思维导图运用到生活和学习中去。

刚开始接触这种互动性比较强的课程会有些不太适应，时间长了，我渐渐喜欢上了这种教学方式，它有些类似国外的教学方式：老师与同学之间的互动很多，而且能够让我们亲身体验课程所带来的效果，让我们更好地了解我们所学的内容。思维导图这门课程的开设完全达到了这种效果。

回归到我国的教育问题上，中国人口众多，而且教育格局分布不均衡，要对教育体制进行改革是一项很庞大的工程，但是，国家已经在做，学校已经在做，我们已经在做，“团队学习新方法——思维导图与学习”这种课程的开设就是一个很好的开始，我相信，在我们的共同努力下，我们的教育会取得更多的成绩，体制也会更加完善。